人工智能导论及工程案例

王朕 刘瑜 编著

华中科技大学出版社
http://press.hust.edu.cn
中国·武汉

内 容 简 介

本书是面向普通大学本科生及部分研究生学习人工智能知识及实践需求而针对性地设计的教材。在基础理论方面,考虑了零基础接触人工智能知识学习要求,安排了人工智能的定义、发展简史、研究内容、研究领域等内容,同时在智慧城市、智慧交通、智慧家居、智慧医疗、智慧农业、智慧教育、智慧新零售与智能客户服务、智慧金融等应用场景上进行了导入介绍,方便读者了解人工智能知识与应用的整体情况。在理论和技术结合部分,则给出了知识工程、搜索算法、机器学习、神经网络与深度学习、计算机视觉、自然语言处理、智能机器人等专业实践内容。从工程实践角度,则给出了基于深度学习的路面病害检测应用、融入情绪指标的深度学习在量化投资模型中的应用、鱼类图像深度学习分类的工程案例内容。

本书适合作为普通大学本科及研究生人工智能相关专业教材,绪论部分亦适合非计算机专业本科生使用,本书也可供相关教师及工程人员自学使用。

图书在版编目(CIP)数据

人工智能导论及工程案例 / 王朕,刘瑜编著. -- 武汉 : 华中科技大学出版社,2024. 10. -- ISBN 978-7-5772-1134-3

Ⅰ. TP18

中国国家版本馆 CIP 数据核字第 2024NU9755 号

人工智能导论及工程案例　　　　　　　　　　　　　　　　王　朕　刘　瑜　编著
Rengong Zhineng Daolun ji Gongcheng Anli

策划编辑:张　玲
责任编辑:李　露
封面设计:杨小勤
责任校对:刘　竣
责任监印:周治超
出版发行:华中科技大学出版社(中国·武汉)　　　电话:(027)81321913
　　　　　武汉市东湖新技术开发区华工科技园　　　邮编:430223
录　　排:武汉市洪山区佳年华文印部
印　　刷:武汉市洪林印务有限公司
开　　本:787mm×1092mm　1/16
印　　张:18
字　　数:427 千字
版　　次:2024 年 10 月第 1 版第 1 次印刷
定　　价:49.00 元

最近的几十年里，人工智能经历了蓬勃发展，取得了令人难以想象的成绩。从智慧城市到智慧家居，从智能机器人到大语言模型，人工智能已经在不知不觉间融入我们的社会，在方方面面开始帮助我们的日常生活，科幻电影中赛博朋克那般的人工智能场景似乎不再遥远。然而，人工智能的入门却并不容易。一方面，如感知机、图灵机、机器学习、梯度下降等专有名词很容易吓退对人工智能感兴趣的新读者。另一方面，飞速发展的人工智能计算在以极短的时间更新换代，这导致很多人眼花缭乱，难以把握时代的主流技术。

《人工智能导论及工程案例》是一部面向普通大学本科生及部分研究生的入门教材，旨在满足他们对人工智能知识及实践的学习需求。在基础理论方面，为零基础的读者安排了人工智能的定义、发展史、研究内容的介绍。此外，书中还介绍了人工智能在不同应用场景中的导入情况，包括智慧城市、智慧交通、智慧家居等。通过这些案例，读者可以直观地了解人工智能如何在不同领域发挥作用，从而激发他们对人工智能的兴趣和学习动力。

在理论和技术结合部分，本书深入浅出地讲解了知识工程、搜索算法、机器学习、神经网络与深度学习、计算机视觉、自然语言处理、智能机器人等专业实践内容。这些内容是人工智能领域的核心知识，也是学生们需要掌握的重点。计算机视觉和自然语言处理是人工智能中两个重要的应用领域，通过对图像处理技术和语言理解技术的介绍，读者可以全面了解这些技术的基本原理和应用场景，掌握相关的开发技能。

本书的工程实践部分是其一大亮点。通过具体的工程案例，作者展示了人工智能技术在实际中的应用。例如，书中介绍了基于深度学习的路面病害检测应用、融入情绪指标的深度学习在量化投资模型中的应用、鱼类图像深度学习分类的工程案例。每一个案例都详细描述了实现过程，读者可以按照书中的指导进行实践操作，从而更好地理解和掌握这些技术。

　　本书不仅展示了人工智能技术的实际应用价值,还可帮助读者培养动手能力和解决实际问题的能力。因此我将这本书推荐给学生们,希望学生们可以将理论知识应用于实际项目,提升自己在人工智能时代的综合素质和竞争力。

张　鹏

2024 年 7 月

人工智能技术进入 21 世纪后，进入了蓬勃发展的阶段，尤其是在模仿人脑进行逻辑推理及决策、模仿视觉进行图像识别及决策、模仿人类语言进行语言识别及应用等方面取得了突破性进展，以 ChatGPT、文心一言等为代表的大模型正在渗透教学、科研、艺术、工业、农业、服务业等方方面面。高校教学急需人工智能学科加持，在交叉领域深度融合，进一步促进不同专业智能化发展。

党的二十大报告指出，推动战略性新兴产业融合集群发展，构建新一代信息技术、人工智能、生物技术、新能源、新材料、高端装备、绿色环保等一批新的增长引擎。当前，人工智能日益成为引领新一轮科技革命和产业变革的核心技术，在制造、金融、教育、医疗和交通等领域的应用场景不断落地，极大改变了既有的生产生活方式。高校教育必须深度跟人工智能进行融合，提升各专业智能水平。

本书采用由浅入深、层层递进的内容设计方式，有利于学生更加轻松地掌握相关内容。同时在不同章节适度插入案例、图片、表格、习题等内容，在丰富表现方式，有利于学生更好地吸收知识的同时，方便了教学安排需要。此外，本书注重学生实践能力培养要求，重点在人工智能算法、人工智能应用、人工智能工程实践方面进行了系统设计，有利于学生打好基础，并具备工程实战能力。

本书第 1 章为绪论，主要介绍了人工智能的基础知识、发展简史、研究主要流派、研究主要内容及领域，使学生对人工智能学科知识有一个整体概念。

第 2 章为人工智能领域的应用，掌握和研究人工智能技术最终是为了解决不同领域的应用问题，本章对智慧城市、智慧交通、智慧家居、智慧医疗、智慧农业、智慧教育、智慧新零售与智能客户服务、智慧金融等应用场景进行了介绍，可让学生进一步了解人工智能在现实生活中的应用。

第 3 章为知识工程，介绍了概念表示、知识表示、知识图谱，通过讲解知识图谱的表达为搜索、推荐、问答、解释与决策等应用的学习提供基础支撑。

第 4 章为搜索算法,提供了搜索概述、盲目搜索、启发式搜索等内容,通过对深度、广度优先搜索的讲解及配套算法代码展示,带领学生掌握相关算法及实践技巧。

第 5 章为机器学习,提供了机器学习概述、机器学习的类型、机器学习的算法等内容,进一步带领学生掌握人工智能学习及实践技巧,让学生能通过人工智能技术构建相应模型,初步解决实际问题。

第 6 章为神经网络与深度学习,提供了人工神经网络、卷积神经网络、循环神经网络、图神经网络、Transformer 注意力机制、深度学习方面的知识,可进一步提升学生掌握人工智能核心算法、核心模型的能力。

第 7 章为计算机视觉,提供了计算机视觉的基础、计算机视觉研究知识、计算机视觉系统等内容,在人工智能视觉技术方向为学生提供了入门及实践知识。

第 8 章为自然语言处理,包括自然语言处理的概念、机器翻译、智能问答、语音处理、自然语言处理的未来等内容,在模仿人类语言功能方面,为学生提供了入门及实践知识。

第 9 章为智能机器人,提供了智能机器人基础知识、国家发展需求、机器人的发展、人工智能在机器人上的应用等内容,为学生提供了相关实践内容。

第 10 章、第 11 章、第 12 章则结合作者在人工智能多年的工程实践经验,在基于深度学习的路面病害检测应用、融入情绪指标的深度学习在量化投资模型中的应用、鱼类图像深度学习分类案例中,穿插结合 YOLO 模型多特征融合网络、VGG 网络、卷积神经网络等讲解实际工程问题的解决技巧和方法,有利于学生增加工程实践经验。

本书的重点章节提供了习题,有利于读者巩固和运用知识,并提供配套的电子版答案;本书提供了示范性的免费教学短视频,方便读者更加容易地学习;本书为购买本教材的高校老师提供 PPT 课件及电子版教学大纲,有需求的老师请通过 QQ 群(490522589)找群主单独获取,此外,感兴趣的读者可加入 QQ 群相互交流,也可直接与作者进行沟通咨询。

本书由王朕、刘瑜根据高校教学需要、工程实践需要,进行联合策划,得到了全国范围内许多大学教师、IT 届同仁的关注和支持,在此一并感谢。本书的出版得到了华中科技大学出版社张玲老师的大力支持,特此感谢。另外,本书应用了一些专著、教材、论文和网络上的成果、素材、图文或结论,受篇幅限制没有在参考文献中一一列出,在此一并向原作者表示衷心感谢。

由于受时间等的约束,书中避免不了存在一些瑕疵,请读者朋友们多提宝贵意见,作者尤为感谢!所提问题,可以在 QQ 群里反馈。

作　者
2024 年 7 月

二维码资源清单

类型	名称	二维码	页码
教学视频	第 1 章		1
	第 2 章		26
	第 3 章		69
	第 4 章(1)		99
	第 4 章(2)		99
	第 5 章		112
	第 6 章		137
	第 7 章		174
	第 8 章		201
	第 9 章		224

类型	名称	二维码	页码
习题答案	习题 1		25
	习题 2		68
	习题 3		98
	习题 4		111
	习题 5		136
	习题 6		173
	习题 7		200
	习题 8		223
	习题 9		249
代码	第 10 章代码一		250
	第 11 章代码二		258
	第 12 章代码三		265

CONTENTS

目 录

第1章

绪论

知识目标	思政与素养
掌握人工智能的定义和分类。	深入理解人工智能的定义和分类,建立坚实的理论知识基础。
了解人工智能的发展简史。	学习人工智能发展简史,培养解决问题的创新思维和积极奋发的科研精神。
熟悉人工智能的三大流派。	熟悉不同的人工智能流派,开阔学科视野,了解不同的研究取向,勇攀科技高峰,有实现国家梦想的科技抱负。
了解人工智能的研究内容及研究领域。	通过深入研究,将理论知识转化为实际应用的能力,形成正确的责任感和道德意识,提高应对社会现实挑战的能力,以科技驱动社会进步。

实例导入　无处不在的人工智能

在当今的科技驱动社会中,人工智能已经无处不在。拿人们现在每时每刻都离不开的智能手机为例,小小一部手机,就有人工智能技术在其中星罗棋布。

新闻头条:比如手机里的"今日头条",这类热门新闻应用会依赖于人工智能的个性化推荐引擎技术,根据用户的喜好兴趣,向用户推送适合的新闻内容。这种个性化推荐的内容不仅仅局限于新闻,还包括手机购物时的购物信息等。

在线翻译:在线翻译是如今机器翻译的重头戏,这类服务利用机器学习和自然语言处理等先进技术,使计算机能够理解、翻译和生成不同语言的文本,这大大帮助了人们进行跨语言交流和无障碍沟通。目前实用方便的在线翻译工具有百度翻译

（见图 1-1）、谷歌翻译、有道翻译等。

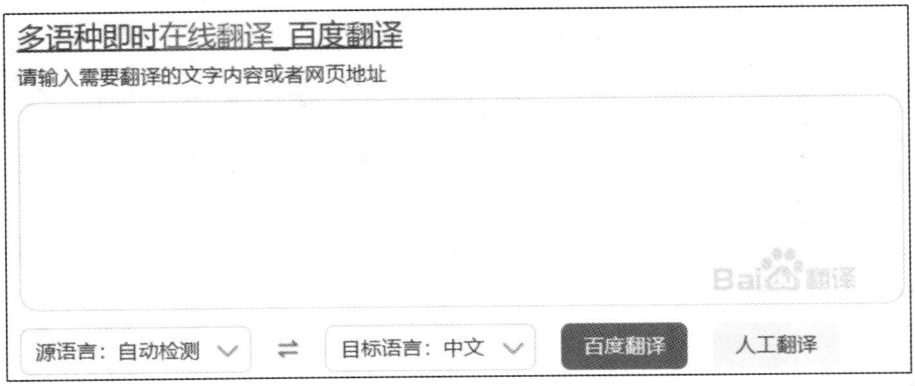

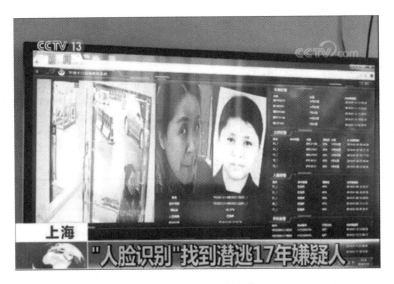

图 1-1　百度翻译

人脸识别：人脸识别在提高安全性和便利性方面取得了显著的成果，现在的很多手机都可以通过设置面部 ID 解锁自己的手机，还可以通过人脸识别进行刷脸支付。不仅如此，现在的机场、车站也可以通过人脸识别进行检票，公安系统可通过人脸识别进行嫌犯追踪（见图 1-2）等。

图 1-2　人脸识别追踪嫌犯

手机中的人工智能应用还有很多，语音助手如 Siri、Google Assistant 和小爱同学等，利用自然语言处理和语音识别技术，可使用户能够通过语音命令执行各种任务，如发送短信、查找信息、设置提醒等；带有美容效果的美颜手机可利用人工智能算法实现磨皮、大眼、美白、瘦脸等功能，得到了许多女性用户的追捧；在网上打车时，打车软件将利用人工智能算法合理规划车辆的驾驶路线。相信在未来，人工智能的发展和进步将渗透人们生活的方方面面，更加便利人们的生活。

1.1　人工智能基础知识

当今社会,人工智能技术的应用遍地可见,各种数码产品和智能电子设备的出现更加丰富和便利了现代人们生活的方方面面,提高了人们的生活质量。

1.1.1　人工智能的定义

人工智能(Artificial Intelligence,AI),这个词拆开来看就是"人工"和"智能"两个部分,简单来说就是用人工的方法实现智能。"人工"就是指由人类制造或创造。但什么是"智能"这个问题目前并没有一个统一的结论。《现代汉语词典》(第七版)对"智能"的解释是:①[名]智慧和才能;②[形]经高科技处理、具有人的某些智慧和能力的。按照脑科学和认知科学的现有解释,从生理角度看,智能是中枢神经系统的信号加工过程及产物;从心理角度看,智能是智力和能力的总称,其中,智力侧重于认知,能力侧重于活动。瑟斯蒂姆(Thursteme)认为,智能由语言理解、用词流畅、数、空间、联系性记忆、感知速度及一般思维7种因子组成。由于对智能有不同的理解,所以人工智能到现在也没有统一的定义。

目前,研究者普遍认为,人工智能是研究和开发用于模拟、延伸和扩展人的智能的理论、方法、技术及应用系统的一门新的技术科学。

人工智能通过机器替代人实现人具有的智能思维、行为。这里的机器主要是指计算机、数据、相关软件,也可以包括相关的智能终端设备。从能力的角度认为人工智能是用人工的方法在机器上实现的智能,也称机器智能。从学科的角度认为人工智能是研究如何构造智能机器或智能系统,以模拟、延伸和扩展人类智能。

人工智能的基本结构可由以下五大部分组成。

(1)机器思维,目的是通过确定或者不确定的推理和启发式的搜索去认识事物,包括知识表示与自动推理,知识工程与专家系统,知识获取与知识图谱,分布式知识处理。

(2)机器学习,目的是获取知识,包括有监督学习,弱监督学习,无监督学习,统计学习,集成学习,强化学习,深度学习,大数据分析与挖掘。

(3)机器感知,作为智能系统的输入,包括模式识别,机器视听觉,语音、文字、图形识别与理解,图像、视频分析与理解,多模态感知,情景计算。

(4)机器决策,目的是提供解决方案,包括智能决策技术与智能决策系统,非完全信息的智能决策,理智情智融合的机器决策。

(5)机器行为,作为智能系统的输出,包括自主无人系统,智能机器人,人机混合智能,智能自主无人系统的协同感知与交互、协同控制与优化决策。

目前人工智能应用比较成熟的技术方向包括机器博弈、声音识别、图像图片识别(文字、指纹、人脸等)、传感器等。人工智能的载体多种多样,有智能网络、搜索引擎、微软小冰、谷歌眼镜、专家系统、元宇宙、智能机器人、百度大脑、阿尔法狗、自动驾驶系统、智能手机等。人工智能研究的主要学科包括计算机科学、信息论、控制论、自动化、仿生学、生物学、心理学、数理逻辑、语言学、脑科学、医学和哲学等。[①]

1.1.2 人工智能的分类

人工智能的分类取决于研究或应用的角度。当面对具体问题时，可以根据不同因素进行分类。选择合适的分类方式有助于理解人工智能的特定方面，同时推动相关研究和应用。

1. 按学习方法分类

当讨论学习方法时，可将人工智能分为深度学习和机器学习两个主要分支。深度学习是一种基于深度神经网络的学习方法，而机器学习则是一组更为广泛的学习技术的总称。

深度学习(Deep Learning,DL,也称为深度结构化学习或分层学习)使用深度神经网络，这些网络由多个层次组成，通过逐层抽象数据，自动学习数据的层次化特征表示。这种学习方式使得深度学习模型能够在大规模数据集和复杂任务上取得卓越的性能。常见的深度学习架构包括卷积神经网络(CNN,用于图像处理)，循环神经网络(RNN,用于序列数据)，以及长短时记忆网络(LSTM,用于处理具有长时依赖关系的数据)等。

深度学习的一大优势是具有自动学习特征的能力，无须人为干预。这为处理图像识别、语音识别、自然语言处理等复杂任务提供了强大的工具。然而，深度学习在取得优异性能的同时，对于大规模数据和强大计算资源的需求也相对较大，这使得它在某些场景下可能显得不太实用。目前，深度学习架构，如深度神经网络、深度置信网络和递归神经网络，已应用于计算机视觉、语音识别、自然语言处理、音频识别、社交网络过滤、机器翻译、生物信息学、药物设计、医学图像分析等领域。

机器学习(Machine Learning,ML)是一个更为广泛的概念，其包括多种学习技术。机器学习的形式可以分为监督学习、半监督学习、无监督学习、强化学习。机器学习方法可以是传统的统计学习方法，也可以是基于规则的学习方法，还包括需要进行特征工程的传统机器学习方法。这些方法通常包含一些经典的模型，如支持向量机(SVM)、决策树、随机森林、朴素贝叶斯等。

机器学习的灵活性使得它适用于具有各种规模和复杂度的问题。相对于深度学习，机器学习方法在一些情况下对数据和计算资源的需求相对较小。然而，机器学习方法通常需要手动进行特征工程，即设计和选择适当的特征来表示数据，这在某些问题上可能会成为挑战。

在选择深度学习还是机器学习时，需要考虑具体问题的性质、可用的数据量和计算资源，以及对模型解释性和人为干预的需求。这两者在不同的场景中都有它们的优势和限制。

2. 按智能水平高低分类

基于系统智能水平的高低，可以将人工智能分为弱人工智能(Artificial Narrow In-

---

① 刘瑜.Python 编程从数据分析到机器学习实践[M].北京：中国水利水电出版社,2020.

telligence，ANI)和强人工智能(Artificial General Intelligence，AGI)。

弱人工智能也被称为狭义人工智能或专业人工智能，是指那些专注于执行特定任务的人工智能系统，其智能水平有限，只能在特定领域内表现出色。这些系统通常被设计用于解决明确定义的问题，如用于语音助手(如 Siri、Alexa)、图像识别系统和推荐算法。弱人工智能将在单一能力方向进行深入研究和发展，如模拟鼻子嗅觉的研究、模拟舌头味觉的研究、模拟人或动物动作协调能力的机器狗的研究，如大名鼎鼎的波士顿机械狗(Boston Dynamics BigDog)，如图 1-3 所示。目前，人工智能仅局限于模拟以人类大脑智力行为为主的智能技术，属于弱人工智能范畴。

图 1-3　波士顿机械狗

强人工智能，也被称为广义人工智能或通用人工智能。强人工智能的定义更加宽泛，指的是具有类似或超过人类智能的综合能力的系统。这种类型的人工智能被设想为具有更高级的认知能力，能够理解、学习和执行各种任务，而不仅仅局限于特定领域。强人工智能观点认为有可能制造出真正能推理和解决问题的智能机器。并且，这样的机器将被认为是有知觉的、有自我意识的，可以独立思考问题并制定解决问题的最优方案，有自己的价值观和世界观体系。它也会有和生物一样的各种本能，比如生存和安全需求，在某种意义上可以看作一种新的文明。然而，目前尚未实现真正的强人工智能，科幻作品中的机器人或能够进行自主学习的系统是对强人工智能的设想和展望。

这种弱人工智能和强人工智能的分类体现了人工智能系统的智能水平和能力的差异。弱人工智能在特定领域内表现出色，而强人工智能快速发展是人工智能领域的目标之一。

拓展阅读　AI 能取代人类吗？

一直以来，就有人工智能的发展会威胁到人类生存的观点，人工智能会取代人类吗？

近年来，人工智能各方面的发展都在逐渐完善，应用也越来越多，并且在很多方面的表现都超越了人类。

但是别怕，人工智能是不会取代甚至威胁人类的，目前人工智能不具备感性思维，它无法跨越到意识领域。

首先，人工智能在感性思维方面与人类仍有巨大差距。感性思维涵盖了对情感、直觉和抽象概念的理解。尽管现代人工智能系统被设计为可以模拟情感表达，但它们缺乏真实的情感体验。人类的情感和直觉是深深植根于经验和文化的，而人工智能则仅仅是程序和算法的执行者。

其次,创造性思维是人类的独特优势。人工智能的创新通常是在已有数据和模型的基础上进行变换的,而人类的创造性思维则能够超越已知,产生全新的理念和艺术作品。艺术创作、文学创新及科学发现都是人类智慧的结晶,迄今为止难以被人工智能完全模拟。

在道德和伦理方面,人工智能也存在严重的限制。机器学习模型往往是通过大量数据训练而成的,但这样的模型可能会反映和强化社会偏见。此外,人工智能无法真正理解和实践道德判断,因为道德涉及复杂的伦理学原则和社会文化背景,这是机器难以领悟的。

最重要的是,人工智能缺乏意识和自我意识。人工智能系统是基于预定规则和算法运行的,无法真正体验生命的本质。人类具有自我意识、意愿、心态和主观体验,这些是机器目前无法复制的。

因此,尽管人工智能在处理大规模数据和执行特定任务方面表现卓越,但它并非人类的替代品。未来的发展应当注重人工智能与人类之间的协同合作,使两者能够发挥各自的优势,推动社会朝着更加智能、创新和富有活力的方向发展。通过人机合作,未来有望创造一个更加智慧和繁荣的社会。

1.2 人工智能的发展简史

追溯人工智能的发展历程,就像翻开一本科技创新的大典,里面记录着人类智慧与机器学习的共舞。以下是人工智能发展过程的六个阶段。

1. 孕育期(1956 年以前)

自远古以来,人类就有用机器代替人们脑力劳动的幻想。古希腊伟大的哲学家和思想家亚里士多德创立了演绎法。德国数学家和哲学家莱布尼茨把形式逻辑符号化,奠定了数理逻辑的基础。美国数学家、电子数字计算机的先驱莫克利与埃克特合作,1946 年研制成功了世界上第一台通用电子计算机 ENIAC。美国神经生理学家麦克洛奇和皮兹,1943 年建成了第一个神经网络模型。美国著名数学家、控制论创始人维纳在 1948 年创立了控制论。控制论向人工智能渗透,形成了行为主义学派。

英国数学家艾伦·麦席森·图灵于 1936 年创立了自动机理论,自动机理论亦称图灵机理论,其对应一个理论计算机模型。1950 年 10 月,他发表论文《计算机器与智能》(Computing Machinery and Intelligence)[①],后改名为《机器能思考吗》。文中提出了著名的"图灵测试",指出如果第三者无法辨别人类与人工智能机器反应的差别,则可以论断该机器具备人工智能,他明确提出了"机器能思维"的观点。这一划时代的作品,使图灵最早赢得了"人工智能之父"的桂冠。

这些前人的贡献共同构成了人工智能的孕育期,为后来人工智能的爆发性发展创造了有力的基础。他们的研究和理论为当今广泛应用的机器学习、深度学习等技术提供了

---

① https://www.csee.umbc.edu/courses/471/papers/turing.pdf.

理论和实践的基础,为人工智能领域的演进奠定了基石。

2. 形成期(1956 年到 20 世纪 60 年代末)

1956 年,来自美国著名大学和研究机构的 10 名青年学者,在达特茅斯大学召开了一个历时两个多月的研讨会,这标志着人工智能正式诞生并且成为一个独立领域。美国人约翰·麦卡锡(John McCarthy)在达特茅斯会议上正式提出了"人工智能"这个概念,使人工智能正式成为计算机科学中一门独立的科学。该年被公认为是人工智能的元年。

1956 年,塞缪尔在 IBM704 计算机上研制成功了具有自学习、自组织和自适应能力的西洋跳棋程序。这个程序可以从棋谱中学习,也可以在下棋过程中积累经验、提高棋艺。通过不断学习,该程序在 1959 年击败了塞缪尔本人,在 1962 年又击败了一个州的冠军。

1958 年,麦卡锡到麻省理工学院任职,与马文·明斯基(Marvin Lee Minsky)一起组建了世界上第一个人工智能实验室,他本人被称为"人工智能之父"。

1958 年,康奈尔大学的实验心理学家弗兰克·罗森布拉特(Frank Rosenblatt)在一台 IBM704 计算机上模拟实现了一种由他本人发明的叫作"感知机"的神经网络模型。神经网络与支持向量机都源自感知机。

1960 年,通用问题求解程序被研制出来。该程序当时可解决 11 种类型的问题,如不定积分、三角函数、代数方程、猴子摘香蕉、河内梵塔、人-羊过河等问题。

这些成就和事件为人工智能的发展奠定了基础,使其从理论探讨逐渐转向实际应用和技术创新。

3. 知识应用期(20 世纪 70 年代到 80 年代末)

这一时期开展了以知识为中心的研究。专家系统实现了人工智能从理论研究走向实际应用,从一般思维规律探讨走向专门知识运用的重大突破,是 AI 发展史上的一次重要转折。

1972 年,费根鲍姆开始研究 MYCIN 专家系统,并于 1976 年研制成功。从应用的角度看,它能协助内科医生诊断细菌感染疾病,并提供最佳处方;从技术角度看,他解决了知识表示、不精确推理、搜索策略、人机联系、知识获取及专家系统基本结构等一系列重大技术问题。

1976 年,斯坦福大学的杜达(R. D. Duda)等人开始研制地质勘探专家系统 PRO-SPECTOR。这一时期,与专家系统同时发展的重要领域还有计算机视觉和机器人、自然语言理解与机器翻译等。

这段时间也经历了人工智能发展过程中的挫折。在博弈方面,塞缪尔的下棋程序在与世界冠军对弈时,5 局中败了 4 局。在定理证明方面发现鲁滨孙归结法的能力有限,当用归结原理证明两个连续函数之和还是连续函数时,推了 10 万步也没证出结果。在问题求解方面,对于不良结构,会产生组合爆炸问题。在机器翻译方面,发现问题并不那么简单,甚至会闹出笑话,例如,把"心有余而力不足"的英语句子翻译成俄语再翻译回来时,竟变成了"酒是好的,肉变质了"。在神经生理学方面,研究发现人脑有 $10^{11\sim12}$ 个以上的神经元,在现有技术条件下用机器从结构上模拟人脑是根本不可能的。专家系统本身所存在的应用领域狭窄、缺乏常识性知识、知识获取困难、推理方法单一、没有分布式功能、不能访问现存数据库等问题被逐渐暴露出来。人工智能遇到了不少问题,从此,在全世界范围内,人工智能研究陷入困境、落入低谷。

4. 规则推理期(20 世纪 90 年代到 20 世纪末)

本阶段人工智能的发展主要特征以人工编码、规则推理为主。主要是基于规则的专家系统的研究与开发,专家系统根据某个领域的一个或多个人类专家提供的知识和经验进行推理和判断,模拟人类专家的决策过程。此类问题的系统推理可以成功应用于狭义问题的解决,但其不具备学习或处理不确定性问题的能力。

里程碑式的系统有 IBM 的深蓝。1997 年,IBM 开发的深蓝(Deep Blue)国际象棋系统成功击败了世界冠军加里·卡斯帕罗夫,人工智能第一次取得了对人类博弈的胜利,在全世界范围引起了轰动(见图 1-4)。深蓝技术主要依靠强大的计算能力穷举所有路数来选择最佳策略,"深蓝"光靠算可以预判 12 步,卡斯帕罗夫则只可以预判 10 步。

图 1-4 深蓝战胜卡斯帕罗夫

5. 机器学习与深度学习引领发展(21 世纪初至 21 世纪 10 年代)

进入 21 世纪初,人工智能所依赖的计算环境、计算资源和学习模型发生了巨大变化。云计算为人工智能提供了强大的计算环境;大数据为人工智能提供了丰富的数据资源;深度学习为人工智能提供了有效的学习模型。机器学习和深度学习在一个新的背景下异军突起,以机器学习和深度学习为引领是这一时期人工智能发展的一个最主要特征。

21 世纪初到 2016 年,人工智能的发展表现特征是机器学习的崛起,特别是大数据、大规模并行计算和增强的学习算法三者之间互相促进,使得 AI 在智能博弈、图像识别、语音识别、人类自然语言翻译等任务上取得了实质性成果——其对应能力首次可以超过人类单项能力。

2006 年,杰弗里·希尔顿(Geoffrey Hinton)等提出一种快速学习的基于深度可信神经网络的深度学习算法。深度学习假设神经网络是多层的,首先用受限玻尔兹曼机(Restricted Boltzmann Machine)非监督学习学习网络的结构,然后再通过反向传播监督学习学习网络的权值。[①] 这实现了神经网络的深度学习领域的重大突破,希尔顿也被称为"深度学习之父"。

2015 年,阿尔法狗(AlphaGo)与三届欧洲围棋冠军范辉(Fan Hui)进行了首场人机大赛,阿尔法狗以 5∶0 的总比分击败职业围棋选手,赢得了有史以来的第一场比赛;2016 年,它在韩国首尔与围棋世界冠军、职业九段棋手李世石(Lee Sedol)进行对垒,以 4∶1 的总比分获胜;2017 年,在中国乌镇与排名世界第一的世界头号围棋冠军柯洁对战,以 3∶0 的总比分获胜(见图 1-5)。围棋界公认阿尔法狗的棋力已经超过人类职业围棋顶尖水平。[②] 第一代阿尔法狗的核心技术是深度学习,而 2017 年 10 月 19 日发布的新一代阿尔法狗零(AlphaGo Zero)在无任何人类经验数据输入的情况下,能够借助强化学习算法迅速自学围棋,并以 100∶0 的总成绩击败它的前辈阿尔法狗。

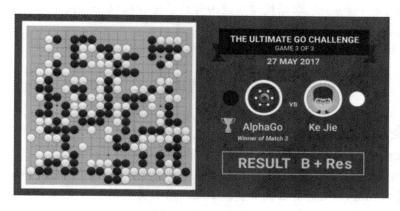

图 1-5 AlphaGo 对战柯洁

2017 年开始,以大数据、深度学习技术为主的 AI 技术的蓬勃发展,促进了无人机、智能机器人、自动驾驶车等智能产品的成熟和落地,促进了 AI 技术在生物医疗、医学诊断、智能翻译、搜索引擎、人脸识别等领域的大规模应用。并朝着通用人工智能技术的方向发展,获得了可以在更广泛任务领域中通用的功能。

6. 大模型和生成式人工智能导引通用人工智能时代发展(2020 年至今)

人工智能大模型是在人工智能领域,特别是深度学习领域中的一种技术。这些模型通常使用大量的数据进行训练,以实现对特定任务的高效处理和精确预测。2022 年 11 月 30 日,由美国 OpenAI 公司推出的 ChatGPT 是一种由 AI 技术驱动的自然语言处理工具,可与聊天机器人进行类似人类的对话等。语言模型可以回答问题,协助完成诸如撰

---

① Geoffrey Hinton,Simon Osindero, Yee-Whye Teh. A fast learning algorithm for deep belief nets[J]. Neural Computation,2006.

② 刘瑜.Python 编程从零基础到项目实战[M].2 版.北京:中国水利水电出版社,2021.

写电子邮件、论文和代码等任务。如此强大的能力来自大规模预训练。

生成式人工智能（Generative AI）是一种使用深度学习模型来创建新内容的技术。可以学习数据中的模式，并使用这些模式来创建文本、图像、音频和视频等多种形式的内容。例如帮助创作者快速生成大量的内容，如文章、故事、音乐、艺术作品等；可以用于生成游戏内容，如地图、角色、对话等；可以用于生成个性化的广告和营销内容；也可以用于生成个性化的对话和交互内容。

根据 2023 年 8 月 31 日公布的信息，国内已经有一批人工智能大模型通过了《生成式人工智能服务管理暂行办法》的备案，可以面向社会公众开放。办法鼓励生成式人工智能技术在各行业、各领域的创新应用，生成积极健康、向上向善的优质内容，探索优化应用场景，构建应用生态体系。

这一阶段的发展大幅跨越了科学与应用之间的"技术鸿沟"。图像分类、语音识别、知识问答、人机对弈、无人驾驶等具有广阔应用前景的人工智能技术突破了从"不能用、不好用"到"可以用"的技术瓶颈，人工智能发展进入爆发式增长的新高潮。然而，生成式人工智能也存在一些挑战，包括保障生成内容的质量、提高生成内容的多样性，以及避免生成有害的内容等问题。

拓展阅读　几位人工智能之父

1. 艾伦·麦席森·图灵（Alan Mathison Turing）

英国数学家、逻辑学家，被称为计算机科学之父，人工智能之父。

在 1936 年，他发表了一篇题为《可计算数及其在判定问题中的应用》的论文，提出了著名的图灵机概念，成为计算理论的奠基石之一。图灵的这一理论证明了某些问题是无法通过算法解决的，为计算机科学的发展奠定了理论基础。

图灵提出了著名的图灵测试，旨在测试机器是否具有人类智能。这个测试令一个人与一台机器对话，然后看其是否能够分辨出与自己对话的是人类还是机器。图灵测试成为评估人工智能的标准之一。

图灵被认为是计算机科学和人工智能领域的奠基人之一，他的工作对现代计算机的发展产生了深远影响。

2. 约翰·麦卡锡（John McCarthy）

他在 1956 年的达特茅斯会议上提出了"人工智能"一词，并被誉为人工智能之父，将数学逻辑应用到了人工智能的早期形成中。麦卡锡于 1958 年发布的 Lisp 是一种用于符号处理和人工智能研究的编程语言，其以灵活的符号处理能力而闻名，被广泛用于人工智能领域的研究和开发。麦卡锡还是专家系统概念的先驱之一，专家系统是一种模拟人类专业知识和判断的计算机程序。他提出的"Advice Taker"概念是专家系统的前身，试图模拟人类专业知识的推理过程。他于 1971 年获得了图灵奖，这是计算机科学领域的最高奖项，以表彰他在人工智能和 Lisp 语言方面的杰出贡献。

约翰·麦卡锡通过他的研究和领导地位，为人工智能领域的发展树立了榜样，并对计算机科学的多个方向产生了深远影响。

3. 马文·明斯基(Marvin Minsky)

"人工智能之父"和框架理论的创立者。1956 年,和麦卡锡一起发起"达特茅斯会议"并提出人工智能概念的计算机科学家马文·明斯基被授予了 1969 年度图灵奖,他是第一位获此殊荣的人工智能学者。

马文·明斯基是人工智能领域的奠基人之一。他的研究涵盖了多个领域,包括计算机视觉、机器学习、机器感知和语言处理等。1975 年,马文·明斯基首创框架理论,把它与视觉感知、自然语言对话进行结合,并采用了层次化、模块化设计思想,在人工智能界引起极大反响。[1] 明斯基先生还发明了世界上第一台机器人 Robot C,把人工智能和人形机器进行了结合。他本人也被称为"人工智能之父"。明斯基还编写了著名的《情感机器》[2]《心智社会》[3]等专著,值得 AI 专业的读者阅读。

总而言之,他的工作对于推动人工智能的发展起到了关键作用。马文·明斯基于 2016 年 1 月 24 日去世,但他的影响力仍然存在于当前人工智能的研究中。

1.3　人工智能的三大流派

由于研究者们对智能的本质有着不同的理解和认识,所以在对人工智能的研究过程中产生了多种不同的研究途径。目前,人工智能研究的三大流派主要为符号主义、联结主义和行为主义。

1. 符号主义

符号主义(Symbolicism)又被称为逻辑主义(Logicism)、心理学派(Psychologism),它在人工智能历史中的很长一段时间内都处于主导地位。该学派的主要观点是,人工智能起源于数理逻辑,即通过逻辑符号来表达思维的形成。符号主义认为,人类认知的基本单元是符号,而基于符号的一系列运算构成了认知的过程,所以人和计算机都可以被看成是具备逻辑推理能力的符号系统,换句话说,计算机可以通过各种符号运算来模拟人的"智能"。[4]

如图 1-6 所示,赫伯特·西蒙(Herbert Alexander Simon)和艾伦·纽厄尔(Allen Newell)是人工智能符号主义学派的创始人,他们在 1957 年合作开发了 IPL(Information Processing Language),在人工智能的历史上,这是最早的一种人工智能程序设计语言,其基本元素就是符号。在 1976 年,他们提出了物理符号系统假设(Physical Symbol System Hypothesis),他们认为物理符号系统具有必要且足够的方法来实现普通的智能行为。在他们看来,现实世界中所存在的对象和过程,都是可以用符号来描述和解释的,他们把对象和过程中包含的智能问题都归结为符号系统的计算问题。

---

[1]　人工智能之父马文·明斯基逝世 科学界巨星陨落,https://tech. huanqiu. com/article/9CaKrnJTsDp.

[2]　马文·明斯基. 情感机器[M]. 杭州:浙江人民出版社,2015.

[3]　马文·明斯基. 心智社会:从细胞到人工智能,人类思维的优雅解读[M]. 北京:机械工业出版社,2016.

[4]　林学森. 机器学习观止——核心原理与实践[M]. 北京:清华大学出版社,2021.

图 1-6　赫伯特·西蒙(左)和艾伦·纽厄尔(右)

符号主义在人工智能的早期阶段广泛应用,尤其是在专家系统的开发和一些具体领域的问题求解中。专家系统是符号主义最典型的应用之一。专家系统利用符号来表示领域专家的知识,并使用逻辑推理引擎进行问题求解。这种方法在医学诊断、工程设计和金融分析等领域取得了一些成功;符号主义在处理自然语言的语法和语义结构方面发挥了重要作用,它被用于构建语法规则等,以支持机器理解和生成人类语言。符号主义的核心思想是通过符号表示和逻辑推理来处理知识,这在知识工程和信息检索领域得到了应用。基于这种研究途径的人工智能往往被称为"传统的人工智能"或者"经典的人工智能"。

2. 联结主义

联结主义(Connectionism)又被称为仿生学派(Bionicsism)或生理学派(Physiologism),当前在人工智能界占据主导地位。该学派的主要观点是人工智能起源于仿生学,它强调仿人脑模型,即将神经元之间的联结关系作为人工神经网络的基础。联结主义认为人类认知的基本单元是神经元,神经元联结的活动过程就是人类的认知过程。它主张思维的基本单元是神经元,而不是符号;思维的过程是神经元的联结活动过程,而不是符号的运算过程。它反对符号主义关于物理符号系统的假设,而更侧重结构模拟,试图构造模拟大脑结构的神经网络系统。联结主义通过模拟生物神经系统来实现学习,它认为知识和技能的获取是通过对大量数据进行学习来实现的。

1943 年,美国心理学家麦克洛奇(McCulloch)和数理逻辑学家皮兹(Pitts)合作建立了第一个神经元数学模型——MP 模型,把神经元简化为一个功能逻辑器件来实现,开创了人工神经网络研究这一崭新领域。联结主义是机器学习领域中的主要方法之一,特别是在深度学习中。深度神经网络是联结主义的代表,被广泛应用于图像识别、语音识别、自然语言处理等任务中。

尽管联结主义在许多领域中取得了一些成就,但它同时也面临着一些挑战,如黑盒性(难以解释网络的决策过程)和数据需求量大等。单靠联络机制解决人工智能的所有问题也是不现实的。因此,现代人工智能研究通常将联结主义与其他方法结合使用,以克服各种问题。

3. 行为主义

行为主义(Actionism)又被称为进化主义(Evolutionism)或控制论学派(Cyberneticsism),其主要原理为控制论及感知-动作型控制系统。该学派认为智能取决于感知和行为,取决于对外界复杂环境的适应,而不需要知识表示,不需要推理,人工智能也可以像人类智能演化的过程一样逐渐进化。行为主义强调对行为和反馈的研究,通过训练和奖惩机制来实现人工智能的学习,它更侧重行为模拟,倾向构造具有进化能力的智能系统。

行为主义的基本观点可以概括如下。

(1)知识的形式化表达和模型化方法是人工智能的重要障碍之一。

(2)智能取决于感知和行动,在直接利用机器对环境作用后,以环境对作用的响应为原型。

(3)智能行为只能体现在世界中,通过周围环境交互表现出来。

(4)人工智能可以像人类智能一样逐步进化,分阶段发展和增强。

行为主义的杰出代表罗德尼·布鲁克斯(Rodney Brooks)教授研制的 6 足机器虫(见图 1-7)是他的代表性成果。布鲁克斯认为,要求机器人像人一样去思维太困难了,在做一个像样的机器人之前,不如先做一个像样的机器虫,由机器虫慢慢进化,或许可以做出机器人。于是他在美国麻省理工学院(MIT)的人工智能实验室研制成功了一个由 150 个传感器和 23 个执行器构成的像蝗虫一样能做 6 足行走的机器人实验系统。这个机器虫虽然不具有像人那样的推理、规划能力,但其应对复杂环境的能力却大大超过了原有的机器人,在自然(非结构化)环境下,具有灵活的防碰撞和漫游行为。

图 1-7　6 足机器虫

人类具有智能不仅仅是因为人有大脑,还因为人能够保持持续性地学习。机器要想变得更加"智能"也是需要不断学习的。符号主义靠人工赋予机器智能,连接主义靠机器自行习得智能,行为主义在与环境的作用和反馈中获得智能,它们彼此之间扬长补短。相信随着人工智能研究的不断深入,这三大学派会融合贯通,共同创造出更强大的人工智能。

1.4　人工智能的研究内容及研究领域

▉▊ 1.4.1　人工智能的研究内容

人工智能基本技术包括机器思维、机器感知、机器学习、机器决策、机器行为,对应的研究内容也可以分为这五大部分,此外还有一个重要的研究内容为计算智能。

1. 机器思维(Machine Thinking)

(1) 推理。

推理是指按照某种策略从已知事实出发利用知识推出所需要的结论的过程。推理方法是指实现推理的具体办法。

机器思维的推理是指让计算机系统能够像人类一样进行逻辑推理、推断和判断的过程。推理是一种基于已知信息、规则和关系,得出新的结论或知识的能力。在人工智能领域,推理是实现智能决策和问题求解的关键技术之一。

推理可以分为不同的类型,包括演绎推理和归纳推理。

演绎推理(Deductive Reasoning)基于已知的前提条件和逻辑规则,从中推导出新的结论。这种推理方式更注重逻辑的正确性,是一种从一般到特殊的推理方法。

归纳推理(Inductive Reasoning)基于一组具体的事实、观察和例子,从中推导出一般性的结论。这种推理方式更注重从具体案例中归纳出一般规律,是一种从特殊到一般的推理方法。

实现机器思维的推理需要将逻辑、知识表示和推理算法结合起来,使计算机能够根据已知的信息和规则,生成新的信息和结论。在推理过程中,计算机可能需要使用符号逻辑、模糊逻辑、贝叶斯推理等各种技术,以及知识图谱、本体论和语义表示等知识表示方法。

推理在人工智能的各个领域都有重要的应用,包括专家系统、自然语言处理、机器学习、智能搜索等。通过不断改进推理技术,未来可以使机器更加智能地处理复杂的问题和任务。

(2) 搜索。

依靠经验,利用已有知识,根据问题的实际情况,不断寻找可利用知识,从而构造一条代价最小的推理路线,使问题得以解决的过程称为搜索。而智能搜索,指可以利用搜索过程得到的中间信息来引导搜索向最优方向发展的算法。

机器思维的搜索是指让计算机系统能够在问题空间中寻找适当的解决方案或答案

的过程。这涉及从大量可能的选项中选择最优或最合适的选项,以解决特定的问题或完成任务。搜索在人工智能中具有重要的地位,它是许多智能系统和算法的基础。

在机器思维的搜索过程中,计算机需要通过系统性地探索问题空间中的各种可能性,以找到满足特定条件的解决方案。这涉及定义问题的状态空间、操作规则和目标函数。搜索算法的目标通常是找到一个最优解或一个接近最优解的解决方案。

常见的搜索算法包括广度优先搜索、深度优先搜索、A*算法、迭代深化搜索、遗传算法、蚁群算法等。

机器思维的搜索涉及问题建模、状态空间的表示、搜索策略的选择和剪枝等技术。在现实应用中,搜索在路径规划、自动化决策、游戏策略制定等领域具有广泛的应用,可以帮助机器系统快速找到满足特定要求的解决方案。

(3)规划。

规划是指从某个特定问题状态出发,寻找并建立一个操作序列,直到求得目标状态为止的一个行动过程的描述。与一般问题求解技术相比,规划更侧重于问题求解过程,并且要解决的问题一般是真实世界的实际问题,而不是抽象的数学模型。

这里举一个规划系统的例子:机器人去目的地的路径选择规划。机器人需要知道如何在环境中定位自己,或者找到自己的位置,及时绘制环境地图,避开随时可能出现的障碍物,控制自己的电动机以改变速度或方向,制定解决任务的计划等。其中,真正重要的一环是,在环境地图已知的情况下,规划从一个地点到另一个地点的路径的能力。当机器人为了完成一项任务必须从一个起始位置到一个目标位置时,它必须为如何在周围环境中移动做出一个路径计划。例如图 1-8 所示的移动机器人地图,它有一个起始位置和一个目标位置,这个问题通常称为路径规划。

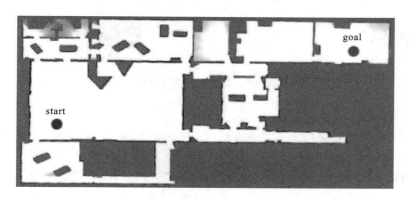

图 1-8　移动机器人地图

机器思维的规划是指让计算机系统能够根据特定的目标和约束条件,制定一系列合理的行动方案或策略,以达到预期的目标。这涉及从初始状态出发,通过分析问题的状态空间、可行操作和目标函数,生成一个行动序列,使系统能够逐步实现预定的目标。

规划在人工智能中具有重要的地位,它使机器系统能够根据具体的任务要求,自主地制定行动计划,以实现特定的目标。规划可以应用于各种领域,包括路径规划、任务调度、资源分配、机器人控制、游戏策略等。

2. 机器感知(Machine Perception)

机器感知指模拟人的自然智能感知器官去感知周围环境信息。

（1）机器视觉。

人类视觉系统的功能由眼睛和大脑共同实现。视野中的物体在可见光的照射下,先在眼睛的视网膜上形成图像,然后由感光细胞转换成神经脉冲信号,再经神经纤维传入大脑皮层,最后由大脑皮层对其进行处理与理解。

视觉信息处理不仅仅指对光信号的感受,它还包括了对视觉信息的获取、传输、处理、存储与理解的全过程。机器视觉指用机器模拟人和生物的视觉系统功能。机器视觉的处理流程包括从图像获取到图像解释的全部过程,如图 1-9 所示。

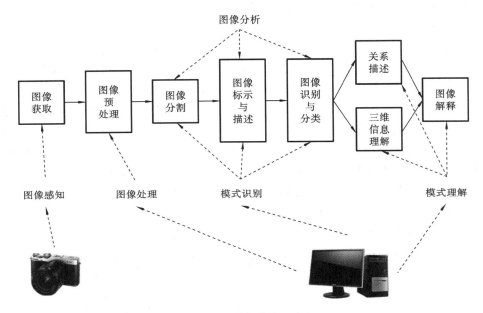

图 1-9　机器视觉处理流程

（2）机器听觉。

机器听觉就是用计算机来实现和模拟人类的听觉功能,处理流程包括从语音输入到识别结果的输出全部过程。

首先对输入的语音进行预处理,分析出可表示语音信号本质特征的参数。特征提取阶段从语音波形中提取出随时间变化的语音特征序列。模式识别阶段是语音识别的核心,即把提取的输入语音的特征与模型库中的声学模型进行比较和匹配。模式识别阶段用到的模型库为声学参数模型,是从不同说话者的多次重复讲话中提取的语言特征参数,经长时间训练而聚类得到的标准模型。输入语音信号的语音特征与模型库中标准语句语音特征的差别称为失真测度。然后建立专家知识库存放各种语言学知识,如变调规则、音长分布规则、同音字判别规则、构词规则、语法规则及语义规则等。最后根据测度和专家知识,选出最接近的结果,并由识别系统输出。流程图如图 1-10 所示。

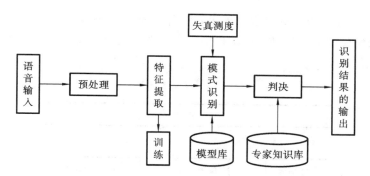

图 1-10　机器听觉处理流程

3. 机器学习(Machine Learning,ML)

按照对人类学习的模拟方式,可以把机器学习分为符号主义机器学习和连接主义机器学习两种类型。

(1)符号主义机器学习。

符号主义机器学习泛指各种从功能上模拟人类学习能力的机器学习方法,是符号主义学派的机器学习观点。符号主义机器学习是一种机器学习方法,其基本思想是使用符号和逻辑推理来表示和处理知识。它强调使用符号、规则和逻辑来表示问题的特征和关系,以便进行推理和决策。这与统计方法、神经网络和基于数据驱动的机器学习方法有所不同。

根据学习策略、理论基础及学习能力等,符号主义机器学习可划分为多种类型:记忆学习、符号学习(归纳学习、解释学习、类比学习)、统计学习(贝叶斯网络、隐马尔科夫模型、支持向量机)、发现学习(聚类分析、复杂类型数据挖掘)、强化学习、集成学习、大规模机器学习。

(2)连接主义机器学习。

连接主义机器学习也称联接主义机器学习,简称连接学习或神经学习,是一种基于人工神经网络、从结构上模拟人类学习能力的方法。其生理基础是中枢神经系统,基本单位是单个神经元。

图 1-11 中,X_i 为神经元的输入,W_i 为输入的权值,θ 为神经元阈值,y 为神经元的输出。连接学习方法可分为浅层学习和深层学习。浅层学习有感知器学习、反向传播(Back Propagation,BP)网络学习和 Hopfield 网络学习;深层学习有深度信念网络学习、深度玻耳兹曼机学习和卷积神经网络学习。

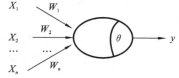

图 1-11　人工神经元

4. 机器决策(Machine Decision-Making)

机器决策的典型研究对象是专家系统,指一种具有大量专门知识和经验的智能程序系统,它能运用领域专家多年积累的经验和专门知识,模拟领域专家思维过程,解决该领域中需要专家才能解决的复杂问题。专家系统的基本结构如图 1-12 所示,知识库用于存放专家经验和知识。综合数据库用于存放事实、数据、中间结论、推理结果等。推理机指控制、协调整个专家系统推理过程的程序。解释模块用于向用户解释系统本身的推理过程。知识获取模块用于获取、修改、维护知识库。人机接口指专家系统与外界的接口。

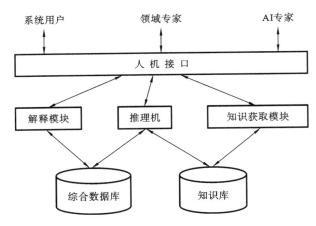

图 1-12　专家系统的基本结构

智能决策支持系统是人工智能和决策支持系统相结合的产物,它应用专家系统技术,充分利用人类知识,用推理的方式来帮助人们进行复杂问题的辅助决策。问题处理系统的工作包括识别与分析问题,设计求解方案,为问题求解调用四库中的数据、模型、方法及知识等,需要推理时还应该能够触发推理机进行推理操作。

5. 机器行为(Machine Behavior)

机器行为的研究内容有智能机器人、智能无人系统、自主协同控制、人机协同交互等,其中,重点是智能控制及智能制造。

智能控制指那种不需要或需要尽可能少的人工干预就能独立驱动智能机器实现目标的控制过程。它是人工智能技术与传统自动控制技术相结合的产物。智能控制系统是指那种能够实现某种控制任务,具有自学习、自适应和自组织功能的智能系统。从结构上,它由传感器、感知信息处理模块、认知模块、规划和控制模块、执行器和通信接口模块等主要部件组成。常用的智能控制方法有模糊控制、神经网络控制、专家控制和学习控制等。

智能制造是指以计算机为核心并集成有关技术,为取代、延伸与强化有关专门人才在制造中的有关部分脑力活动所形成、发展、创新了的制造。

6. 计算智能(Computational Intelligence,CI)

神经计算、进化计算和模糊计算统称为计算智能,目前也是人工智能研究内容的重要组成部分。计算智能借鉴仿生学的思想,基于人们对生物体智能机理的认识,采用数值计算的方法去模拟和实现人类的智能。计算智能的概念最早产生于1992年,它是在神经计算、进化计算、模糊计算这三个学科相对成熟的基础上,将这三个学科合并在一起所形成的一个统一的学科概念。

(1)神经计算。

神经计算亦称神经网络(Neural Network,NN),它是通过对大量人工神经元的广泛并行互联所形成的一种人工网络系统,用于模拟生物神经系统的结构和功能。主要研究内容包括人工神经元的结构和模型,人工神经网络的互连结构和系统模型,基于神经网络的联结学习机制等。神经网络具有自学习、自组织、自适应、联想、模糊推理等能力,在模仿生物神经计算方面有一定优势。目前,神经计算的研究和应用已渗透许多领域,如机器学习、专家系统、智能控制、模式识别等。

(2)进化计算。

进化计算是一种模拟自然界生物进化过程与机制,进行问题求解的自组织、自适应的随机搜索技术。它以达尔文进化论的"物竞天择,适者生存"作为算法的进化规则,并结合孟德尔的遗传变异理论,将生物进化过程中的繁殖、变异、竞争和选择引入算法,它是一种对人类智能的演化模拟方法。进化计算的主要分支有遗传算法、进化策略、进化规划和遗传规划四大分支。其中,遗传算法是进化计算中最初形成的一种具有普遍影响的模拟进化优化算法。遗传算法的基本思想(美国密执安大学霍兰德教授于 1962 年提出)是使用模拟生物和人类进化的方法来求解复杂问题。它从初始种群出发,采用优胜劣汰、适者生存的自然法则选择个体,并通过杂交、变异产生新一代种群,如此逐代进化,直到满足目标为止。

(3)模糊计算。

模糊计算亦称模糊系统,通过对人类处理模糊现象的认知能力的认识,用模糊集合和模糊逻辑去模拟人类的智能行为。模糊集合与模糊逻辑是美国加州大学扎德(Zadeh)教授于 1965 年提出来的一种处理因模糊而引起的不确定性的有效方法。通常人们把那种因没有严格边界划分而无法精确刻画的现象称为模糊现象,并把反映模糊现象的各种概念称为模糊概念,如大、小、多、少等。模糊概念是用模糊集合来表示的,而模糊集合又是用隶属函数来刻画的。用一个隶属函数描述一个模糊概念,其函数值为[0,1]区间内的实数,用来描述函数自变量所代表的模糊事件隶属于该模糊概念的程度。

这些研究内容推动了人工智能技术的发展,使机器能够更加智能、灵活地执行复杂任务,同时提高其在真实世界中的适应性和效能。通过不断深入研究这些方面,人工智能领域能够不断取得新的突破和进展。

1.4.2 人工智能的研究领域

目前,人工智能设计的研究领域非常广泛,这里简单介绍一些常见的、具有代表性的几个领域。

1. 自然语言处理

自然语言处理(Natural Language Processing,NLP)是人工智能领域的一个重要分支,致力于研究人类与计算机之间进行有效语言交流的各种理论和方法。NLP 的研究内容涉及多个层次的语言处理,包括词法分析、句法分析、语义分析和语用分析等。除此之外,NLP 还涉及使用计算机系统将一种语言翻译成另一种语言的机器翻译、将口头语音转换为文本的语音识别、自动生成符合语法和语义规则文本的文本生成、识别文本中的情感和情感倾向分析等关键技术。

自然语言处理的研究和应用对于实现自然、智能、流畅的人机交互及更高效的信息处理具有重要意义。随着科技的不断发展,未来自然语言处理除了在机器翻译和语音识别方面有更大突破之外,还将不断拓宽更多领域对一切有关自然语言信息进行加工处理,从而实现人机之间的自然通信。

2. 机器学习与数据挖掘

机器学习(Machine Learning)是一门致力于让计算机系统具备学习和适应能力的领域,它是人工智能的重要分支,其核心思想是通过利用数据的模式和规律,让计算机系统从中学到知识,而无须显式地进行编程。机器学习是计算机获取知识的途径,一旦计算机系统具备了人的学习能力,就有可能实现人工智能的目的,例如家喻户晓的围棋程序"阿尔法狗"等。

数据挖掘(Data Mining)是一项通过发掘大规模数据中的信息和模式来获取知识的过程。在这个领域中,关联规则挖掘致力于寻找数据中属性之间的关联关系,从而揭示出隐藏在背后的规律。分类算法被广泛用于将数据样本划分到不同的类别中,适用于垃圾邮件过滤、疾病预测等场景。聚类算法则通过将相似的数据样本分组,揭示出数据的内在结构。回归分析则用于建立模型,预测数值型输出,例如预测房价和销售趋势。异常检测算法则可以识别数据中的异常点,对于检测潜在问题具有重要价值。

这两个领域相辅相成,机器学习的算法常常在数据挖掘中找到应用,而数据挖掘则为机器学习提供了丰富的训练和测试数据。通过这些技术手段能够更好地理解和利用庞大的数据集,为决策制定和问题解决提供强有力的支持。

3. 人工神经网络与深度学习

人工神经网络(Artificial Neural Networks,ANNs)是受到生物神经网络结构启发的计算模型,其基本单位是神经元。每个神经元接收输入,进行加权求和,并通过激活函数产生输出。多个神经元通过连接构成网络,模拟人脑中神经元之间的相互作用。

深度学习是机器学习的一个分支,强调通过多层次的神经网络进行非线性变换,从而学习数据的高级抽象表示。深度学习模型由输入层、多个隐层和输出层组成,通过反向传播算法优化网络参数以最小化预测误差。

人工神经网络和深度学习作为人工智能领域的前沿技术,涵盖了广泛而深刻的研究内容,包括网络结构、训练算法等多个方面。人工神经网络的结构设计是研究的重点之一。从最早的单层感知机到当前的深度学习时代,不同的网络结构适用于不同的任务。研究者致力于设计更深、更复杂的网络结构,以提高模型的表达能力和学习能力。有效的训练算法是人工神经网络成功的关键。

这些研究内容共同推动了人工神经网络与深度学习领域的发展,使其成为当今人工智能研究的前沿,也为解决实际问题提供了强有力的工具。

4. 模式识别

模式识别是一种通过对事物的特征和规律进行学习,从而使计算机或系统能够识别和分类事物的过程。这包括对数据、信号、图像或其他形式的输入进行分析,并在这些输入中找到有意义的模式。模式识别的核心在于从复杂和高维度的数据中提取有意义的特征,并通过学习算法将这些特征映射到模式类别,以便系统能够对未知数据进行分类、识别或预测。这一过程涉及多个关键步骤,从数据的采集和前期处理到特征提取、模型学习和最终决策。模式识别常被视为人工智能的一个分支,在多个领域都有广泛的应用,包括语音识别(如语音助手、语音搜索)、手写体文字识别、人脸识别(如安防监控、人脸支付)、指纹识别、医学影像分析等。近年来,随着深度学习方法的发展,模式识别精度越来越高,但是依然存在一些挑战,如数据需求量大、模型解释性差等问题。因此,研究者们在深度学习方法的基础上继续努力,以解决这些挑战并推动模式识别技术的进一步发展。

5. 计算机视觉

计算机视觉(Computer Vision)是一门涉及计算机系统如何获取、处理和解释图像信息的跨学科领域。其目标是让计算机具备类似或超越人类视觉系统的能力,使其能够理解和解释视觉输入。计算机视觉已经在多个领域取得显著进展。深度学习方法,特别是卷积神经网络,在图像处理任务中取得了巨大成功。开源深度学习框架(如 TensorFlow、PyTorch)的发展使得研究人员和工程师能够更容易地构建和训练复杂的计算机视觉模型。

实际应用中,计算机视觉已经广泛应用于人脸识别技术、智能监控系统、医学影像分析、自动驾驶汽车、无人机视觉导航等领域。同时,计算机视觉也在日常生活中逐渐成为智能手机、摄像头、安防系统等设备的标配功能。

6. 智能机器人

智能机器人是一种集成了感知、决策和执行功能的复杂自动化系统,它能够通过传感器获取环境信息,并理解和解释这些信息,然后采取相应的行动完成特定的任务。智能机器人通常拥有自主性,能够在不断变化的环境中做出适应性决策,其设计和实现涵盖了多个领域的先进技术。

智能机器人在众多应用领域都发挥着关键作用。在制造业中,它们被用于自动化生产线上的任务执行。在医疗领域,机器人被用于手术辅助和康复治疗。在探险和救援任务中,机器人能够进入危险环境执行任务,减少人类风险。在家庭和服务领域,智能机器人也开始扮演助手的角色。

总体来说,智能机器人代表着先进技术在自动化和智能领域的巅峰应用,其发展不仅推动了科技的进步,还改变了人们对机器与人工智能在协同工作中的看法。未来,随着技术的不断创新和进步,智能机器人将继续在各个领域发挥更为重要的作用。

1.4.3　人工智能的实现要素

从系统论和技术实现角度来说,人工智能需要研究和实现的内容至少包括理论模型、硬件算力、通信、软件框架、数据、算法等。

1. 理论模型

理论研究是人工智能发展的前导性、基础性研究方向,只有基础理论得到了突破,AI应用才能产生效果。这里的理论研究包括人脑机理的研究和计算机模仿实现、人工智能算法种类的突破、通用人工智能基础理论的研究等。模型是人工智能的核心,它是通过对算法和数据进行训练和优化得到的。模型可以根据输入数据生成预测或解释,并不断学习和改进以更好地适应新数据和场景。不同的模型适用于不同的任务。

2. 硬件算力

AI 运算需要消耗大量的算力,对计算功能更加强大的 GPU(图形处理器)、CPU 的研究和工程实现,是 AI 硬件领域需要重点考虑的一个研究方向。另外,涉及智能物联网智能终端传感器、边缘计算等技术的研究,也会涉及相应芯片的研究。随着智能化程度的提升,作为智能运算基础——海量数据采集和存储,也需要相应的硬件设备的研究和实现。

3. 通信

在通用人工智能研究领域,不可避免地必须会涉及感知信息的智能计算、智能大脑的综合决策、自我意识智能体的生存价值智能决策、情感智能的表达等,会涉及海量数据和指令的并行及复杂的通信要求,这种分布式的、复杂往复的通信框架会把代表触觉、视觉、听觉、味觉、嗅觉、语言表达、大脑思维等的智能单元进行连通,在工程上需要进一步研究。这里除了基于硅片的计算机通信技术外,未来的生物芯片技术、量子技术也值得关注。

4. 软件框架

主要指可以在计算机上运行的,承载算法和数据的智能框架软件。未来一个值得探索的方向是具有多智能单元的分布式的框架。目前,有名的 TensorFlow、PyTorch、PaddlePaddle 等技术框架集成了各种算法,在弱人工智能领域取得了一定的成功,但是在强人工智能领域,这些框架也是弱小的。

5. 数据

数据是人工智能运算的三个要素之一(另外两个是算法、算力),对数据本身的收集、加工及研究,也是一个研究方向。例如,能否收集到代表人类情感的数据? 哪些数据具有生存价值表达作用? 数据的质量和数量直接影响到模型的性能和准确性,因此,获取高质量的数据是人工智能成功的关键。

6. 算法

算法是人工智能的灵魂,它是一组规则和过程,用于指导计算机如何处理数据并做出决策。选择合适的算法对于提高模型的性能至关重要。不同的算法适用于不同的任务,例如分类、回归、聚类等。主流的人工智能研究都聚焦于算法,算法的背后是数学,算法需要通过软件编程来实现。

 拓展阅读 "数智化"杭州亚运会

2023 年 9 月 23 日晚,第十九届亚洲运动会在浙江省杭州市隆重开幕。这不仅是一次体育盛会,也是一场科技盛宴。"智能亚运"是杭州亚运会的办赛理念之一,无论是筹办过程还是办赛阶段,都充分运用了数字化技术表达。透过"智能亚运",展现的是华夏大地风起云涌的创新热潮、中国在建设科技强国道路上的铿锵步伐。

1. 数字点火仪式

亚运开幕式上,在万众瞩目的点火环节中,代表着超 1 亿观众的金色"数字火炬手"缓缓跑过会场点燃亚运圣火,使得全球上亿人成功在线上参与火炬传递活动,如图 1-13 所示。杭州亚运会开幕式总导演、总制作人沙晓岚说:"开幕式数字点火,它是一个全民的事,让每个人都能在数字世界里参与亚运。"那么,上亿"数字火炬手"参与开幕式数字点火的背后究竟有着怎样的国产核心技术做支撑呢?

图 1-13　数字火炬手

为了让亿级用户成功在线上参与活动,保障"数字火炬手"活动顺畅运行,杭州亚组委与官方合作伙伴支付宝,利用自研 3D 互动引擎、人工智能、区块链、小程序云等多种技术,进行了一系列探索和创新。例如,自研 Web3D 互动引擎 Galacean 使用户无须下载 App,通过小程序就能参与活动,并支持市面上 97% 型号的智能设备(稍老旧的手机也经过了超 10 万次的测试),从而顺利实现亿级用户规模覆盖。

同时,在人工智能技术的助力下,项目团队开发了几十个"捏脸"控制器,进行了上万次的 AI 动作捕捉,采集了几十万张服装图像数据,从而让"数字火炬手"的形象达到了两万亿种,满足了全球"数字火炬手"都能"一人一面、独一无二"。

开幕式当晚的"数字火炬手"获得了杭州亚组委和支付宝基于区块链技术推出的数字点火专属证书,这是全球首个采用了区块链技术的亚运数字证书,这是人工智能与亚运会共同留在人们记忆中的浓墨重彩的一笔。

2. 智能亚运一站通

智能亚运一站通运用了区块链、大数据、人工智能等高新技术,对接了数字城市各类资源,整合了亚运城市各类场景应用,为观众提供从购票、出行、观赛,到住宿、用餐和旅游等的一站式服务。通过与商汤科技合作,平台引入了"亚运 AR 服务平台"功能。用户可以通过该功能,利用增强现实技术进行实时实景导航导览,与亚运吉祥物进行趣味互动等。"智能亚运一站通"聚合了中国移动、商汤科技、网易有道、天猫、高德等多个技术能力服务商和 2 万多个商家,覆盖了 28 个服务场景,并且在 2023 年 4 月成功入选了首批国家级智能体育典型案例。

3. 亚运机器人

在亚运村内,有一款乒乓球机器人。它是能"还原许昕八成功力"的手臂式发球机器人,也是第一台可以模仿奥运乒乓球冠军击球的机器人,如图 1-14 所示。它基于阿里云算力支持,搭载 pong-smart 智能机器人系统,深度学习了许昕出道以来的大部分比赛视频。与传统发球机不同,该机器人可用机械臂控制真实球拍,并可设置旋转等级、速度等级及落点位置,提升了运动乐趣与训练水平。

图 1-14　AI 许昕

此外,在赛场上,机器狗能捡铁饼;在赛场外,亚运村场馆内,既有钢琴机器人为来往运动员奏曲,也有多种类型的辅助机器人为媒体记者提供送餐、送物等服务。小远机器人和滨江区公安分局联合打造的警务机器人"滨 sir"则在杭州街头为来往游客提供安全宣传、安防监控、信息咨询等多种功能。哈智机器人多语种辅助机器人则为各国媒体记者提供送餐、送物等服务。

科技赋能,竞技比赛将呈现更多精彩。以人工智能为核心,杭州亚运会打造了一场数智化的体育盛会,展现出了我国科技与体育结合的大国风采。①

---

①　https://www.thepaper.cn/newsDetail_forward_24744750.

习 题 1

一、填空题

1. 人工智能是研究和开发用于_____、_____和_____人的智能的理论、方法、技术及应用系统的一门新的技术科学。

2. 按照学习方法分类,可以将人工智能分为_____和_____两个主要分支。

3. 基于系统智能水平的高低,可以将人工智能分为_____和_____。

4. 目前,人工智能研究的三大流派主要为_____、_____和_____。

5. 人工智能基本技术包括_____、_____、_____、_____、_____。

二、选择题

6. 智能机器人,具有感知环境的能力和具有( )。

A. 存储能力　　　　B. 思维能力　　　　C. 执行能力　　　　D. 判断能力

7. 以下属于强人工智能的是( )。

A. 语音识别　　　　B. 图像识别　　　　C. AlphaGo　　　　D. 推理机器人

8. ( )是利用计算机将一种自然语言(源语言)转换为另一种自然语言(目标语言)的过程。

A. 问答系统　　　　B. 机器翻译　　　　C. 文本识别　　　　D. 文本分类

9. 以下哪一项不属于人脸识别技术?( )

A. 人脸搜索　　　　B. 人脸比对　　　　C. 人脸检测　　　　D. 翻拍识别

10. 以下哪一项不属于人工智能运算的三个要素之一?( )

A. 数据　　　　　　B. 算法　　　　　　C. 通信　　　　　　D. 算力

三、思考题

11. 什么是人工智能?它有哪些特点?它的发展经历了哪些阶段?

12. 人工智能研究的基本内容都有什么?它的研究领域有哪些?

第2章

人工智能领域的应用

知识目标	思政与素养
熟悉人工智能领域的应用。	学习人工智能领域的应用,培养科研精神、奋发精神和创新创造精神,激发科技报国的家国情怀和使命担当。
了解智慧城市、智慧交通、智慧家居、智慧医疗、智慧农业、智慧教育、智慧零售与客户服务、智慧金融。	学习人工智能学科先驱模范事迹,培养探索未知、追求真理、勇攀科学高峰的责任感和使命感,争做立大志、明大德、成大才、担大任的新时代好青年。

 实例导入　智慧地球

　　2008年,IBM公司首席执行官在《智慧地球:下一代领导议程》中首次提出"智慧地球"的概念,勾勒出了世界智慧运转之道的三个重要维度。第一,我们需要也能够更透彻地感应和度量世界的本质和变化。第二,我们的世界正在更加全面地互联互通。第三,在此基础上,所有的事物、流程、运行方式都具有更深入的智能化,我们也获得更智能的洞察。当这些智慧之道更普遍,更广泛地应用到人、自然系统、社会体系、商业系统和各种组织,甚至是城市和国家中时,"智慧地球"就将成为现实。

　　智慧地球需要关注的四个方面的关键问题如下。第一是新锐洞察:面对无数个信息孤岛式的爆炸性数据增长,需要利用众多来源提供的丰富实时信息,以做出更明智的决策。第二是智能运作:需要开发和设计新的业务和流程需求,实现动态流程支持下的聪明的运营和运作方式,达到全新的生活和工作方式。第三是动态架构:需要建立一种可以降低成本、具有智能化和安全特性并能够与当前的业务环境同样灵活的基础设施。第四是绿色未来:需要采取行动解决能源、环境和可持续发展的问题,提高效率,提升竞争力。人工智能技术的出现很好地针对以上四个关键问题给出了相应的解决方案。本章将介绍人工智能技术在如下几个领域的应用:智慧城市、智慧交通、智慧家居、智慧医疗、智慧农业、智慧教育、智慧零售与客户服务、智慧金融,简述在此基础上人类如何以更加精细和动态的方式管理生产和生活,从而达到"智慧"状态。

2.1　智慧城市

■ 2.1.1　智慧城市概述

1. 智慧城市(Smart City)

智慧城市的概念可以追溯到 20 世纪 70 年代,当时的"智能城市"概念主要是指城市中使用计算机技术进行管理和运营。然而,随着信息技术的飞速发展,如今的智慧城市已经远远超越了早期的定义,它融合了大数据、云计算、物联网、人工智能等前沿科技,旨在提高城市运行效率,改善居民生活质量,实现可持续发展。智慧城市是指运用信息和通信技术手段感测、分析、整合城市运行核心系统的各项关键信息,从而对包括民生、环保、公共安全、城市服务、工商业活动在内的各种需求做出智能响应。由于未来城市将承载越来越多的人口,我国正处于城镇化加速发展的时期,在此背景下,为解决城市发展难题,实现城市可持续发展,需要建设智慧城市。

智慧城市的实质是利用先进的信息技术,实现城市智慧式管理和运行,进而为城市中的人创造更美好的生活,促进城市的和谐、可持续成长。建设智慧城市也是转变城市发展方式、提升城市发展质量的客观要求。及时传递、整合、交流、使用城市经济、文化、公共资源、管理服务、市民生活、生态环境等各类信息,提高物与物、物与人、人与人的互联互通、全面感知和利用信息能力,从而能够极大地提高政府管理和服务的能力,极大地提升人民群众的物质和文化生活水平是智慧城市的内涵。

智慧城市由城市路网、基础设施和环境的六个核心系统组成,分别是:组织(人)、业务/政务、交通、通讯、水、能源。这些系统不是零散的,而是以一种协作的方式相互衔接的。而城市本身,则是由这些系统所组成的宏观系统。从技术发展的视角,智慧城市建设要求通过以移动技术为代表的物联网、云计算和人工智能等新一代信息技术应用实现全面感知、泛在互联、普适计算与融合应用。从社会发展的视角,智慧城市还要求通过应用知识问答、社交网络等工具和方法,营造有利于创新涌现的制度环境与生态,实现以用户创新、开放创新、大众创新、协同创新为特征的知识社会环境下的可持续创新,实现经济、社会、环境的全面可持续发展。[①] 图 2-1 所示的为智慧城市理念的三层内涵。

---

① https://zhuanlan.zhihu.com/p/391137242.

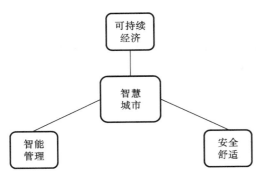

图 2-1　智慧城市理念的三层内涵

2. 智慧城市理念的三层内涵

（1）经济上健康合理可持续（可持续经济）。

智慧城市首先应该具有智慧的经济结构和产业体系，以及高效增长的城市经济体系。

智慧城市的经济是绿色经济。绿色经济的本质含义是：通过创新生态科技使人的经济活动遵循生态系统内在规律，在促进人的全面发展的基础上促进生态系统的协调、稳定、持续、和谐发展。科学技术是生态与经济之间的中介，只有开发研制生态环保技术体系，才能保证生产环节的绿色环保。绿色技术包括绿色能源技术、绿色生产技术和绿色管理技术。绿色能源技术，即尽可能地使用可再生能源或者不可再生能源的节约利用方法，提高能源利用率；绿色生产技术即尽可能做到物料最少和能耗最低，将废物减量化、资源化和无害化，或者消灭于生产过程之中，生产出对环境无害的产品；绿色管理技术，即通过合理地组织生产，提高资源利用率。人工智能可以用于监测和分析城市环境，包括空气质量、水质等。通过收集和分析大量的环境数据，人工智能可以帮助城市管理者做出更好的决策，例如何时何地进行污染源控制，如何优化城市绿化布局等。

智慧城市的经济是低碳经济。低碳经济的特征是以减少温室气体排放为目标构筑以低能耗、低污染为基础的经济发展体系，包括低碳能源系统、低碳技术和无碳产业体系。智慧城市应当是发展低碳经济的先行者。文化经济就是一种低碳经济。

智慧城市的经济是循环经济。循环经济是一种以资源的高效利用和循环利用为核心，以"3R"（3R 即减量化 Reduce、再使用 Reuse、再循环 Recycle）为经济活动的行为准则，以低消耗、低排放、高效率为基本特征，符合可持续发展理念的经济增长模式，是对"大量生产、大量消费、大量废弃"的传统增长模式的根本变革。智慧城市的循环经济即充分考虑城市生态系统的承载能力，尽可能节约城市资源，不断提高现有资源的利用效率，循环使用资源，创造良性的社会财富。循环经济最大限度地减少废弃物排放，尽可能利用可循环再生资源替代不可再生资源，如利用太阳能、风能、雨水、农家肥等，尽可能利用科技，达到经济与社会的和谐统一。

（2）生活上和谐安全更舒适（安全舒适）。

智慧城市是充满活力、积极向上、富有朝气的具有未来视野的居住地。和谐实际上包含了人与自然之间的和谐，也包含了人与人之间的和谐。智慧城市有现代技术的支撑，它将遍及城市的智慧管理、智慧生态、智慧流通、智慧交通、环境保护、社会公共安全、智慧消费和智慧休闲等多个领域。

智慧城市是以人为本的城市，其核心是运用创新科技手段服务于广大城市居民。城市的各项工作要立足于满足群众工作和生活的需要，让人民群众生活得方便、更舒心、更幸福，这是城市管理工作的基本立足点。城市管理的一个重要特性就是便民性和服务性,通过科学管理,达到一种使人生活舒适的状态。城市管理的目的不是整齐划一,而是便民、利民、乐民。

智慧城市是生活舒适便捷的城市,这主要反映在以下方面:居住舒适,要有配套设施齐备、符合健康要求的住房;交通便捷,公共交通网络发达;公共产品充足和公共服务完善,如教育、医疗、卫生等水平良好;生态健康,天蓝水碧,居住区安静整洁,人均绿地多,生态平衡;人文景观丰富,如道路、建筑、广场、公园等的设计和建设具有人文尺度,体现人文关怀,从而起到陶冶居民心性的功效。

智慧城市是具有良好公共安全的城市。良好的公共安全是指城市具有抵御自然灾害(如地震、洪水、暴雨、瘟疫),防御和处理人为灾害(如恐怖袭击、突发公共事件)的能力,从而确保城市居民生命和财产安全。公共安全是智慧城市建设的前提条件,只有有了安全感,居民才能安居乐业。传统的安防系统往往只能进行被动防御,而现在,随着人工智能技术的发展,安防系统正在向主动判断、预警发展。人工智能可以代替人工实时分析视频内容,探测异常信息,进行风险预测,这大大提升了安防的效率和准确性。

(3)管理上科技智能信息化(智能管理)。

城市管理包括政府管理与居民自我生活管理,管理的科技化要求不断创新科技,运用智能化、信息化手段让城市生活更协调平衡,使城市具有可持续发展的能力。

智慧城市最明显的表现即是广泛运用信息化手段,这也是"Smart City"所包含的意义。智慧城市理念是近几年来伴随着信息化技术不断应用而提出的。该概念是全球信息化高速发展的典型缩影,它意味着城市管理者通过信息基础设施和实体基础设施的高效建设,利用网络技术和 IT 技术实现智能化,为各行各业创造价值,为人们构筑完美生活。我们通常所说的数字城市、无线城市等都可以纳入该范畴。简单来说,Smart City 就是城市信息化和一体化的管理,利用先进的信息技术随时随地感知、捕获、传递和处理信息并付诸实践,如可以用于视频监控、人脸识别等人工智能技术,提高城市的公共安全水平。例如,人工智能可以识别可疑行为,预警潜在的安全风险;也可以通过人脸识别技术,提高城市的治安管理效率。

2.1.2　智慧城市的标准化

智慧城市相关理念认知不断演化、智慧城市实践不断丰富,新的标准化需求也不断涌现。为响应国家相关战略要求及各相关方标准新需要,国家智慧城市标准化总体组组织编制了《智慧城市标准化白皮书(2022 版)》。本白皮书是我国新时期智慧城市标准化工作的总体性、体系性规划,可以为政府、企事业单位等智慧城市相关方的标准化工作提供指导。

本白皮书中提出的智慧城市基本原理如图 2-2 所示。其确立了数据治理、数字孪生、边际决策、多元融合及态势感知 5 个智慧城市核心能力要素,揭示了当前及未来一段时期内,智慧城市的发展重心在于信息技术与社会发展的深度融合。

数据治理:围绕数据这一新的生产要素进行能力构建,包括数据责权利管控、全生命周期管理及其开发利用等。

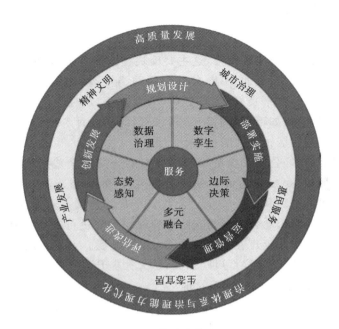

图 2-2　智慧城市基本原理

数字孪生：围绕现实世界与信息世界的互动融合进行能力构建，包括社会孪生、城市孪生和设备孪生等，将推动城市空间摆脱物理约束，进入数字空间。

边际决策：基于决策算法和信息应用等进行能力构建，强化执行端的决策能力，从而达到快速反应、高效决策效果，满足对社会发展的敏捷需求。

多元融合：强调社会关系和社会活动的动态性及其融合的高效性等，实现服务可编排和快速集成，从而满足各项社会发展的创新需求。

态势感知：围绕对社会状态的本质反映及模拟预测等进行能力构建，洞察可变因素与不可见因素对社会发展的影响，从而提升生活质量。

结合智慧城市基本原理设计提出的智慧城市参考框架如图 2-3 所示。参考框架指明智慧城市建设与发展主要面向城市治理、惠民服务、生态宜居、产业发展、区域协同等城市场景的构建。在智慧城市标准体系的基础上，对智慧城市标准体系总体框架进行了更新，新版智慧城市标准体系总体框架如图 2-4 所示。

一些地方争做智慧城市标准制定者的热情高涨，很多城市也在积极筹备，准备出台自己的指标体系。标准制定的工作已经迫在眉睫。白皮书系统梳理了当前国内外智慧城市发展现状，研究分析了国际、国内智慧城市标准化工作现状和主要问题，提出了智慧城市基本原理及参考框架。在此基础上，构建了新版智慧城市标准体系总体框架，提出了拟研制的标准项目清单、标准化工作建议，有望成为国内通用标准。

2.1.3　智慧城市与数字城市的差异

伴随网络帝国的崛起、移动技术的融合发展创新，知识社会环境下的智慧城市是继

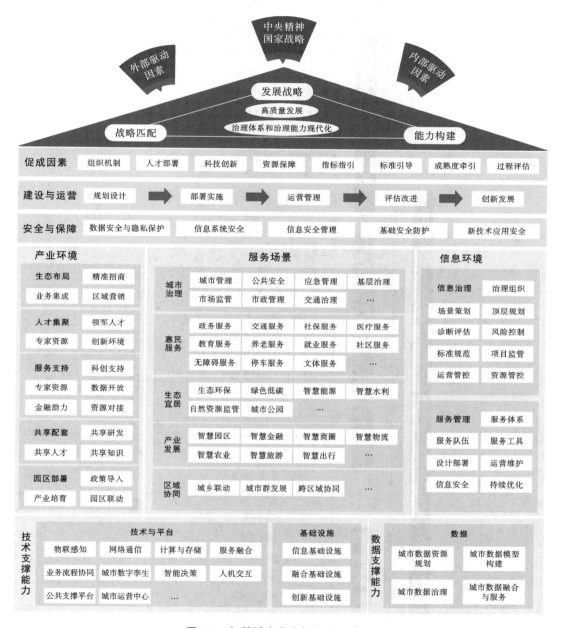

图 2-3　智慧城市参考框架(1.0 版)

数字城市之后信息化城市发展的高级形态。智慧城市是新一代信息技术支撑、知识社会创新 2.0 环境下的城市形态,通过新一代信息技术支撑实现全面透彻感知、宽带泛在互联、智能融合应用,推动以用户创新、开放创新、大众创新、协同创新为特征的以人为本的可持续创新。智慧城市与数字城市之间主要有以下六个方面的差异。

　　(1)数字城市通过城市地理空间信息与城市各方面信息的数字化在虚拟空间再现传统城市,而智慧城市注重在此基础上进一步利用传感技术、智能技术实现对城市运行状

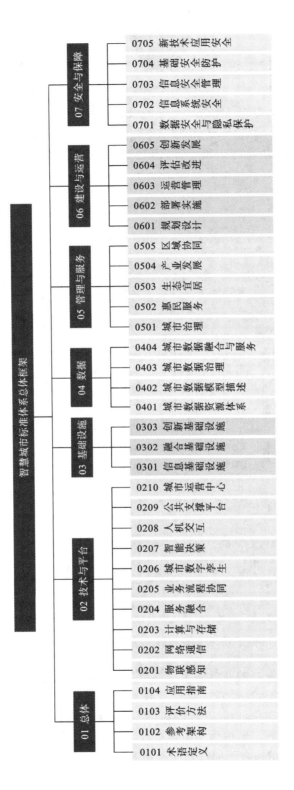

图2-4 新版智慧城市标准体系总体框架（2022版）

01 总体
0101 术语定义
0102 参考架构
0103 评价方法
0104 应用指南

02 技术与平台
0201 物联感知
0202 网络通信
0203 计算与存储
0204 服务融合
0205 业务流程协同
0206 城市数字孪生
0207 智能决策
0208 人机交互
0209 公共支撑平台
0210 城市运营中心

03 基础设施
0301 信息基础设施
0302 融合基础设施
0303 创新基础设施

04 数据
0401 城市数据资源体系
0402 城市数据模型描述
0403 城市数据治理
0404 城市数据融合与服务

05 管理与服务
0501 城市治理
0502 惠民服务
0503 生态宜居
0504 产业发展
0505 区域协同

06 建设与运营
0601 规划设计
0602 部署实施
0603 运营管理
0604 评估改进
0605 创新发展

07 安全与保障
0701 数据安全与隐私保护
0702 信息系统安全
0703 信息安全管理
0704 基础安全防护
0705 新技术应用安全

智慧城市标准体系总体框架

态的自动、实时、全面透彻的感知。

（2）数字城市通过城市各行业的信息化提高了各行业管理效率和服务质量，而智慧城市更强调从行业分割、相对封闭的信息化架构迈向城市信息化架构，发挥城市信息化的整体效能。

（3）数字城市基于互联网形成初步的业务协同，而智慧城市更注重通过泛在网络、移动技术实现无所不在的互联和随时随地随身的智能融合服务。

（4）数字城市关注数据资源的生产、积累和应用，而智慧城市更关注用户视角的服务设计。

（5）数字城市更多注重利用信息技术实现城市各领域的信息化以提升社会生产效率，而智慧城市则更强调人的主体地位，更强调开放创新空间的塑造及其间的市民参与、用户体验及以人为本的可持续创新。

（6）数字城市致力于通过信息化手段实现城市运行与发展各方面的功能，提高城市运行效率，服务城市管理和发展，而智慧城市更强调通过政府、市场、社会各方力量实现城市公共价值塑造和独特价值创造。

人工智能技术将改变城市的方方面面，从城市中每个人的生活方式到城市中每个产业的生产方式，再到城市的运营和管理方式，都将"智慧化"或"智能化"。

拓展阅读　数字蒙城智慧城市能力提升项目

在2023年11月24日由国家信息中心等单位主办的2023中国新型智慧城市发展创新峰会上，蒙城县"数字蒙城"智慧城市能力提升项目入选全国新型智慧城市建设，成为数字政府领域"百佳创新案例"。

为深入贯彻落实党的二十大报告中提出的"加快构建新发展格局，着力推动高质量发展，加快建设网络强国、数字中国"的决策部署，加快提升蒙城县社会治理能力现代化水平。蒙城县数据资源局对于存在的信息化项目管理职能分散、建用不平衡、系统不联动、成效发挥不足等问题，按照"接入已建项目、优化在建项目、统筹未建项目"的思路，谋划实施了"数字蒙城"智慧城市能力提升项目，为县域社会治理能力提升提供数字化支撑。打造"基础设施集约建设、数据资源融合共享、平台支撑开放智能、业务应用协同联动、政策机制保障有力"的新型智慧城市建设体系，构建"1+3+4+N"总体架构，向"数字＋智能"阶段转变，即1个县级大脑，3大运营中心，4个能力平台，N个智慧应用工程。建设了数据、算法、业务、感知四大中台，支撑城市文明创建、智慧应急、公共安全预警等15个业务场景。目前系统已汇聚全县52家部门682类共计5.37亿条数据，接入视频监控资源12000余路，部署算法24种，有效提升了基层监管智能化水平。

关于该项目的创新点，一是技术创新，项目采用了先进的数据挖掘、机器学习和人工智能技术，实现了对海量数据的高效处理和分析，提高了数据处理的效率和准确性；二是产品创新，项目构建了四大中台，包括数据中台、算法中台、业务中台和感知中台，为各个应用场景提供了强大的技术支持；三是应用创新，该项目通过大数据分析和人工智能技术,实现了对各行业痛点的深度挖掘和解决方案的提供,例如,在金融领域,项目建设的数据中台可以帮助银行和金融机构实现风险控制和客户画像;四是模式创新,该项目采用了中台化的架构设计,实现了各个模块的解耦和模块化开发,降低了系统的整体复杂度和维护成本。

数字蒙城项目的成功实施为政府提供了一个数字化转型的创新范例,具有很高的借鉴意义。该项目已赋能普惠金融、智慧政务、智慧教育、生态环保等多个行业。在可持续发展能力方面,数字蒙城智慧城市能力提升项目通过不断优化技术和业务模式,可以适应不断变化的市场环境和客户需求。同时,项目还可以通过与其他行业和企业的合作,实现资源共享和优势互补,进一步提高项目的可持续发展能力。在解决行业痛点方面,数字蒙城项目通过大数据分析和人工智能技术,为普惠金融、生态环保、城市文明创建等领域提供了安全可靠的平台支撑。这些方案可以帮助政府更好地监管和管理行业,从而解决部门业务应用的痛点问题。[1]

2.2 智慧交通

2.2.1 智慧交通概述

智慧交通(Smart Transportation),是利用信息化技术和智能化设备对城市交通进行智能化管理和优化的方式,旨在提高交通效率、减少交通拥堵和事故,并改善城市交通环境和居民出行体验。它的突出特点是以信息的收集、处理、发布、交换、分析、利用为主线,为交通参与者提供多样性的服务;通过高新技术汇集交通信息,对交通管理、交通运输、公众出行等交通领域及交通建设管理全过程进行管控支撑,使交通系统在区域、城市甚至更大的时空范围具备感知、互联、分析、预测、控制等能力,以充分保障交通安全、发挥交通基础设施效能、提升交通系统运行效率和管理水平,为通畅的公众出行和可持续的经济发展服务。[2]

智慧交通在整个交通运输领域充分利用物联网、空间感知、云计算、移动互联网等新一代信息技术,综合运用交通科学、系统方法、人工智能、知识挖掘等理论与工具,以全面感知、深度融合、主动服务、科学决策为目标,通过建设实时的动态信息服务体系,深度挖掘交通运输相关数据,形成问题分析模型,实现行业资源配置优化能力、公共决策能力、行业管理能力、公众服务能力的提升,推动交通运输更安全、更高效、更便捷、更经济、更环保、更舒适的运行和发展,带动交通运输相关产业转型、升级[3]。

智慧交通是以智慧路网、智慧出行、智慧装备、智慧物流、智慧管理为重要内容,以信息技术高度集成、信息资源综合运用为主要特征的大交通发展新模式。其大量使用了数

---

① 2023 中国新型智慧城市典型案例集。
② https://zhuanlan.zhihu.com/p/346241483.
③ "十三五"中国智慧交通发展趋势判断,中国公路网.

据模型、数据挖掘技术、通信传输技术等有效地集成了数据处理技术,实现了智慧交通的系统性、实时性,以及信息交流的交互性与服务的广泛性。

智慧交通的内容主要是:以需求为核心,催生应用服务,针对复杂随机需求动态生成服务、动态匹配服务、动态衍生新服务,实现交通信息精确供给,互联网将与交通行业渗透融合,对相关环节产生深刻变革,这将成为建设智慧交通的提升技术和重要思路。该思路分为两个方面:一是立足于大数据思维,将城市交通数据有条件地开放,基于开放的数据进行数据融合、深度挖掘,为交通出行者和管理者提供更为智能和便利的交通信息服务;二是立足于用户思维,运用互联网交互体验,开展公众需求调查,了解公众最迫切希望解决的问题,在任何时间、任何地点随时随地提供个性化、多样化的信息服务。

物联网、大数据、云计算、移动互联网等新一代信息技术的快速发展为智慧交通提供了强大的技术支撑。利用物联网技术可以全面感知交通运输基础设施、交通运载工具的建设状况,同时监控整个交通的运行情况;利用大数据技术则可以充分挖掘和利用信息数据的价值,盘活现有数据,在此基础上进行应用、评价、决策,服务于交通部门的管理与决策;云计算则为各类交通数据的存储提供了新模式,"交通云"的建立将打破"信息孤岛",彻底实现信息资源共享、系统互联互通;通过使用移动互联网技术,则可以实现信息在各种运输方式间的顺畅传输、交换,从而达到各种运输方式的合理布局及协调、高效运行。

2.2.2　智慧交通系统

1. 智慧交通系统的发展

智慧交通系统以国家智能交通系统体系框架为指导,建成"高效、安全、环保、舒适、文明"的智慧交通与运输体系;大幅度提高城市交通运输系统的管理水平和运行效率,为出行者提供全方位的交通信息服务和便利、高效、快捷、经济、安全、智能的交通运输服务;为交通管理部门和相关企业提供及时、准确、全面和充分的信息支持和信息化决策支持。[①]

智慧交通最早由美国提出,之后欧洲的一些国家、日本也相继加入这一行列,随后澳大利亚、韩国、新加坡等国也加入这一行列,全球正在形成一个新的智慧交通产业链。特别是,自 20 世纪 90 年代以来,各国对智能交通系统的研究开发给予了更高的重视,投入了大量的人力与物力。新的智慧交通产业链现在正以"保障安全、提高效益、改善环境、节约能源"为目标,这样的智慧交通概念也正在逐步形成。目前已形成以美国、日本、欧洲为代表的三大研究中心。美国目前已占据该领域的领先地位,智能交通在美国的应用率达到 80% 以上。欧洲正对智能交通系统(ITS)的研究采取整个欧洲一体化的方针,由政府、企业和个人三方面共同出资进行智能运输系统的研究。日本是对 ITS 进行研究最早、实用化程度最高的国家,目前已建立了较为完备的交通控制、信息服务等综合体系。

随着我国经济的迅速发展,软硬件厂商开始进入智能交通市场,成为细分行业的主

---

① https://zhuanlan.zhihu.com/p/265931551.

要力量,构建了中国智能交通体系框架和标准体系,初步形成了智能交通的理念和基本认识。国家科技部在全国启动了智能交通系统建设的城市示范工程,推动了我国城市智能交通发展,智能交通项目开始列入国家级高科技产业化计划和科技支撑计划,加强了基础研究,并通过重大活动集成示范智能交通技术和产品,取得了很好的效果。

通过关键技术规模应用和管理创新,提升了智慧交通产业的核心竞争力和综合优势,通过跨界融合、系统重构、商业模式服务创新、智能物流、智能驾驶和智慧城市建设来引领智慧交通的技术创新和产业转型升级。一是基本形成了国家智慧交通研究创新基础,高校、科研机构、企业群体构成了我国智慧交通的创新体系,科技创新能力显著增强;二是建设了一系列具有国际广泛影响的示范工程,如北京智能化交通管理系统、交通运行智能监测系统,上海虹桥综合交通枢纽中心等的智能化管理水平已达到或接近先进国家的水平;三是科技创新推动我国智慧交通系统的建设和发展,实现了从全面跟踪向跟跑、并跑并存的历史性转变。

2. 现代智慧交通体系发展的三个阶段

(1)起步阶段。解决拥堵,改进中心监控系统,改善交通结构,完善道路路网功能,实施主干道交通监控。加强交通管理,实施主要道路收费管理,缓解交通压力。提高公交服务水平,建立公交线路网智能调度系统。

(2)发展阶段。在综合信息网络平台下,实现交通信息双向交互,建立城市信息管理、道路交通信息采集系统。形成 ITS 政产学研用一体化,推进产品研制和开发。加快智能网联车辆研制,以适应智慧交通提出的新需求。

(3)成熟阶段。建立全国范围内实时准确高效的智能化运输综合管理系统。逐步实现全国各交通方式的运输规划、管理运营智能化。实现车间通信系统的商用等。

然而,现阶段智慧交通行业还处于发展阶段初期,国家在城市交通、轨道交通和港口路桥交通领域的投入也将持续升温。目前我国智慧交通行业处于高速发展态势,多达 200 个以上地方政府推出的智慧城市规划及系统建设充分表明了未来城市交通智能化的建设和发展趋势,随着政府投入力度的不断加大,智慧交通行业的发展将迎来良好的机遇。

3. 智慧交通的趋势性变化

未来,新兴信息技术产业的社会变革作用将集中显现,这些变革作用倒推交通运输行业利用新技术增强交通运输运行感知、预控和应变能力,改变交通运输产业组织和服务交付模式,提高行业治理的社会参与程度,并切实提高数据共享、业务协同和科学决策效能,推动交通运输业向现代服务业转型发展。总体来看,智慧交通的趋势性变化体现在以下五个方面。

(1)一体化:综合运输体系建设决定了交通运输一体化发展,要求不同区域间、不同方式间资源共享、业务协同、一体运行。

(2)便利化:移动互联网的快速发展,克服了交通运输服务的时空限制,改变了支付方式,服务多样化、个性化、流动化。

(3)精准化:物联网、云计算、大数据、人工智能、移动互联等新一代信息技术的发展和应用,以及交通生产、运行的实际状态的全面掌控,使交通管理智能化、精准化成为可能。

(4)集约化:大数据、云计算、移动互联网等新技术推动行业技术体系的集成发展,形成国家和地方统一的集成技术体系。

（5）市场化：公众信息服务是交通信息化主体，通过积极推进交通公众信息服务市场化发展，百姓可以感受交通信息化带来的便捷。

4. 智慧交通系统中人工智能的作用

（1）交通流量预测：人工智能可以通过对交通数据的深入分析，预测未来的交通流量情况，从而提前采取应对措施，防止交通拥堵。

（2）信号控制：通过人工智能算法优化交通信号灯的控制，减少驾驶员的等待时间和排队长度，提高交通流畅度。

（3）路线优化：根据实时交通状况，人工智能可以为驾驶员推荐最优行驶路线，避开拥堵区域，节省出行时间。

（4）智能驾驶：人工智能还可以通过智能驾驶技术，实现自动驾驶和智能车联网，提高交通安全性和便捷性。

拓展阅读　智慧交通在国内的七个代表案例

目前国内具有代表性的案例如下。

案例一：河北省石家庄复兴大街市政化改造智慧交通。

智慧交通工程主要包括交通运行突发事件检测子系统、道路病害检测子系统、桥梁结构监测子系统、数字路口子系统、环境监测及准全天候出行保障子系统、伴随式信息服务、AR 高点监控子系统、大型车辆右转不停车抓拍子系统、电动自行车管控子系统、鸣笛抓拍子系统、应急指挥调度及智慧综合管理平台（监控分中心硬件设施、智慧综合管理平台）、基础支撑系统。

案例二：孝昌县智慧交通项目 EPC 总承包。

孝昌县智慧交通项目分为外场建设内容和内场建设内容两部分。其中，外场建设内容包括县域内交通信号控制系统、流量检测系统、高清电子警察及反向卡口系统、交通视频监控系统、违停自动抓拍系统、不礼让行人系统、行人闯红灯系统、交通信息发布系统、国省道安全预警系统、交通安全设施、移动警务系统、电子围栏、邹岗分控中心等 13 个外场子系统；内场建设内容包括公安情指勤舆指挥中心、交警指挥中心、城区中队指挥中心、应急指挥中心等 4 大中心智能化升级。

案例三：呼和浩特市"青城智慧交管"项目。

以升级完善全国互联互通的公安交通集成指挥平台为核心，提升道路安全防控能力，提升公安交管服务能力，提升城市交通治理能力。全面推进呼和浩特市交管业务与智能交通管理体系建设，打造具有呼和浩特特色的智慧交管全国示范城市。

案例四：安徽省六安市城区智能交通项目。

以建设新阶段现代化幸福六安为指引，在六安市新型智慧城市建设的总体框架下，计划到 2025 年左右，基本建成"1＋3＋N"的智能交通发展格局，即 1 个公安云计算数据中心，3 网协同的智能交通应用体系，态势感知、拥堵治理、信号优化、公交优先、应急指挥

等 N 个应用场景。

案例五:杭州交通治理在线平台项目。

聚焦城市交通系统综合治理,实现交通大数据多源汇聚融合共享,研究建立具有杭州特色的城市交通治理监测及评价指标体系,实现公众出行特征、城市交通运行现状、城市交通问题、交通治理措施影响的分析研判,推动线上研判成果转化为线下治理措施,支撑城市交通系统综合治理决策。

案例六:拉萨雪亮工程——智慧交通建设项目。

包括智慧交通平台建设、前端智能感知与控制系统建设、基础设施建设、网络安全防护系统建设四大部分。

案例七:江苏省连云港市智慧交通工程项目。

主要包含公安交通管理业务相关的信息化发展建设,主要涉及监测、研判、指挥、执法、管控、防控、监管、服务 8 个领域的道路交通违法管理、道路交通秩序管理、交通信息服务、车辆及驾驶员管理、道路交通事故管理、道路交通设施设置与维护、重点车辆管理等业务。

随着城市化进程的加速和交通需求的不断增长,城市交通系统的安全、高效、智能化的要求越来越高。智慧交通作为新时代的产物,是生产力、生活日常所需的,也是现代化交通建设的核心任务之一。因此,智慧交通正成为现代城市发展的必然趋势。

2.3　智慧家居

2.3.1　智慧家居概述

智慧家居(Smart Home)是指以住宅为平台,通过物联网技术将家中的各种设备连接到一起,实现智能化的一种生态系统。具有智能灯光控制系统、智能电器控制系统、安防监控系统、智能背景音乐系统、智能视频共享系统、可视对讲系统和家庭影院系统等,其意义是将建筑设备信息化、整合化,与配套的软件和设备相结合,以达到一个理想的居住环境。智能家居的最主要功能是对家居环境进行安全、卫生清洁、硬件维护等方面的管理,进而将人从烦琐重复的家居劳动中解脱出来,利用大数据技术,创造更好的生活方式。现阶段,智能家居技术着重于解决系统设计、用电规划、家庭物联网与通信、图像与语音识别、室内环境控制、数据安全与隐私保护等问题。[①]

智慧家居的概念起步很早,但直到 1984 年美国联合科技公司将建筑设备信息化、整合化概念应用于美国康涅狄格州哈特佛市的城市广场建筑时,才出现了首栋"智能型建筑",从此揭开了人们争相建造智能家居派的序幕。智慧家居的技术是:利用综合布线技术、网络通信技术、安全防范技术、自动控制技术、音视频技术将与家居生活有关的设施集成,构建高效的住宅设施与家庭日程事务的管理系统,提升家居安全性、便利性、舒适

① 李诗濛,李俊青,王斌,等.迈向"6S"智慧家居:智能科技与智慧生活[J].电器,2021.

性、艺术性,并实现环保节能的居住环境,这是智慧家居的目标。

每一个家庭中都存在各种电器,不管是号称智能的冰箱、空调,还是传统的电灯、电视,一直以来它们的标准都不一致,它们都是独立工作的。从系统的角度来看,它们都是零碎的、混乱的、无序的,并不是一个有机的、可组织的整体,作为家庭的主人,面对这些杂乱无章的电器所消耗的时间成本、管理成本和控制成本通常都是很高的并且不是必要的。智慧家居可以提升生活品质,其最显著的特点是使各种电器更加实用、方便、易整合。

智慧家居其实有两种语义。定义中描述的,以及我们通常所指的都是住宅环境,这既包括单个住宅中的智能家居,也包括在房地产小区中实施的基于智能小区平台的智能家居项目。第二种语义是指物理网络智能家居系统产品,是由智能家居厂商生产的、满足物联网智能家居集成所需的主要功能的产品,这类产品应通过集成安装方式完成,因此,完整的智能家居系统产品应是包括了硬件产品、软件产品、集成与安装服务、售后在内的一个完整的服务过程。

通过互联网技术连接音视频设备、照明系统、窗帘控制系统、空调控制系统、安防系统、数字影院系统、影音服务器、影柜系统、网络家电等设备,实现家电控制、照明控制、电话远程控制、室内外遥控、防盗报警、环境监测、暖通控制、红外转发、可编程定时控制等功能。与普通家居相比,智慧家居不仅具有传统的居住功能,还可以提供全方位的信息交互功能,甚至还可节约各种能源费用。

■■ 2.3.2　智慧家居的通用技术

目前,应用在智能家居系统中的技术包括通信/物联网技术、传感与控制技术、语音语义识别技术、图像识别技术、云计算与边缘计算技术等。

1. 通信/物联网技术

物联网技术是智能家居系统最基础的部分,每一种智能家居产品都需要通过家庭智能网关相互连接。智能网关是智能家居系统的控制核心,应用技术包括互联网技术、总线通信技术、广域/局域网技术、射频通信技术等。目前,智能家居系统中所应用的技术标准种类繁多,包括 CEBus、Havi、HomePNA、ZigBee、RS485 等。种类繁多的通信技术标准也给智能家居产品的通用性和推广带来了困难。

2. 传感与控制技术

智能家居的传感与控制技术主要应用在家居内部光照、温度和湿度等环境参数的控制上。传感方面包括温/湿度传感器、雨滴传感器、风力传感器、气压传感器、人体心率传感器、光强度传感器等,将室内温度和湿度、室外温度和湿度、天气状况、人体生理状态等数据通过家居联网输入控制器,用以对室内空调、加湿器、窗户、晾衣架、灯光、电风扇等智能家居产品进行智能调节。通过整合传感器、数据分析和智能控制来实时监测居住者的健康状况,并准确预警潜在的健康风险,保证住户在健康、适宜的环境下进行家居生活。

此外,在光照、温度、湿度的基本家居环境要求的基础上,提出了家居"五恒"系统。除了恒温、恒湿,还在研究中加入了恒氧、恒净、恒洁的标准,对家居环境的含氧量等方面提出了进一步的要求。

3. 语音语义识别技术

语音语义识别是让智能设备能听懂人类的语音,本质是一种基于语音特征参数的模式识别,利用一部分自然语言处理技术,让系统把输入的语音按识别模式加以区分,进而通过判定准则获得最佳的匹配效果。智能家居的语音识别模块包括语音识别器、自然语言解析器、问题求解器,搭载语音交互功能的产品还包括语言生成器、语言合成器和对话管理器。其中,对住户的话语进行理解的自然语言处理是最难以实现的。自然语言理解所依靠的是语义模型的建立和应用,语义模型则具有高度的社会属性。当前,智能家居语音语义识别技术的应用遇到的主要困难在于,几乎每个用户使用的语言习惯都不同,并且在家庭生活中往往是用官方语言夹杂本地语言进行交流的。这给语音语义识别系统的快速、正确反应带来了一定的困难。

4. 图像识别技术

在智能家居系统中,图像识别技术的应用集中在家居安全方面,包括基于人脸识别的门禁监控防盗系统,以及家居监控防灾系统。图像识别技术的主要工作原理是,通过采集监视摄像头上的图像信息,并与数据库中的图像进行比对,对访客身份,以及事故发生位置、类型、严重程度等信息进行识别。

5. 云计算与边缘计算技术

云计算通过计算机网络的强大连接能力,将电脑和服务器在数据中心汇集,共同计算,使智能家居系统在算力和存储能力方面得到保障与进化。云计算在智能家居系统中的应用意义在于数据的集中化和管理的智能化。然而,其中的问题在于,对于用户隐私数据的保护还不够,云端本身带宽和算力上的负荷使得难以对家居场景实现快速响应。如果在云计算的基础上加入边缘计算,则可以有效解决以上问题。

边缘计算是为了解决集中式云计算在处理海量数据时所遇到的带宽和算力问题,降低云端的负荷,将数据资料、应用程序等由网络逻辑上的中心节点移至边缘节点,使之更加靠近用户终端而设计的新型计算模型。通过在云计算网络中加入边缘计算可以有效加快资料的传输与处理速度,提高系统的响应能力。除此之外,对边缘节点进行数据处理,相比于单纯使用云计算可以更有效地保证用户的数据安全及隐私问题。一方面,用户对数据管理有更多的自主权;另一方面,智能家居系统场景应用可以更加贴近用户个人的需求[①]。

▍▍ 2.3.3 智慧家居系统

基于未来人类社会对于家居生活的更高层次的场景需求,近年来提出了"6S"智慧家居系统概念。[②③]"6S"包括物理安全(Safety)、信息安全(Security)、可持续发展(Sustainability)、个性化需求(Sensitivity)、服务(Service),以及智慧(Smartness)。相比之下,传

---

① 施巍松,张星洲,王一帆,等.边缘计算:现状与展望[J].计算机研究与发展,2019,56(1):69-89.

② 王飞跃,黄小池.基于网络的智能家居系统的现状和发展趋势[J].家用电器科技,2001(6):56-61.

③ 王飞跃,张俊.智联网:概念、问题和平台[J].自动化学报,2017,43(12):2061-2070.

统的智能家居系统对物理安全以外的"5S"的支持是较为不足的,尤其体现在个性化需求及智慧方面。一个较为完整的"6S"智慧家居系统的组成案例如图 2-5 所示。

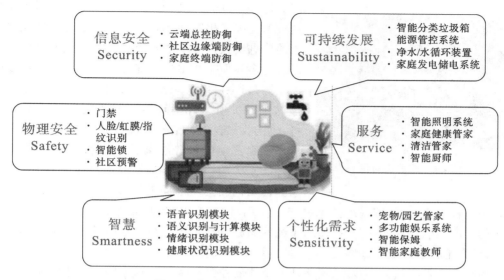

信息安全
Security
· 云端总控防御
· 社区边缘端防御
· 家庭终端防御

可持续发展
Sustainability
· 智能分类垃圾箱
· 能源管控系统
· 净水/水循环装置
· 家庭发电储电系统

物理安全
Safety
· 门禁
· 人脸/虹膜/指纹识别
· 智能锁
· 社区预警

服务
Service
· 智能照明系统
· 家庭健康管家
· 清洁管家
· 智能厨师

智慧
Smartness
· 语音识别模块
· 语义识别与计算模块
· 情绪识别模块
· 健康状况识别模块

个性化需求
Sensitivity
· 宠物/园艺管家
· 多功能娱乐系统
· 智能保姆
· 智能家庭教师

图 2-5　"6S"智慧家居系统的组成案例

　　智慧家居系统是面向场景应用的系统。场景需求主要包括通用场景需求、会客场景需求、娱乐场景需求、休息场景需求、家务场景需求、饮食场景需求、工作场景需求、私密场景需求、紧急场景需求 9 种场景需求。其中,通用场景需求所需系统及功能模块时常处于活跃状态,包括安防、智能、照明、水循环等。其他场景需求所需系统及模块会依照智能模块的实时监听、判断情况,选择性地进入或解除活跃状态。

　　场景中有 5 种技术力量,被称为"场景五力",包括移动设备、社交网络、大数据、传感器及定位系统。物联网是"场景五力"结合的一大体现。具体来说,智能家居系统通过传感器将家居环境中的温度、湿度、亮度、音量等数据收集起来,通过控制中枢判断这些变量是否满足要求,进而协调执行器进行场景动作。这些组件之间的通信由通信网络支持,并通过移动设备作为人机接口接受用户的指令及将信息反馈给用户。今后,进一步从物联网升级到智联网需要掌握 4 个关键技术的应用,包括以 5G 技术为代表的新一代通信技术、大数据技术、边缘计算技术和联邦/平行智能技术。其中,5G 技术不仅提供了足够的网络上行速率、即时性、覆盖范围与带宽,还可以解决不同智能家居产品之间的连接障碍问题,为家居大数据的传输提供了先决条件;大数据技术在智能家居系统中主要被用于建立用户的行为偏好预测模型。此外,智能家居系统还可以通过上级网络(边缘端网络、云端网络)实现知识层面上的联通,借助机械智能的连结形成更高层次的智能家居生态。

2.3.4　智慧家居家庭场景

　　家庭自动化(Home Automation)指利用微处理电子技术,来集成或控制家中的电子电器产品或系统,例如:照明灯、咖啡炉、电脑设备、保安系统、暖气及冷气系统、视讯及音响系统等。家庭自动化系统主要是用一个中央微处理机(CPU)接收来自相关电子电器

图 2-6　家庭自动化

产品(外界环境因素的变化,如太阳初升或西落等所造成的光线变化等)的信息,再以既定的程序发送适当的信息给其他电子电器产品。中央微处理机必须通过许多界面来控制家中的电器产品,这些界面可以是键盘,也可以是触摸式荧幕、按钮、电脑、遥控器等,如图 2-6 所示;消费者可发送信号至中央微处理机,或接收来自中央微处理机的信号。

家庭自动化与智能家居的关系是,家庭自动化是智能家居的一个重要系统。智能家居刚出现时,家庭自动化甚至就等同于智能家居,今天它仍是智能家居的核心之一;随着网络技术的普遍应用,网络家电/信息家电的成熟,许多家庭自动化的产品功能将融入这些新产品,单纯的家庭自动化产品在系统设计中使用得越来越少,其核心地位也将被家庭网络/家庭信息系统所代替。

网络家电是利用数字技术、网络技术及智能控制技术对普通家用电器进行改进而得到的新型家电产品。网络家电可以实现互联并组成一个家庭内部网络,同时这个家庭网络又可以与外部互联网相连接。可见,网络家电技术涉及两个问题:家电之间的互联问题,也就是使不同家电之间能够互相识别,协同工作;家电网络与外部网络的通信问题,应使家庭中的家电网络真正成为外部网络的延伸。

2.3.5　智慧家居社区场景

社区服务本就与家居生活有着非常紧密的关系,尤其是在物理安全、能源管控等方面,此外,在家居生活中,住户与邻居、其他社区住户之间的互动也是必不可少的。然而,一直以来,在智能家居系统的概念中,关于社区服务与家居生活的关系和如何结合的问题极少有深层次的研究和讨论。在新时代的"6S"智慧家居系统中,社区生活同样是场景需求的重要组成部分。

对于边缘计算而言,5G 时代的到来意味着可以利用无线接入网络就近提供电信用户 IT 所需服务和云端计算功能,从而创造出一个具备高性能、低延迟与高带宽的电信级服务环境,称之为移动边缘计算(Mobile Edge Computing,MEC)①。因此,提出以 MEC 作为技术基础,将智能社区生态融入智能家居生态,形成"智能社区联合-智能社区-智能家居"对应"云计算服务-边缘计算服务-家居终端计算服务"的"6S"智慧家居耦合生态体系,如图 2-7 所示。

一个住宅小区智能化系统的成功与否,并非仅仅取决于智能化系统的多少、系统的先进性或集成度,还取决于系统的设计和配置是否经济合理并且系统能否成功运行,系

---

① 梁广俊,王群,辛建芳,等. 移动边缘计算资源分配综述[J]. 信息安全学报,2021,6(3):227-256.

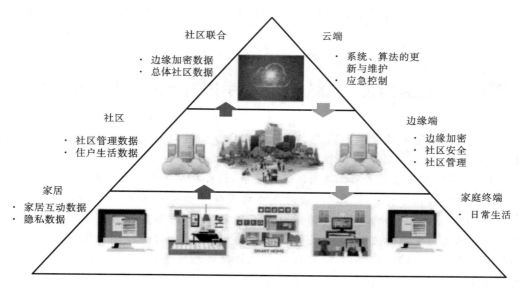

图 2-7　"6S"智慧家居耦合生态体系

统的使用、管理和维护是否方便,系统或产品的技术是否成熟适用等。

在图 2-7 中,"6S"智慧家居社区耦合生态体系在物理维度和虚拟维度上平行对应。物理维度产生数据,将信息传达到虚拟维度;而虚拟维度通过数据生成决策,通过服务的形式回馈到物理维度。在家庭端,各种智能家居终端产品负责人的家庭生活,并采集住户个人数据,原则上由住户自行选择上传数据种类。例如,面部和体态的图像数据、语音数据、社会关系数据等。这些数据的上传和管理对于物理安全来说是必要的,但如果将这些数据直接上传至云端,会带来较大的信息安全风险。为此而生的解决办法是,上传至边缘端进行加密并交由社区管理,生成社区局部大数据,再将加密后的数据上传至云端形成社区联合大数据。因为在国内的社区生活文化中,远亲不如近邻,人和人之间在物理上距离较近,生活行为和圈子有较多重叠之处,所以较容易构成相互信赖的关系。另外,社区本身对于住户生活进行一定程度管理的情况普遍存在,且由于目前中国的社区大多是封闭/半封闭式社区,在这种情况下,家居安全与社区安全在物理层面近乎等同。如此,就在物理安全和信息安全之间找到了一个两全其美的平衡点。此外,社区局部大数据还有两个用途。一是作为智能社区管理与服务平台建设的基础,具体可执行水、电、煤气、采暖、宠物、垃圾分类、噪声、车辆管理、迁入迁出、业余活动等服务和管理,构建更为和谐、卫生、方便的社区生活环境;二是将部分住户生活数据和社区内数据转化为整体的社区管理数据,此数据可上传至管理社区联合数据的云端服务器,便于对各个社区进行应急控制和资源分配。

将智能家居 MEC 与社区服务结合还有以下几个优点。① 边缘端部署位置的选择可与社区建设及改造规划相互配合,缩短通信距离,有利于降低数据传输成本,提高传输速度。② 在物理安全方面,有利于社区警务信息的全方面采集与整合,提高基层警务工作效率,提高社区和家居环境的安全性。③ 在信息安全方面,使得用户信息管理更加方便,同时明确了信息安全责任,让用户权益更加有保障。④ 促进邻里互助互信,提升人民生活幸福感。

 拓展阅读 IDC:2024 年中国智能家居市场十大洞察

对于未来整体市场发展的生态格局、技术趋势和消费需求等方面,国际数据公司IDC 总结并给出了 2024 年中国智能家居市场的十大洞察,具体内容如下。

洞察一:智能家居生态融合将向纵深化发展,设备联动程度逐步加深。

IDC 预计,2024 年中国智能家居设备市场互联平台接入比例为 76%,同比大致持平。受头部平台竞争影响,彼此间的横向互通仍需时日,深化平台下设备互联程度将成为智能家居生态发展的主要方向,设备联动将逐步从基础的开关控制向深层的功能协同发展。其中,竞争格局相对分散的家庭安全监控设备在场景化需求的推动下,将率先开展深化合作。

洞察二:家庭基础设施智能化将重新定义智能家居场景划分,加速智能家居场景化进程。

智能化向水、电、气、暖等家庭基础设施延伸将重新定义智能家居场景划分。未来智能家居市场将围绕智能照明、家庭基础设施、空气管理、安防管理、影音娱乐、家庭清洁和烹饪料理七大场景,从联动控制向综合安全、健康、节能等方面的一体化管理逐步深化。同时,家庭基础设施智能化将带动相关设备的智能升级,并激发智能家居设备在功能和形态上的创新。

洞察三:大模型将提升人机交互的准确性和自然度,推动构建家庭分布式交互网络。

大模型将逐步赋能语音、视觉及感知交互能力,改善家庭环境下的人机交互体验。其中,语音和视觉交互的覆盖范围及准确度将迎来提升。IDC 预计,2024 年内置语音助手的智能家居设备出货量占比将接近 21%,支持人脸识别功能的智能家居设备出货量将同比增长 14%。环境智能将围绕用户行为计算展开升级,改善屏幕交互体验和传感交互能力,并推动构建全屋分布式交互网络。

洞察四:空间指向性交互技术的落地将推动移动生态向家庭环境迁移,丰富智能家居应用生态。

空间指向性技术打破了原有屏幕交互在距离上的限制,更符合家庭空间下的交互需求。其在智能家居设备上的搭载为以屏幕交互为核心的移动生态向家庭环境迁移架设了桥梁,有助于智能家居应用生态的丰富与发展。短期内,受成本限制,该技术将集中于高端市场。

洞察五:基站将成为家庭环境下设备状态转换的枢纽,孵化更多智能家居移动设备。

智能家居设备从固定向移动的发展过程中,基站将通过对设备进行续航补充、功能拓展和算力支持成为设备在固定和移动状态间转换的枢纽,推动更多智能家居设备在移动性上实现升级和突破,丰富设备的应用场景。IDC 预计,2024 年将有接近 2% 的智能家居设备配备基站,其中,扫地机器人是主要产品构成,智能音箱、智能网关等更多品类将步入升级。

洞察六：全屋智能将延长用户触达链条，对接后装市场需求，激发旧房升级市场潜力。

受地产周期影响，后装市场的重要性逐步提升，其中，旧房升级改造需求将成为全屋智能市场拓展的方向之一。为此，全屋智能厂商将加快提升设备与不同后装改造情况的适配性及方案部署的便捷程度，如改善墙壁开关对不同电路的兼容性，更好地承接后装市场需求。

洞察七：宠物市场需求的重要性将逐步提升，推动智能家居个性化服务的发展。

伴随用户对宠物关注度的提升，将有越来越多爱宠人士选购智能家居设备改善宠物生活。这不仅将推动宠物专属智能设备的创新发展，也将推动现有智能家居设备升级，结合宠物需求研发清洁、看护等新功能，以及根据不同类型宠物偏好提供个性化服务模式。

洞察八：全屋智能厂商加码照明赛道布局，场景化方案和无主灯理念将助力其形成竞争优势。

智能照明市场将延续快速增长势能，吸引更多玩家入场布局。其中，全屋智能厂商将凭借其在场景化方案设计领域的积累加码智能无主灯赛道布局，逐步形成其在照明市场的竞争优势，并推动智能照明市场进一步升级发展。IDC 预计，2024 年中国智能轨道灯市场出货量将同比增长 63%。

洞察九：AI 能力本地化将提升智能家居设备隐私保护能力。

伴随智能家居设备端侧算力的提升，面部识别、语音识别等 AI 能力将逐渐向本地迁移，将隐私敏感度较高的数据留在本地进行运算处理，提升智能家居设备的隐私保护能力。IDC 预计，2024 年将有 2% 的智能摄像头具备本地人脸识别能力，帮助减轻用户对隐私安全的顾虑。

洞察十：服务团队建设将成为智能家居厂商渠道升级的重要环节，高线自营、低线外包的混合团队模式将成为发展方向。

售后服务能力不足作为导致用户对智能家居满意度欠佳的因素之一，在年轻用户群体中尤为凸显。因此，智能家居厂商将加快完善服务团队建设，为用户提供更加及时、有效的支持和服务。同时，为更好地兼顾服务质量和区域渗透，越来越多厂商将采用"高线自营＋低线外包"混合团队模式进行运营。

2.4　智慧医疗

■▌2.4.1　智慧医疗概述

智慧医疗（Smart Healthcare）是指在现代信息技术的支撑下，利用人工智能的方法和技术提高医疗服务的能力和质量，实现医疗的精准化、个性化和智能化。人工智能技术主要包括机器学习技术、大数据挖掘技术、图像理解技术、知识推理技术、自然语言处理技术、智能机器人技术等。

现在,人工智能技术已经逐渐应用于药物研发、医学影像、智能诊断、智能治疗、智能诊疗设备、智慧医疗数据管理、健康管理、基因检测、智慧医院等领域。

1. 药物研发

市场份额最大,利用人工智能可大幅缩短药物研发周期,降低成本。

2. 医学影像

AI 可以辅助医生对病人病情进行判断,以实现更高效、更准确的诊断。

3. 智能诊断

诊断是医疗工作的首要环节,医生通常根据观察到的患者的症状,利用自己的医学知识和诊断经验对病状做出主观判断,并给出相应的治疗方案。但医生的判断通常会存在一定的局限性。智能诊断利用人工智能技术,基于海量医疗数据,通过对患者自身的个性化分析,利用机器推理和决策技术给出疾病诊断结果;或者利用图像理解、深度学习等方法给出对各种医学影像资料的分析结果等。

4. 智能治疗

治疗是解除患者疾病的必要环节。所谓智能治疗就是利用智慧医疗设备进行的个性化精准治疗。比较典型的智能治疗设备有手术机器人、可穿戴治疗设备及智能治疗机器人等。

5. 智能诊疗设备

利用人工智能的感知、理解、分析、决策技术,研发新的智能诊疗设备,提升现有诊疗设备的智能水平和智能化程度,也是智慧医疗的一个重要方面。例如,增加 CT、核磁、X光、B 超等医学影像设备的后端再处理能力和分析理解能力,以及增加多种医学影像设备检查结果之间的配准和融合分析能力等。

6. 智慧医疗数据管理

对医疗大数据的管理和利用主要包括以下几个方面。

(1)通过对各种多来源、多模态数据的整合,形成健康大数据,让每个人都有自己的电子健康档案。

(2)利用大规模机器学习、大数据分析挖掘、跨媒体感知理解、多模态自动推理、群专家协同决策等技术,实现对医疗大数据的有效利用。

(3)利用人工智能技术及物联网、传感网、移动互联等技术实现对大众健康全过程、医院医疗全过程,以及医药研发、生产、流通、使用全过程的有效监控和管理。

2.4.2 智慧医疗保健

1. 量化自我,关注个人健康

谷歌联合创始人谢尔盖·布林的妻子安妮·沃西基(公司首席执行官)在 2006 年创办了 DNA 测试和数据分析公司 23andMe。除了收集和分析个人健康信息,公司还将大数据应用到了个人遗传学上,至今已分析了数十万人的唾液。通过分析人们的基因组数据,公司确认了个体的遗传性疾病,如帕金森氏病和肥胖症等的遗传倾向。通过收集和分析大量的人体遗传信息数据,该公司希望可以识别个人遗传风险因素以帮助人们增强体质并延长寿命。利用基因组数据来为医疗保健提供更好的洞悉是合情合理的。人类基因计划组(Human Genome Project,HGP)绘制出约 23000 组基因组,而这所有的基因组也最终构成了人类的 DNA。这一项目费时 13 年,耗资 38 亿美元。

2. 可穿戴的个人健康设备

致力于研发和推广健康乐活产品,采用了内置加速传感器来检测和跟踪人们每日的活动,从而帮助人们改变生活方式。它的目标是通过将保持健康变得有趣,来让保持健康变得更简单。设备可以跟踪人一天的身体活动,能够收集和分析大量的人体遗传信息数据,同时还有晚间睡眠模式,它会记录人对食物和液体的摄入量。通过对活动水平和营养摄入的跟踪,用户可以确定哪些是对他们有效的,哪些是对他们无效的。营养学家建议,准确记录摄入量和活动量是控制体重最重要的一环,因为数字明确且具有说服力。如此一来,它就能将收集到的关于人们身体状况、个人习惯的大量信息以图表的方式呈现给用户,从而帮助用户直观地了解自己的营养状况和活动水平。而且,它能够根据已知的信息在可以改善的方面帮助人们提出建议。

3. 智能时代的医疗信息

以前,大量的医疗信息收集工作靠纸笔进行。与之相比,电子健康档案更加便捷,医生可以在配套的应用程序上收集病人的信息,还可通过程序进行语音转文本、图像和视频收集等。电子健康档案、DNA 测试和新的成像技术在不断产生大量数据,收集和存储这些数据对于医疗工作者而言无疑是一项挑战,相对地也是一个机遇。更新、更开放的系统与数字化的病人信息相结合可以为医疗领域带来突破。

2.4.3　智慧医疗决策

智慧医疗决策成为人工智能技术与医疗行业相结合的重点领域,是信息技术赋能诊疗疾病全流程的突破点,在提升医疗质量和效率、优化区域之间医疗资源配置、改善人民群众看病就医感受等方面具有积极意义。

智慧医疗决策涉及诊前、诊中、诊后各个环节,与人工智能相关的深度学习、自然语言处理、知识图谱等技术都有发挥优势的空间,但目前仍存在以下关键挑战。① 任务定义略显简单:不能刻画复杂、多变、多模态的医疗输入输出场景。② 泛化能力差:基于神经网络的方法难以迁移到不同医院、不同类型的文本或图像数据上。③ 数据质量欠佳及样本小对每种专科和疾病类型都需要重新定义标注规范,这导致标注困难,不同医疗中心的数据受信息敏感性、隐私性等因素影响,导致能共享开源的数据规模较小。④ 可解释性欠佳:大量神经网络方法的使用,使黑盒模型很难被实际的临床用户信赖,这已成为智慧医疗决策领域公认的亟待解决的问题。⑤ 缺乏对医学知识的利用手段:不能充分利用专家积累的临床经验及大量医疗文献中的符号化知识。

医生在临床决策和科研工作中需要阅读大量医学文献。医生对医学知识需求的场景主要分为诊疗中和诊疗旁两大类。在诊疗中,医生需要根据患者的主诉快速决定如何问诊,并最终给出诊断及相应治疗方式。在诊疗旁,医生需要查询及阅读大量的医学文献,一方面为临床碰到的复杂问题寻找证据支持;另一方面,通过了解领域的最新研究动态获得科研选题思路。

然而,医学知识更新非常快,每年新增的医学指南和医学文献也是海量的。临床医生需要花费大量的精力来追踪、整理并消化这些知识,以保证高质量的临床诊疗和科研创新。因此,通过智能的方式将医学知识数字化是必要的,此外,一个能为医生的决策支持提供辅助的系统也是非常必要的。

知识图谱和机器学习技术是学术界和工业界广泛关注的研究热点之一。医疗辅助决策支持是一个对高水平的知识和数据需求旺盛的场景。在诊疗中,可以将医学知识表示成医学知识图谱,并基于知识图谱的推理进行决策支持;进一步利用医学大数据,通过机器学习模型进行更加精准的个性化诊疗决策推荐。

不同的学习模型可能会捕捉到不同的病状特征,这些特征在不同的样本中对决策具有不同的权重,采用模型融合的方法可以最大程度利用可获得的特征。在融合模型中输入症状组合,各子模型会给出相应的疑似诊断及置信度。为了提升诊断模型的效果,将各子模型的疑似诊断结果进行融合并排序,融合时为每个子模型分配权重;对每种疑似诊断计算其最终置信度得分。最后,对所有子模型涉及的所有疑似诊断计算融合模型的置信度,按照置信度从高到低的顺序对疑似诊断排序,获得最终结果,如图 2-8 所示。

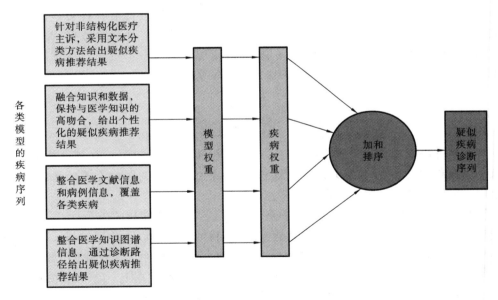

图 2-8　多类融合辅助诊断模型技术框架图

拓展阅读　新华医院应用人工智能建设智慧就医服务

优化患者就医流程,提升患者就医便捷度,是现代医院智慧化转型的重要工作之一。在由国家卫生健康委医院管理研究所指导,中国数字医学杂志社发布的"2023 年度中国医疗人工智能实践典型案例"中,上海交通大学医学院附属新华医院与商汤科技合作建设的"新华医院应用人工智能建设智慧就医服务"案例脱颖而出,获评"2023 年度中国医疗人工智能实践典型案例(语音语义类)"。

近年来,上海持续开展"便捷就医服务"数字化转型,新华医院积极引入大语言模型、数字孪生、元宇宙等技术,开发了覆盖患者诊前、诊中、诊后的一系列智能落地应用。针对传统就医流程中患者院内寻路难、候诊排队时间长,医生问诊工作负担大等痛点,新华医院与商汤科技合作,建设了覆盖全院、全方位服务患者的智慧就医平台,实现门诊环节全流程智能化。

平台基于商汤科技研发的医疗健康大语言模型——"大医",实现智能导诊功能,通过多轮问答快速为患者推荐对应就诊科室,并在患者排队等候期间借助智能问答系统提前收集患者病情信息,实现高精度预问诊。同时,平台基于前沿的数字孪生和元宇宙技术,推出 AR 导航功能,为患者推送实时定位、诊室位置等信息,实时规划最优就诊路径,大幅缩短患者在院停留时间。针对诊后随访环节,平台搭载智能随访助手,依托"大医"强大的多轮对话能力和长程记忆能力,结合智能语音技术,高效采集患者信息,评估高风险因素,引导患者科学服药,智能提示随访计划,帮助医生高效跟踪患者情况。目前平台已服务十余万患者,显著提升了患者的就医体验。

未来,新华医院拟进一步运用人工智能技术打造数字孪生元宇宙医院,放大医院服务效能。针对儿童就诊的差异化特点,医院拟推出儿科就医流程智能规划和儿童诊前咨询、诊中预问诊、诊后随访等服务,优化儿童就诊体验。此外,医院还计划通过人工智能技术实现儿童主动健康管理与干预,帮助家长及时发现儿童健康问题并予以干预,同时助力医院构建儿童电子健康档案和全景式健康画像。

2.5　智慧农业

2.5.1　智慧农业概述

智慧农业(Smart Agriculture)就是将人工智能技术运用到传统农业中去,运用传感器和软件通过移动平台或者电脑平台对农业生产进行控制,使传统农业更具有"智慧"。除了精准感知、控制与决策管理外,从广泛意义上讲,智慧农业还包括农业电子商务、食品溯源防伪、农业休闲旅游、农业信息服务等方面的内容。

所谓"智慧农业"就是充分应用现代信息技术成果,集成应用计算机与网络技术、物联网技术、音视频技术、无线通信技术及专家智慧与知识,实现农业可视化远程诊断、远程控制、灾变预警等智能管理。

智慧农业是农业生产的高级阶段,其集新兴的互联网、移动互联网、云计算和物联网技术为一体,依托部署在农业生产现场的各种传感节点(环境温湿度、土壤水分、二氧化碳含量等)和无线通信网络实现农业生产环境的智能感知、智能预警、智能决策、智能分析、专家在线指导,为农业生产提供精准化种植、可视化管理、智能化决策。智慧农业是多种信息技术在农业中综合、全面的应用,可实现更完备的信息化基础支撑、更透彻的农业信息感知、更集中的数据资源、更广泛的互联互通、更深入的智能控制、更贴心的公众服务。智慧农业与现代生物技术、种植技术等科学技术融于一体,对建设世界水平农业具有重要意义。

智慧农业是将人工智能与现代信息技术应用于农业生产全过程所形成的一种全新的农业生产方式。其目标是实现农业生产全过程的信息感知、定量决策、智能控制、精准投入和个性化服务。居民的吃喝用,绝大多数产品或者说原材料来自农业,而中国的农业自动化和智能化程度较低。

智慧农业中应用的人工智能技术主要包括大数据分析挖掘、图像分析理解、深度强化学习、智能农业机器人、智能人机对话交流、物联网技术、音视频技术、传感器技术、无线通信技术及专家智慧与知识平台。智慧农业的目标是实现农业可视化远程诊断、远程控制、灾变预警等智能管理、远程诊断交流、远程咨询、远程会诊,逐步建立农业信息服务的可视化传播与应用模式。实现对农业生产环境的远程精准监测和控制,提高设施农业建设管理水平,依靠存储在知识库中的农业专家的知识,运用推理、分析等机制,指导农牧业进行生产和流通作业,如图 2-9 所示。

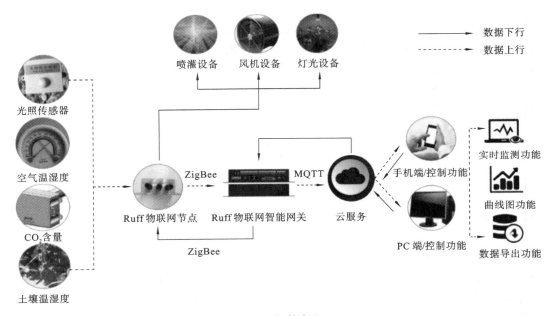

图 2-9　智慧农业

2.5.2　智慧农业主要技术方向

智慧农业在现代农业领域的主要应用方向有监控功能系统、监测功能系统、实时图像与视频监控功能。

1. 监控功能系统

根据无线网络获取植物的生长环境信息,如土壤水分、土壤温度、空气温度、空气湿度、光照强度、植物养分含量等参数。其他参数也可以选配,如土壤中的 pH 值、电导率等。接收无线传感汇聚节点发来的数据,对数据进行存储、显示和管理,实现对所有基地测试点的信息的获取、管理、动态显示和分析处理,并将信息以直观的图表和曲线的方式显示给用户,由此,农业园区可进行自动灌溉、自动降温、自动卷膜、自动施肥、自动喷药等自动控制。

2. 监测功能系统

在农业园区内实现自动信息检测与控制,系统配备无线传感节点,太阳能供电系统、信息采集和信息路由设备配备无线传感传输系统,每个基点配置无线传感节点,每个无线传感节点可监测土壤水分、土壤温度、空气温度、空气湿度、光照强度、植物养分含量等参数。根据种植作物的需求提供各种声光报警信息和短信报警信息。

3. 实时图像与视频监控功能

农业物联网的基本概念是实现农业上作物与环境、土壤及肥力间的物物相联的关系网络,通过多维信息与多层次处理实现农作物的最佳生长环境调理及施肥管理。但是,作为管理农业生产的人员而言,仅仅靠数值化的物物相联并不能完全营造作物最佳生长条件。视频与图像监控为物与物之间的关联提供了更直观的表达方式。比如,对于缺水的土地,在物联网单层数据上仅显示为水分数据偏低,而应该如何灌溉不能仅依赖这一个数据来作决策。农业生产环境的不均匀性决定了农业信息获取上的先天性弊端,而很难从单纯的技术手段上进行突破。引用视频监控,可直观收集农作物生产的实时状态,引入视频图像与图像处理系统,既可直观反映一些作物的长势,也可以侧面反映作物生长的整体状态及营养水平。可以从整体上给农户提供更加科学的种植决策理论依据。

以上技术方向可以实现以下两个功能:农业生产环境监控和食品安全监控。

农业生产环境监控:通过布设于农田、温室、园林等目标区域的大量传感节点,实时地收集温度、湿度、光照、气体浓度、土壤水分、电导率等信息并汇总到中控系统。农业生产人员可通过监测数据对环境进行分析,从而有针对性地投放农业生产资料,并根据需要调动各种执行设备,进行调温、调光、换气等动作,实现对农业生长环境的智能控制。

食品安全监控:建设农产品溯源系统,通过对农产品的高效可靠识别和对生产、加工环境的监测,实现农产品追踪、清查功能,进行有效的全程质量监控,确保农产品安全。物联网技术贯穿生产、加工、流通、消费各环节,实现全过程严格控制,使用户可以迅速了解食品的生产环境和过程,从而为食品供应链提供完全透明的展现,保证向社会提供优质的放心食品,增强用户对食品安全程度的信心,并且保障合法经营者的利益,提升可溯源农产品的品牌效应。

2.5.3　智慧农业主要应用方向

智慧农业通过生产领域的智能化、经营领域的差异性及服务领域的全方位信息服务,推动农业产业链改造升级;实现农业精细化、高效化与绿色化,保障农产品安全、农业竞争力提升和农业可持续发展。因此,智慧农业是我国农业现代化发展的必然趋势,需要从培育社会共识、突破关键技术和做好规划等方面入手,促进智慧农业发展。主要的应用方向如下[①]。

1. 农作物选种

农作物选种在很大程度上决定了粮食产量与农作物抗逆性,从而影响广大农民的生产效益及国家粮食产量的稳定。因此,可通过搜集优良种子性状及其对应数据,构建分类模型,对未知种子进行筛选,保留具有优良性状的种子,并通过后期种植结果不断丰富建模数据,修正模型误差。

2. 土壤盐碱度分析

土壤为农作物提供养分和水分,然而,土壤盐碱化将导致土壤板结与肥力下降,严重阻碍农作物生长。AI 赋能农业,可通过训练好的人工神经网络模型对土壤传感器收集到的土壤可溶性盐(含钠、钾的硫酸盐,氯化物,碳酸盐等)含量、地表水分蒸发量、土壤湿度等数据进行预测分析,判断当前土壤情况,以便农户采取相应措施。

3. 农田除草

在农作物生长过程中,杂草不仅会与农作物争夺光照、生存空间与营养物质,还会传播病虫害,释放有毒物质,造成粮食减产。因此,可采用集成了车载传感器、车载摄像等设备的农田除草机器人,通过分析图像数据对杂草进行筛选,借助传感器进行避障除草。此举将大大降低除草农药使用量,这对于保护环境及降低农产品农药含量具有十分显著的作用。

4. 农作物病虫害预测

农作物病虫害是我国主要农业灾害之一,具有种类多、影响大,且时常暴发成灾的特点,对我国国民经济,特别是农业生产造成了重大损失。因此,可通过图像采集设备获取病害特征图像,在计算机视觉技术的辅助下获取病害特征,并构建支持向量机模型,以确定病害种类、病害程度、问题所在区域等;通过声音获取设备捕捉农田间害虫声音特征,并在语音处理技术的帮助下,借助已通过害虫叫声训练好的模型进行语音识别,预测农作物虫害。

5. 农田施肥

在传统农业生产中,化肥的使用一直存在施肥方法不科学、肥料利用率低、用量不当等问题,严重影响农作物生长。因此,可通过土壤分析结果,借助无人机进行定点定量施肥,以有效提高肥料利用率,提高农作物产量。

6. 农作物药物喷洒

我国大多数地区的农作物药物喷洒方式仍然是人力背罐式喷洒,或机械加压人工喷洒,这些方式不仅人力成本高、效率低,且容易造成环境污染与农药残留。使用 AI 技术,人们能够通过农作物病虫害监测所得结果,借助无人机技术实施定点或定区域药物喷洒。该方式操作简单,且高效环保。

7. 农田问题解决专家系统

该专家系统首先利用语音处理技术对农户咨询的问题进行理解,然后在农业问题专

---

① 李明晓,马鑫,张宏利,等. 智慧农业——AI 在农业领域的应用与展望[J]. 软件导刊,2020.

家信息数据库中检索匹配相关信息,并通过语音合成的方式以类人语言说出,也可通过固定页面方式展示,为农户种植提供辅助手段。

8. 农作物产量预测

通过综合往年温度、湿度、光照、水分、土壤元素、作物种类等农田信息,借助大数据挖掘技术构建关联分析模型,找到影响农作物产量的关键因素,并将往年关键因素数据与农作物产量数据作为预测模型训练集,借助训练好的模型对后期农作物产量进行预测。

9. 农作物采收

农作物采收机器人是人工智能系统在农作物采收上的典型应用,机器人采收不仅能提高采收效率,还可以确保采收质量。但针对外露型农作物(如玉米、桃子等),需要先通过成熟农作物图像训练预测模型,对即将采摘的农作物进行预测,判断其是否成熟,再使用机械臂进行采摘。

10. 农作物价格预测

可利用历年农产品种类及其对应价格、需求量、国内实际产量、进口量等多种数据训练神经网络预测模型,对农产品当年价格进行预测。但 AI 在该方向的应用存在一个问题,即当大多数农田均采用价格预测系统时,是否会出现某种农作物被大批量种植、其他农作物产量下降的情况,这是一个值得研究和思考的问题。

拓展阅读　中联重科峨桥智慧农场

在 2023 年 9 月第六个中国农民丰收节期间,安徽芜湖举行了"全国智慧农业现场推进会"并安排与会嘉宾现场参观了中国智慧农业代表性案例——中联重科峨桥智慧农场。

秋意渐浓,智慧农场"丰景"喜人。中联农机无人化水稻收获、秸秆打捆、土地旋耕等作业在中联作物种植智能决策系统的"指挥"下精彩上演:一台水稻联合收割机在自动驾驶模式下,高效地开展水稻收获作业,并在 AI 视觉的辅助下精准避开假人障碍;另一台水稻收割机在机手的操控下收获倒伏水稻,展现出精准的割台高度调整与适应能力;当收获机粮仓装满后,一台无人驾驶拖拉机牵引运粮车与收获机完成协同卸粮作业(见图2-10)。

中联智慧农业自营的峨桥智慧农场自 2016 年以来,以产业数字化、数字化产业为主线,围绕大田作物创制技术体系和产品体系,通过构建适合芜湖本地环境的水稻种植模型和全程"13 个关键环节、49 个决策点"的数字化解决方案,变革传统种植方式,推广示范科学种田理念,赋能农业生产经营;同时积极推进数字化技术与产业深度融合,助力芜湖市政府成功打造"智慧芜湖大米"品牌,辐射带动区域农业发展。通过峨桥智慧农场成熟经验的推广复制及中联作物种植智能决策系统的广泛应用,目前中联智慧农业立足水稻,拓展到棉花、油菜等多类大田作物,服务已覆盖安徽、湖南、四川、广西、江西等省份,

图 2-10 中联农机的水稻无人化收获和协同卸粮作业演示

累计服务面积突破 100 万亩。

　　近年来，作为全球大型装备制造企业，中联重科立足自身雄厚的研发与制造实力，积极实施"智慧农业＋智能农机"双轮驱动战略，助力夯实粮食安全根基。未来将继续致力于大田智慧种植技术、产品和模式创新，加速物联互联、5G、人工智能等新技术在农业机械领域的应用，实现农业生产全过程的信息感知、智能决策和精准作业，打造更多灯塔式智慧农业应用场景，让"中国饭碗"端得更稳更牢，为全面推进乡村振兴、加快建设农业强国奉献智慧和力量。

2.6 智慧教育

2.6.1 智慧教育概述

　　智慧教育（Smart Education）是指基于现代教育理念，利用人工智能技术及现代信息技术所形成的智能化、泛在化、个性化、开放性教育模式。教育信息化面对互联一代学生的挑战、面对 21 世纪人才培养的挑战，在此背景下，智慧教育是信息教育发展的必然趋势。物联网、云计算和移动互联网是智慧教育的技术背景；物联网技术为校园传感网的建设提供了技术支撑；云计算技术为教育云平台的建设提供了技术支撑；移动互联网技术为泛在学习的实现提供了技术支撑。

　　智慧教育的目标是通过构建技术融合的学习环境，让教师能够施展高效的教学方法,让学习者能够获得适宜的个性化学习服务和美好的发展体验,从而培养具有良好的价值取向、较强的行动能力、较好的思维品质、较深的创造潜能的人才。目前智慧教育存在以下多种观点。

(1)智慧教育是智能教育,主要是使用先进的信息技术实现教育手段的智能化。该观点重点关注技术手段。

(2)智慧教育是一种基于学习者自身的能力与水平,兼顾兴趣,通过娴熟地运用信息技术,获取丰富的学习资料,开展自助式学习的教育。该观点重点关注学习过程与方法,认为 SMART 是由自主式(Self-directed)、兴趣(Motivated)、能力与水平(Adaptive)、丰富的资料(Resource Enriched),信息技术(Technology Embedded)等词汇构成的合成词。

(3)智慧教育是指在传授知识的同时,着重培养人们智能的教育。这些智能主要包含:学习能力、思维能力、记忆能力、想象能力、决断能力、领导能力、创新能力、组织能力、研究能力、表达能力等。

(4)智慧教育是指运用物联网、云计算、移动网络等新一代信息技术,通过构建智慧学习环境,运用智慧教学法,促进学习者进行智慧学习,培养具有高智能和创造力的人。

2.6.2　智慧教育的基本架构与教育模式

智慧教育有四层基本架构:硬件环境、支撑条件、教育大脑、智能教育教学活动。其中,教育大脑相当于人类智能的中枢神经系统,在整个智能教育活动中起着指挥和控制的作用。大数据支撑下的教育大脑技术主要包括:① 跨媒体感知与理解技术,包括对语音、图像、视频、场景等教育教学环境信息的感知、识别与理解,以及对学生学习情绪、情感的感知、识别、理解与引导;② 机器学习与教育知识库技术,包括教育教学知识获取、表示,以及教育教学知识库构建、维护和使用;③ 教育教学专家系统技术,包括情感认知交互的教育教学活动知识推理;④ 教育评价与决策系统技术,包括教学评价、教育评估及预测等。

智能教育教学活动处在智能教育的实现和应用层面。大数据支撑下的智能教育教学活动主要包括智能教学过程、智能教室构建、智能课堂设计,以及智能教学机器人、智能教育管理系统等。

智慧教学模式以教学组织结构为主线把学习方式分成两层,即分组合作型学习与个人自适应性学习。

分组合作型学习:主要培养学习者的综合应用能力,强调构建学习共同体,通过智慧教室多屏协作等形式对小组讨论与演示给予最大的支持,强调项目制学习,以可活动新型桌椅及平板学习等方式支持小组项目制学习的开展。

个人自适应性学习:学习者可以根据个人偏好与发展需要,自主选择学习资源。个人学习空间是个人自适应学习的核心环节,每个学生或者学习者都应有一个具备学情分析报告、微课、预习与作业、巩固复习作业及资源库的综合个人学习空间,基于学生学情自适应推送难度不一的练习等。

2.6.3　智慧校园与智慧教室

智慧校园是指信息技术高度融合、信息化应用深度整合、信息终端广泛感知的信息化校园。智慧校园是智慧教育的一部分，所以智慧校园的智慧与智慧教育的智慧具有一致性，而智慧校园更是智慧学习环境的具体承载者。

智慧校园具备融合的网络与技术环境、广泛感知的信息终端、智能的管理与决策支持、快速综合的业务处理服务、个性化的信息服务、泛在的学习环境、智慧的课堂、充分共享与灵活配置教学资源的平台、蕴含教育智慧的学习社区。强调为师生、社会提供全时段、泛在、多方式、互动安全的服务接入与教育教学能力。智慧校园必须具备以下三个核心特征。

（1）智慧校园是目前绝大部分学校最为具体的在智慧教育上探索的实体化工程。工程意义非凡，每一步的探索都任重而道远。而在智慧校园的基础上，更包括了智慧教室、校园网络、智慧安防、智慧教务系统等诸多子应用，共同营造智慧校园。

（2）智慧校园的智慧与智慧教育的智慧具有一致性。不言而喻，智慧教育是一个比智慧校园和智慧课堂更为宏大的命题，可以理解为一个智慧教育系统，包括现代化的教育制度、现代化的教师制度、信息化一代的学生、智慧学习环境及智慧教学模式五大要素，其中，核心是智慧教学模式。

（3）智慧校园是智慧教育的一部分，更是智慧学习环境的具体承载者。例如，强调为师生、领导、社会提供全时段、泛在、多方式、互动安全的服务接入与教育教学能力，也强调技术手段，如强调必须使用虚拟化、增强现实/虚拟现实（Augmented Reality/Virtual Reality，AR/VR）、大数据、云计算、人工智能等前沿技术描述下的集合物联网智慧建筑集合。

智慧教室是体现信息化智慧教育的实体建筑空间，是学校课室的一次革命性升级与改革。智慧教室具有互动性、感知性、开放性、易用性等核心特征。实现智慧教育的核心在于创造一个智慧的学习环境。目前，信息技术在很大程度上已经对教育提供了帮助并产生了深刻的影响，然而这种影响往往仅限于技术层面，并没有形成智慧教育所需要的智慧学习环境。

2.6.4　智慧教育的展望

人工智能与互联网教育的结合使得智慧教育有了高速的发展，今后的发展趋势有两个重要的方向，一是在线智能学习个性化，二是学习者的状态与智能评估[1]。

1. 在线智能学习个性化

近年来，在线智能学习已经从计算机辅助教学、智能教学系统、智能教室逐渐演化为以学习者为中心，强调普适化、个性化的学习技术。随着人工智能技术的发展，今后

---

[1]　郑庆华，董博，钱步月，等.智慧教育研究现状与发展趋势[J].计算机研究与发展，2019.

会在学习过程中通过学生与在线系统的交互,实现个性化的教学和辅助。因为个体具有能力、背景、学习方式、学习目标等各种差异性,即使是个体本身,在学习过程中,知识状态也在不断地变化,所以针对每个个体实现个体化的自适应在线智能学习系统是必然的发展趋势,未来的智慧教育必须是个性化的,学生必将从与在线智能学习的交互中受益。

目前最新的认知计算技术在在线智能学习领域的应用方面具有良好的前景,借助于教育数据挖掘、学习分析等相关技术,可以通过分析学习者在学习活动中产生的数据,为学生、教师和管理者提供实现其各自目的的参考,并动态追踪学习者的学习活动,提供个性化的学习体验,此类技术有望实现以内容为主的在线学习到以人为主的个性化学习的转变。

2. 学习者的状态与智能评估

在在线智能学习过程中,评估学生的接受程度、学习状态的变化及更新知识是个性化自适应在线智能学习,实现智能化需要解决的重要问题。人工智能时代的到来使教育具有可追踪性和可预见性,通过进行学生知识建模与模型分析,可以对知识点的变化进行追踪,实时了解学生对知识的掌握情况,并根据实践和知识生成相关的问题来评估每个学生对知识的掌握程度,依照每个学生的知识结构、智力与对知识的掌握程度来设计个性化的教程。

对于学习者的智能评估,传统且普遍的方法是通过间接测量(比如试卷检测、问卷调查)来判断学习者的能力和智力发展水平,但这种方式模糊且不精确。利用无线传感、人机交互、虚拟现实等技术,可实现实时检测学习者学习状态,全方位多维度收集学习者的课堂数据,以机器学习算法为支撑进行全面且高效的学习者能力评估。

3. 人工智能教育

AI教育的未来发展将更加智能化和个性化,同时也致力于培养学生的创新意识和核心素养,满足AI时代对人才的需求。基于教育大数据,通过云计算分析整理,构建不同学段、学龄的AI算法模型,以提供个性化的学习路径。在提升教育质量方面,AI为教师提供更准确全面的学生反馈和评估结果,帮助教师了解学生的学习需求和问题,提高教学效果。在促进教育公平方面,AI通过智能评估和反馈技术,为每个学生提供更公正平等的评价和教育机会。AI在教育领域的应用必将越来越广泛,并逐渐融合多个学科领域。

拓展阅读　人工智能技术构建中华民族共同体意识教育新形态

为纵深推进教育数字化战略行动,深入发展智慧教育,促进智慧教育领域经验总结和互学互鉴,加强优秀案例分享和国际传播,"智慧教育示范区"创建项目专家组秘书处与教育部教育信息化战略研究基地(北京、华中、西北)开展了智慧教育优秀案例征集活动。

日前,教育部"智慧教育示范区"创建项目专家组秘书处公布了2023年度智慧教育优秀案例名单。新疆和田地区皮山县"人工智能技术构建中华民族共同体意识教育新形态"案例成功入选。

2020年,皮山县依托人工智能技术,坚持以铸牢中华民族共同体意识为主线,以国家通用语言文字能力提升和丰富中华民族共同体意识专题资源两大工程为着力点,同步建设多重保障机制,着力打造智慧教育"皮山模式",让中华民族共同体意识根植学生心灵深处。

目前,学前智能助教系统已覆盖全县145所幼儿园,为师生提供标准的语言环境,开展互动教学,寓教于乐,激发学习兴趣,让孩子大声读、大声说。在提升语言能力的基础上,引导学生从小树立正确的民族观、国家观、文化观,帮助幼儿系好人生第一粒纽扣。

中华民族共同体意识专题教室(见图2-11)已覆盖全县87所小学,智能终端对学生的发音和书写进行智能评测和即时反馈,一对一强化训练学生的听说读写能力,培养学生"听得懂、说得了、读得准、写得对"的国家通用语言文字应用能力。

图2-11 学生在专题教室中练习听说读写能力

此外,包含九大模块的中华民族共同体意识专题教育资源模块贯穿皮山县15年免费教育各学段,该资源模块已上线1.5万余条优质资源,从幼儿园到高中243所学校全学段覆盖。专题资源模块根据不同学段学生的认知特点,使中华民族共同体意识教育具象化、教学形式灵活化、备课资源丰富化,满足课堂教学需求,用潜移默化的方式引导学生铸牢中华民族共同体意识(见图2-12)。

教育数字化转型之下,智慧教育正在重构着皮山教育的发展格局,让边疆师生共享优质教育资源,以区域教育变革赋能经济社会快速发展。

图 2-12　中华民族共同体意识专题教育课堂教学

2.7　智慧新零售与智能客户服务

2.7.1　智慧新零售概述

新零售(New Retailing)是指个人、企业以互联网为依托,通过运用大数据、人工智能等先进技术手段并运用心理学知识,对商品的生产、流通与销售过程进行升级改造,进而重塑业态结构与生态圈,并对线上服务、线下体验及现代物流进行深度融合的零售新模式。未来电子商务平台将会消失,线上(云平台)、线下(销售门店或生产商)和物流(消灭库存,减少囤货量)结合在一起,才会产生新零售。2016 年 10 月的阿里云栖大会上,马云在演讲中第一次提出了新零售,他认为,未来的十年、二十年后,将没有电子商务这一说,只有新零售。所谓电子商务平台消失是指现有的电商平台分散,每个人都有自己的电商平台,个体不再入驻天猫、京东、亚马逊这样的大型电子商务平台。

智慧新零售(Smart New Retailing)可推动线上与线下的一体化进程,其关键是使线上的互联网力量和线下的实体店终端形成真正意义上的合力,从而完成电商平台和实体零售店面在商业维度上的优化升级。同时,促成价格消费时代向价值消费时代的全面转型。

零售数据化是指线上用户信息能以数据化的方式呈现,而传统线下用户数据数字化难度较大。目前,在人工智能深度学习的帮助下,视频用户行为分析技术能在线下门店进行用户进店路径抓取、货架前交互行为分析等数字化转化,形成用户标签,并结合线上数据优化用户画像,同时可进行异常行为警报等辅助管理。由于互联网和移动互联网终端的普及所带来的用户增长及流量红利正逐渐萎缩,传统电商所面临的增长"瓶颈"开始显现。传统电商发展的"天花板"已经依稀可见,对于电商企业而言,唯有变革才有出路。

随着"新零售"模式的逐步落地,线上和线下将从原来的相对独立、相互冲突逐渐转化为互为促进、彼此融合,电子商务的表现形式和商业路径必定会发生根本性的转变。当所有实体零售都具有明显的"电商"基因特征之时,传统意义上的"电商"将不复存在,而人们现在经常抱怨的电子商务给实体经济带来的严重冲击也将成为历史。

2.7.2 智能客户服务

智能客户服务(Intelligent Customer Service)又称智能客服机器人,是在大规模知识处理基础上发展起来的一项面向行业的应用,它涉及大规模知识处理技术、自然语言理解技术、知识管理技术、自动问答系统、推理技术等,具有行业通用性。设置客服的目的是方便企业与用户进行有效的沟通,或者辅助用户在企业所提供的服务中有一个良好的消费体验。但是当用户量过大时,有限的客服能力又会成为用户满意度下降的一个原因,而采用非人工客服方式就能帮助企业解决这一问题。

人工智能技术中以语音识别、自然语言处理、深度学习为核心技术的人机交互模式,不仅为企业提供了细粒度知识管理技术,还为企业与海量用户之间的沟通建立了一种基于自然语言的快捷有效的技术手段;同时还能够为企业提供精细化管理所需的统计分析信息。

目前人工智能技术水平还不能做到由智能客服完全取代人工客服。所以,目前智能客服还是更多地用于对用户意图的理解和预测上。智能客服首先能够解决"即时客服"的问题;再通过对用户意图的理解将用户意图分类,普通常见问题直接通过智能客服解决,而复杂问题再由智能客服转到人工客服。

智能客户服务发展分为四个阶段:第一阶段是基于关键词匹配的"检索式机器人";第二阶段是运用一定的模板,支持多个词匹配,并具有模糊查询能力;第三阶段是在关键词匹配的基础上引入搜索技术,根据文本相关性进行排序;第四阶段是以神经网络为基础,应用深度学习理解意图的智能客服技术。

智能客服可针对不同企业,聚焦详细场景。一方面,智能客服机器人系统可以把企业业务详细问题快速导入知识库,另一方面,又可以在某个特定行业中积累语料,通过云平台的方式扩充企业的知识库。

2.7.3 智能客户服务——大中小企业布局智能客服

对于客服量大,服务种类繁多的大企业来说,自研智能客服或许更合适一些。大企业用户会覆盖多个渠道平台,拥有自己统一的 CRM(Customer Relationship Management,客户关系管理)系统,或定制化智能客服系统。

对于客服量较少的中小企业,选择第三方智能客服服务是明智的。例如,京东将其智能客服系统开放给了一些企业卖家,接替人工客服在工作时间以外的服务;微信近期针对小程序推出了一个新功能——"服务直达区"。假如用户在微信顶部的搜索框输入"从北京到大连",在搜索结果中就会出现从北京到大连的机票服务。从某种意义上说这也算是智能客服可以做到的事情——大平台的智能客服为小微企业分发流量。平台的智能客服在产品的巨大流量之下,可以承担更多工作,而不仅仅是回答客户的咨询,这不失为一种合作共赢。

现在的电商平台都在内容端发力,打造更多买家和卖家间的沟通途径。这时智能客服就可以承担群聊机器人、回复商品评价、回复内容评论等工作。

■■ 2.7.4　智能客户服务——智能客服的人机分工

尽管机器人的智能程度在不断提升,但答非所问的现象仍然很常见。在客户服务数字化进程中,人和机器究竟该如何分工协作?企业在智能客服的应用上又该如何权衡?我们将从以下几个方面回答。

1. 用机器守住第一触点

当前,语义识别技术在智能客服领域已经较为成熟。机器能够顺利识别并完成语义指令型语义理解和多轮任务型问答对话,为用户提供不间断的贴心服务,高效完成标准化的详细解答。因此,企业大可放心地将智能客服安排在官网、微信、App、微博等多个触及客户的一线渠道,让智能客服充当售前服务的主力,而将人工客服分配到更高附加值的任务中,进一步提升前端业务的处理效率。

2. 让机器分发个性内容

在电商领域,不少用户都会发现自己拥有"专属智能客服"。根据用户的浏览路径和历史消费记录,专属智能客服不仅能够自主判断用户的喜好,为其推荐相似的商品,帮助用户扩大选择范围,还能通过大数据建立完整的用户画像,不定时地推送符合用户期待的商品及其他个性化的服务信息。这都以较低的成本不断激活"沉睡"用户(即对用户的精准二次触达)。

3. 借机器获取消费洞察

海量对话信息的沉淀和再利用是智能客服得以不断进步的基础。通过自动采集不同渠道中用户与企业的互动数据(包括将语音对话转换成为结构化的文字数据),加之多维度的辅助分析模型,机器能够帮助企业挖掘不同业务场景下的高频话题,及时获取某类产品/服务的市场反馈,为下一步的运营决策提供有效参考意见。

4. 以机器优化人工服务

除了承担烦琐的数据处理和机械应答工作之外,介入机器的意义更在于提升人工客服中心的运作质量。例如,不少企业已经开始用智能质检管理系统代替传统人工抽检。通过灵活的关键词匹配、情感/语速识别和智能业务模型规则,机器能够深入多个业务场景,对人工客服的服务态度、话术规范及处理业务的流程做出自动化的批量检测,将质检覆盖率提升到100%(传统人工抽检的比例不足3%,抽检样本也缺乏代表性)。

未来,依赖智能 AI 交互、智能数据分析等技术,人们还将借助机器实现全业务和服务流程的智能化。人机的高效协作也将逐渐重构品牌与消费者之间的互动法则。人工智能技术是企业数字化转型路上的助推器,那么不同渠道的数据及精密的算法处理规则便是其中的燃料之一,而智能客服的兴起正是人们对技术及数据应用的积极突破。

拓展阅读　爱慕 AI 智能外呼赋能门店零售

随着消费者习惯的不断变迁,线上线下无时空界限的购物模式越来越受消费者偏爱。与此同时,互联网获客成本也越来越高,公域流量红利逐渐消失且均已不受品牌掌控,企业与消费者之间的黏性越来越差,回归存量运营,深挖个性化需求,及时且适配地满足消费者,是对品牌提出的新考验。线上经济发展逐步放缓,越来越多的巨头开始布局线下零售,借助智能手段,盘活存量资产,解决短信触达效果差、人工外呼成本高的痛点,更好地服务于高质量消费人群。通过 AI 外呼与会员标签工厂结合,赋能门店零售与线上私域,起到流量指挥中心的作用,实现线上线下融合、品牌与渠道融合,以及公私域互相反哺和拉动的增长法宝。

1. 提高竞争力

在私域 2.0 时代,当别的传统企业引流获客无门路、私域沉淀乏力、获客成本高的时候,该案例已经通过外呼机器人系统将有意向沉睡会员大量沉淀至私域渠道。构建品牌自有、统一的用户数字化资产。通过智能化和营销一体化两大维度,运用私域营销工具并基于消费者全生命周期、渠道特征达成运营一体化,实现从营到销的链路闭环。

2. 提高工作效率

外呼机器人系统具有回复快捷和解答到位的优势,能够有针对性地回复客户所提出的问题,使客户可以及时得到想要的答案,从而提高客户下单的速度并增加产品的成交率,为企业赢得更大的经济利益。

3. 降低人工成本

机器人可同时拨打上千通电话,不仅效率高,还可以免去员工培训、查重统计等工作,日外呼量几乎是人工的 10 倍。不用担心人员不足、服务态度差等问题,还可以为机器人不断进行更新和优化,来补充工作上的内容,同时,外呼机器人可全年无休,保持 7×24 小时呼叫。

4. 精准锁客

通过 CRM 系统进行人群包筛选,使用外呼机器人完成外呼。通过语音识别,对于不同业务场景意图进行分析和打标,自动识别会员意向并精准分类,精准锁客,为会员运营助力。

最终,该案例在 2022 年 4 月 1 日至 2022 年 12 月 31 日,激活沉睡会员 3.3 万人,私域引流 5.2 万人,项目整体销售 783 万+,客效 210 元,覆盖门店 174 家。数字化工具实战应用,为线下导购消费者运营维护提高效率,助力门店会员回流。它的推广价值不仅在于通过数字化工具提升运营效率,围绕消费者挖掘价值,赋能门店,同时其还拥有真人录音、智能点子库、差异化策略,可实现精细化、差异化消费者深度运营。

2.8　智慧金融

2.8.1　智慧金融概述

智慧金融（Smart Finance）依托于互联网技术，运用大数据、人工智能、云计算、区块链等金融科技手段，使金融行业在业务流程、业务开拓和客户服务等方面得到全面的智慧提升，实现金融产品、风控、营销、服务的智慧化。

金融主体之间的开放和合作，使得智慧金融表现出高效率、低风险的特点。具体而言，智慧金融具有透明性、即时性、便捷性、灵活性、高效性和安全性。

1. 透明性

智慧金融解决了传统金融的信息不对称。基于互联网的智慧金融体系，围绕公开透明的网络平台，共享信息流，许多以前封闭的信息，通过网络变得越来越透明化。

2. 即时性

智慧金融是在互联网时代的传统金融服务演化的更高级阶段。智慧金融体系下，用户应用金融服务更加便捷，用户也不会愿意再因为存钱、贷款，去银行网点排上几个小时的队。目前有的自主搭建的大数据平台，已经可以方便地处理几百万用户多达亿级的节点维度数据，3C 类分期贷款审批平均在 4 分钟左右就可以完成，而传统金融人工信贷审查的时间可能为 10 个工作日（如信用卡审批）。未来，即时性将成为衡量金融企业核心竞争力的重要指标，即时金融服务肯定会成为未来的发展趋势。

3. 便捷性、灵活性、高效性

智慧金融体系下，用户应用金融服务更加便捷。智慧金融体系下，金融机构获得充足的信息后，经过大数据引擎统计分析和决策就能够即时做出反应，为用户提供有针对性的服务，满足用户的需求。另外，开放平台融合了各种金融机构和中介机构，能够为用户提供丰富多彩的金融服务。这些金融服务既是多样化的，又是个性化的；既是打包的一站式服务，也可以由用户根据需要进行个性化选择、组合。

4. 安全性

一方面，金融机构在为用户提供服务时，可依托大数据征信弥补我国征信体系不完善的缺陷，在进行风控时数据维度多，决策引擎判断精准，反欺诈成效好；另一方面，互联网技术对用户信息、资金安全等的保护措施很完善。

2.8.2　智慧金融应用

在大数据平台和 AI 平台支撑下进行数据资产的开发及算法模型构建，最终实现投资研究、风险内控、财富管理等场景智能化产品的研发、落地与应用。业务实践结果表明，这些智能化产品显著提升了金融服务的智慧化水平，提高了业务的经营效益，有助于推动银行智慧化转型、高质量发展进程。

1. 基础服务业务

（1）智能获客。依托大数据，对金融用户进行画像，通过需求响应模型，极大提升获客效率。

（2）身份识别。以人工智能为内核，通过活体识别、图像识别、声纹识别、OCR 识别等技术手段，对用户身份进行验真，大幅降低核验成本。

（3）智能客服。基于自然语言处理能力和语音识别能力，拓展客服领域的深度和广度，大幅降低服务成本，提升服务体验。

（4）金融云。依托云计算能力的金融科技，为金融机构提供更安全、高效的全套金融解决方案。

（5）区块链。区块链透明且不可篡改的特性，在金融领域具有广阔的应用场景。目前区块链已率先应用于资产证券化过程中，使整个流程更透明、更安全。

2. 投资研究领域——智能投研

智能投研的主要功能是帮助投研人员进行行业知识的提炼、总结、关联，构建出行业、企业等主体更加清晰、完整的关联关系及事件关系全景拓扑网络视图，并在此基础上进行风险及事件预测，辅助研判行业趋势。在智能化应用过程中，将大量文本形式的行业研究报告、债券评级报告等作为分析挖掘的基础数据，从报告中提取出关键信息，自动构建关联知识图谱，一方面帮助投研人员对报告核心内容进行迅速、便捷、全面的检索，另一方面基于模型前瞻性地预判企业可能面临的金融风险，更深入地辅助投研人员进行投资决策。

该智能化产品应用后极大提高了投研人员的分析效率。通常情况下，人工进行深入分析、梳理大概要花费 2 小时左右的时间，而智能投研产品能够在 1 分 30 秒内迅速完成对报告内容的解析、提炼，以关联图谱的形式进行展示，并可应用于检索查询及深入的挖掘预测。

3. 风险内控领域——智能安防

智能安防主要通过大数据、算力、算法的结合，搭建反欺诈、信用风险等模型，多维度控制金融机构的信用风险和操作风险，同时避免资产损失。应用于商业银行内部违规操作、可疑交易等风险事件的识别、预警与排查，以降低违规交易事件带来的资金损失。

在具体的智能化应用实践中，首先对历史风险事件案例信息进行结构化处理，提取其中的风险特征，形成违规操作风险指标库；然后结合交易账户相关主体的资金、信贷、往来等多维数据，构建资金账户关联图谱这一数据资产；再在关联图谱的基础上采用此前构建的模型进行关联风险提取，并结合风险指标库深度挖掘可能的违规交易事件。该智能化产品应用后取得了显著的业务效果，会计风险案件核查准确率明显提高，为内控合规建立了一道有效的智能化风险防线。

4. 财富管理领域——智能投顾

基于大数据和算法能力，对用户与资产信息进行标签化，精准匹配用户与资产。智能投顾旨在为客户推荐符合其特点的个性化资产配置组合。一方面在客户端评估刻画投资者的风险属性、行为偏好等特征,形成客户的全面画像;另一方面在资产端分析并筛选当前金融市场走势下的有效资产组合,最终通过客户特征与有效资产的结合映射,形成个性化的资产组合推荐。

在具体的智能化应用过程中,首先对场景相关数据进行汇集及工程化处理,形成股票、基金等金融产品,以及与客户相关的特征因子库数据资产;然后在数据资产的基础上进行资产配置与推荐相关的业务模型。除了经典的均值-方差模型外,还重点采用前述的期权定价模型(Black-Scholes-Merton model,BSM),将资产风险收益与客户行为特征同时纳入模型进行分析,为客户提供个性化的金融资产配置及推荐。该智能化产品应用后,能及时、充分识别资产的风险收益特点,有效控制资产组合的整体风险,并基于客户的偏好特点进行配置与推荐,提高相关资产的点击率及购买率。

2.8.3 智慧金融与传统金融的区别

1. 传统金融的痛点

(1)金融供给多样性不足。传统金融一直以来服务的对象都是金字塔尖上 20% 的部分,对于金字塔下的大多长尾群体覆盖不足,如何差异化为这部分群体提供金融服务,仍是当前待解难题。

(2)金融需求未得到有效满足。金融本身就是在创造财富中占据重要作用的工具。从需求角度,每个人都有获得金融服务的需求,金字塔下 80% 的人群也一样需要金融来实现自己的小梦想。长尾群体不乏优质群体,但由于信息不对称或征信空白等将导致需求无法得到满足。

(3)金融服务的便利性不足。传统金融服务主要通过线下物理网点服务来满足客户金融服务需求,受制于人力、时间和空间的限制,为不同类型群体提供金融服务,往往需要花费很大的时间成本和精力。

智慧金融和传统金融虽然在本质上都推动资金的有序流动,但是,智慧金融并不是传统金融信息化的升级版本,也不是传统金融的网络化。事实上,智慧金融和传统金融有显著区别,智慧金融彻底改变了传统金融的服务主体、服务内容、服务方式和服务组织。

2. 智慧金融与传统金融的四大区别

(1)服务主体不同。

在传统金融情况下,金融机构与用户形成一对一的服务关系,也就是说金融机构分别向每一个用户提供服务。银行、保险、证券及中介服务机构等,凭借自身建设的网点、网站,分别为客户提供金融服务。各家金融机构及中介服务机构各自为战,竞争多于合作。每个金融机构基本上独立完成主要的营销活动,包括寻找用户、制定营销组合、进行售后服务等。例如,当前大企业的贷款业务,通常由银行单独完成,甚至包括贷前、贷中、贷后的全部流程。而如今,中国的中小企业已达到千万量级,由银行包揽全部业务显然不现实。原有金融服务模式已经不能满足实际的发展需要。

而在智慧金融体系下,金融服务的形式呈现多对一的服务关系,即多个金融机构通过合作连接在一起,形成一个共同体,各尽所长,形成一个完善的产品,共同服务同一个用户。金融机构之间,以及金融机构与用户之间依托开放的服务平台,互联互通,相互交换信息,形成紧密的分工和协作关系。而每个金融机构都只是服务链条的一个节点,按照服务分工,充分发挥自身优势,为用户提供专业化的服务。所有这些节点的专业化服务汇集到一起,形成一个完整的一站式服务包,分别作为一个整体,呈现给用户。

(2)市场主导不同。

传统金融服务模式下,银行在客户服务关系中处于支配地位,起到主导作用。现阶段,我国企业融资渠道少,银行成为企业融资的主要来源,形成所谓的银行主导型金融体系。然而,企业的发展迫切需要大规模的资金,尤其是中小企业更是面临融资困难的局面。资金是企业正常运转的血液,企业维持运营、提升技术、开拓市场都离不开资金的支撑。融资渠道不畅,导致银行的资金成为各方争抢的稀缺资源,供不应求。

在智慧金融阶段,用户跃升为整个金融服务链条的核心,形成用户主导型的金融服务体系。在智慧金融阶段,全社会的信息透明度更高,资本市场更发达,银行贷款、租赁、证券市场等融资模式更加完善。那些盈利能力强、信用记录好的企业更容易受到金融机构的青睐,成为金融机构抢夺的目标客户。为了提高竞争能力,金融机构会联合其他机构进行产品和服务的创新,提高服务质量,开拓更广泛的市场。

(3)服务的状态不同。

智慧金融体系永远处在动态调整过程中,而传统金融服务体系在某一段时间内,处于相对静态中。传统金融体系下,由于信息获取渠道不畅,信息感知和分析能力滞后,金融体系的每一次决策和行动后,都会保持一段时间的相对稳定,直到信息积累到一定程度,才会被应用于决策,推动金融体系采取下一步行动。

智慧金融体系内,不断流动着信息流、信用流、任务流和资金流,整个系统处在动态的变化过程中。用户在变化、合作伙伴在变化、其他金融主体在变化、环境在变化,这一切的变化都会被金融主体及时地感知和分析,并不断调整自己的策略和行动,以适应外界的变化。这些变化永不停止,驱动整个金融体系保持相对稳定性和动态演化。

(4)演化的动力不同。

传统金融体系的发展动力是组织的力量。在传统金融体系下,政府在制定金融规则和改变规则的过程中,具有更大的主动权,甚至超过了银行等金融机构和市场本身的驱动力。政府是规则的制定者和变革者,金融机构是实现经济、金融目标的桥梁。金融机构在政府制定的规则框架下运行,既是金融演进过程中的受益者,也是金融风险的主要承担者。

智慧金融体系的形成和演化都是一个自组织过程。金融机构主体通过不断感知外界信息,自发地、自主地向调整演化方向加速,从而提高服务效率,降低金融风险。在这个过程中,体系内的主体通过竞争和协同,在信息和利益的不断交换中约束彼此,协同耦合,从而保持整个体系的有序运行。智慧金融体系下的发展动力是系统内部各主体之间的竞争和协同,当然也处于政府金融监管之下。

智慧金融与传统金融有着本质差别,这也启示我们在智慧金融建设过程中,要尊重智慧金融发展的规律性,科学规划,充分发挥金融主体的积极性和创造力。

拓展阅读　桂林银行推出元宇宙数字人服务

2023 年 3 月,桂林银行携手科大讯飞推出了"元宇宙数字人 2.0",以 AI 虚拟人为载体,为客户提供智能化、人性化、沉浸式的金融服务。

产品特色:技术更先进、交互更流畅。"元宇宙数字人 2.0"采用了行业领先的多人人脸融合技术,通过将人脸编辑算法与多模态语音驱动算法深度结合,形成集人脸融合、单张图片视频换脸、口唇驱动于一体的整体解决方案,突破了对特定人的数据的依赖,塑造出了达到真人形态的虚拟数字人形象。和数字人交互的实时音视频网络传输协议采用先进的 XRTC 私有化协议,相较于传统 RTMP 协议,其交互延迟从 800 ms 降低至 500 ms 以内,可极大提升客户体验。

内容更丰富、服务更贴心。优质的服务除了技术加持,更离不开丰富且人性化的内容支撑。"元宇宙数字人 2.0"新增了基础服务、投资理财、贷款服务、信用卡、生活服务等 8 大功能模块,共涉及 106 项业务场景,客户还可根据喜好选择不同的数字人形象,同时,它还具备桂林银行常见的金融问题问答、日常闲聊等功能,可随时随地为客户提供全方位贴心服务。

形式更新颖、体验更沉浸。"元宇宙数字人 2.0"以动画为入口标识,动画形象活泼灵动又懵懂可爱。会话交互界面以桂林银行主题色为基调,交互形式多样,背景参考桂林银行线下营业网点进行设计,为客户提供更沉浸的体验。

截至 2023 年 2 月末,桂林银行合作打造的虚拟"数字人"服务平台已"辐射"超 500 万手机银行客户,提供超 19 万次服务,有效提高了桂林银行的金融服务能力。

习　题　2

一、填空题

1.《智慧城市标准化白皮书(2022 版)》提出了智慧城市基本原理,确立了_____、_____、_____、_____及_____ 5 个智慧城市核心能力要素。

2. 基于未来人类社会对于家居生活的更高层次的场景需求,近年来提出了"6S"智慧家居系统概念,包括_____、_____、_____、_____、_____,以及_____。

3. 智慧医疗是指在现代信息技术的支撑下,利用人工智能的方法和技术提高医疗服务的能力和质量,实现医疗的_____、_____和_____。

4. 智慧教育是指基于现代教育理念,利用_____及现代信息技术所形成的智能化、泛在化、个性化、开放性教育模式。智慧教育的四层基本架构为_____、_____、_____、_____。

5. 智慧教育是一个比智慧校园和智慧课堂更为宏大的命题,可以理解为一个智慧教育系统,其中,核心是_____。

二、选择题

6. 智慧城市的应用体系,不包括智慧(　　)体系。

A. 物流　　　　　　B. 制造　　　　　　C. 军工　　　　　　D. 公共服务

7. 以下哪一个不属于智慧交通领域？（　　　）

A. 智能红绿灯　　　B. 智慧港航　　　C. 智慧停车　　　D. 机器翻译

8. 智能家居是以（　　　）为平台，通过物联网技术将家中的各项设备连接到一起，以实现智能化的一种生态系统。

A. 住宅　　　　　　B. 小区　　　　　　C. 街道　　　　　　D. 花园

9. 电子健康档案、DNA测试和新的成像技术在不断生产大量数据。收集和存储这些数据对于医疗工作者而言（　　　）。

A. 是容易实现的机遇　　　　　　　　　B. 是难以接受的挑战

C. 是一件额外的工作　　　　　　　　　D. 既是挑战也是机遇

10. 过去，检测身体健康发展情况需要用到特殊的设备，或是需要不辞辛苦地去医院就诊。（　　　）使得健康信息的检测变得更简单易行。低成本的个人健康检测程序及相关技术甚至"唤醒"了全民对个人健康的关注。

A. 报纸上刊载的自我检测表格　　　　　B. 手机上流传的健康保健段子

C. 可穿戴的个人健康设备　　　　　　　C. 现代化大医院的门诊检查

三、思考题

11. 想一想生活中人工智能还有哪些应用的领域？它的特点是什么？

12. 选一个人工智能领域，想一想如何用代码实现人工智能与该领域的结合。

第3章

知识工程

知识目标	思政与素养
掌握知识表示的概念并学会运用知识表示的各种方法。	学习知识表示、搜索技术,建立科学思维和推理机制,培养解决实际问题的能力。
熟悉并掌握知识图谱的概念和应用。	学习知识图谱,培养创新思维,拓宽发散空间,激发动手的兴趣,提高实践能力。

实例导入 "美团大脑"是什么?

　　作为人工智能时代最重要的知识表示方式之一,知识图谱能够打破不同场景下的数据隔离,为搜索、推荐、问答、解释与决策等应用提供基础支撑。

　　美团作为中国最大的在线本地生活服务平台,连接着数亿用户和数千万商户,其背后蕴含着丰富的与日常生活相关的知识。美团知识图谱团队从 2018 年开始着力于图谱构建和利用知识图谱赋能业务,改善用户体验。具体来说,"美团大脑"是通过对美团业务中千万数量级的商户、十亿级别的商品和菜品、数十亿的用户评论和百万级别的场景进行深入的理解来构建用户、商户、商品和场景之间的知识关联,进而形成的生活服务领域的知识大脑。目前,"美团大脑"已经覆盖了数十亿实体、数百亿的三元组,在餐饮、外卖、酒店、到综等领域均验证了知识图谱的有效性。

　　图 3-1 所示的是"美团大脑"构建的整体 RoadMap,最先是 2018 年开始的餐饮知识图谱构建,对美团丰富的结构化数据和用户行为数据进行初步挖掘,并在一些重要的数据维度上进行深入挖掘,比如对用户评论进行情感分析。2019 年,以标签图谱为代表,重点对非结构化的用户评论进行深入挖掘。2020 年以后,开始结合各

领域特点,在各个领域逐步展开深度数据挖掘和建设,包括商品、美食、酒旅、到综和 cross 图谱等。

美团大脑是什么?

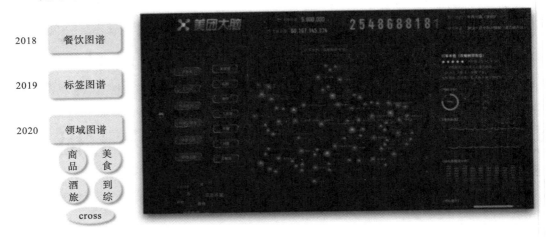

2018　餐饮图谱

2019　标签图谱

2020　领域图谱

商品　美食　酒旅　到综　cross

图 3-1　"美团大脑"构建的整体 RoadMap

所有这一切,都依赖于人工智能背后的两大技术驱动力:深度学习和知识图谱。深度学习为隐性的模型,它通常面向某一个具体任务,比如下围棋、识别猫、人脸识别、语音识别等。通常而言,在很多任务上它能够取得非常优秀的结果,同时它也有非常多的局限性,比如说它需要海量的训练数据,以及非常强大的计算能力,难以进行任务上的迁移,而且可解释性比较差。另一方面,知识图谱是人工智能的另外一大技术驱动力,它能够广泛地适用于不同的任务。相比深度学习,知识图谱中的知识可以沉淀,可解释性非常强,类似于人类的思考。

知识工程是人工智能的一个重要分支,它主要关注如何将专家的知识和领域经验转化为计算机可以理解和使用的形式。在知识工程中,一个关键的概念是知识库,它是存储和组织信息的地方。这些信息可以是事实、规则、概念或者模型,它们被组织成一种结构化的方式,以便于计算机进行处理。知识工程包括一些关键的任务,例如:知识获取、知识表示、知识推理、知识验证、知识更新等。本章将从构成知识的基本单元概念表示开始,讲述如何进行知识表示,最后讲述知识工程的最新应用形式——知识图谱。知识工程可用于解决复杂的问题,提高决策的质量和效率。

3.1　概念表示

知识是人工智能最重要的部分,知识由概念组成。概念是构成人类知识世界的基本单元,知识自身也是一个概念。因此,要想准确地表达知识,必须以能够准确地表达概念为前提条件。概念的精确定义就是可以给出一个命题(Proposition),即给出一个非真即假的陈述句。

▉ 3.1.1　经典概念表示

概念(Conception)是人类在认识过程中,从感性认识上升到理性认识,把所感知的事物的共同本质特点抽象出来并加以概括得到的,是自我认知意识的一种表达。概念是用词语来反映客观事物本质的思维形式。概念一般由概念名、概念的内涵与外延三部分组成。

概念名由一个词语来表示,属于符号世界或者认知世界。

概念的内涵就是概念的含义、内容,也就是人们常说的定义(名词),是用语词来反映客观事物的本质属性。概念的内涵用命题来表示,所谓命题就是非真即假的陈述句。

概念的外延则是其所反映的客观事物集合,由具体实例组成。例如英文字母的概念名为英文字母。英文字母的内涵表示为如下命题:英语单词里使用的字母符号(不区分大小写和字体)。英文字母的外延表示为经典集合{a,b,c,d,e,f,g,h,i,j,k,l,m,n,o,p,q,r,s,t,u,v,w,x,y,z}。

概念的内涵与外延之间的关系可以用"映射"来称呼,并且二者都可以看作是集合,且具有如下特点。

(1)一个概念的外延集合存在空集。并不是所有的概念都映射着现实存在的事物,比如说永动机这个概念就不存在所对应的客观事物,也就是说,其外延集合为空集。我们目前也没有发现外星人,故而其在当前实践中也应当算是空集。

(2)一个客观事物不一定存在相对应的内涵,因为人类可能尚未认识到其存在。比如说黑洞没有被发现之前,不可能存在着与其对应的概念内涵。宇宙是无限的,我们一直在不断地发现新事物,同时也在不断地生成新的概念内涵。

(3)概念是根据人的实践而来的,一个概念的内涵和外延不是一成不变的。即使是对于同一个事物,随着人类对其认识的发展,对其定义也会发生变化,有时也会丰富和改造旧的概念内涵。比如牛顿定义了力的概念,开辟了物理学的新境界。

(4)由于自然语言的模糊性,即使是同一个概念,在具体情境下也可能存在着内涵和外延集合的差异。一般,人们在日常生活中并不会对谈话中涉及的概念进行明确限定,这是没有必要的,但有时候会因此产生误会。比如,全国各地对于"青菜"这个词的理解是不同的,在有的地方,青菜指特定品种的蔬菜,而在有的地方,其是指所有绿叶蔬菜等。

(5)具有相似性的不同的概念、定义容易混淆。例如,"归墟"可能是古人对黑洞的认识。对于现代的"明星""萌新"这些词汇,也可追溯其古义。这是时代发展产生的新意义,并非是古人可预见的。这与同一概念的发展不同,当一个语词的外延和内涵都改变之后,明显不应当称新旧两词为同一个概念。

▉ 3.1.2　数理逻辑

数理逻辑(Mathematical Logic)是用数学方法研究逻辑或形式逻辑的学科,其本质上仍属于知性逻辑的范畴。数理逻辑是一门研究推理的科学,在人工智能的发展中起到了重要的基础作用。本小节将介绍知识表示所需要的逻辑基础,主要包括命题、联结词、谓词、量词、个体词等。

1. 命题

一个陈述句称为一个断言,凡具有真假意义的断言称为命题。命题的意义通常只有真、假两种情况。当命题的意义为真时,则称该命题为真,记为 T;反之,则称该命题的真值为假,记为 F。在命题逻辑中,命题通常用大写字母表示。没有真假意义的感叹句、疑问句等,都不是命题。在命题逻辑中,简单命题常用 p、q、r、s、t 等小写字母表示。命题可符号化表示如下。

(1) 原子(Atomic)命题:不含联结词的命题。

(2) 复合(Compound)命题:含联结词的命题。

(3) 逻辑真假值:0,1 或 F,T。

在自然语言中,不是所有的语句都是命题。

(1) 您去体育馆吗?

(2) 打球去!

(3) 兔子!

(4) 那句话是废话。

(5) 好嘛,你……

(6) $y=3$。

(7) 两个偶数之和是奇数。

(8) 欧拉常数是无理数。

(9) 有瑕疵的翡翠依然是翡翠,再完美的苍蝇也只能是苍蝇。

(10) 任何人都会死,苏格拉底是人,因此,苏格拉底是会死的。

(11) 如果下雪,则我打伞。

(12) 三边都相等的三角形是等边三角形,也叫正三角形。

(13) 李白要么擅长写诗,要么擅长喝酒。

(14) 李白既不擅长写诗,又不擅长喝酒。

以上这些句子中,(1)～(6)都不是命题,其中,(1)(2)(3)(5)不是陈述句。(4)不能判断真假,既不能说其为真,又不能说其为假,这样的陈述句称为悖论。(6)的真假值依赖于 y 的取值,不能确定。

(7)～(14)都是命题。作为命题,其对应真假的判断结果称为命题的真值,真值只有两个:真或假。真值为真的命题称为真命题,真值为假的命题称为假命题。真命题表达的判断正确,假命题表达的判断错误,任何命题的真值唯一。

在以上的例子中,(7)是假命题。

虽然到现在也不知道欧拉常数是不是无理数,但是欧拉常数作为一个实数是确定存在的,其要么是无理数,要么是有理数,(8)必定是真命题或者假命题,这并不是悖论,只是现在的我们还不知道其真假。因此(8)是命题。

(9)～(14)也是命题,其复杂性比(7)和(8)要高。实际上,作为命题,(7)和(8)不能再分解成更为简单的命题,这种不能分解为更简单命题的命题称为简单命题或者原子命题。在命题逻辑中,简单命题是基本单位,不再细分。在日常生活中,经常使用的命题大多不是简单命题,而是通过联结词联结而成的命题,称为复合命题,如(9)~(14)。

2. 联结词

联结词用来连接简单命题,其是将简单命题构成复合命题的逻辑运算符号。常见的逻辑联结词有以下五个。

(1) 否定联结词(Negation)。

设 p 为一个命题,复合命题"非 p"称为 p 的否定式,记为¬p,"¬"称为否定联结词。"¬p"为真,当且仅当 p 为假。表示对其后面的命题的否定,使该命题的真值与原来相反。

例如,将命题符号化,令 p:13 是奇数。则 13 不是偶数可表示为¬p。

在自然语言中,否定联结词一般用"非""不"等表示,但是,不是自然语言中所有的"非""不"都对应否定联结词。

(2) 合取联结词(Conjunction)。

设 p、q 为两个命题,复合命题"p 而且 q"称为 p、q 的合取式,记为 p∧q,"∧"称作合取联结词。p∧q 为真,当且仅当 p 与 q 同时真。

例如,令 p:他健身,q:他听歌。则原命题可以符号化为 p∧q。

在自然语言中,合取联结词对应相当多的连词,如"既 …… 又 ……""不但 …… 而且 ……""虽然 …… 但是 ……""一面 …… 一面 ……""一边 …… 一边 ……"等都表示两件事情同时成立,可以符号化为∧。同时,也需要注意不是所有的"与""和"都对应∧,比如"赵构与秦桧是同谋"。

(3) 析取联结词(Disjunction)。

设 p、q 为两个命题,复合命题"p 或者 q"称为 p、q 的析取式,记为 p∨q,"∨"称作析取联结词。p∨q 为真,当且仅当 p 与 q 中至少有一个为真。

例如,令 p:她语文成绩好,q:她英语成绩好。则原命题可以符号化为 p∨q。

特别注意的是,自然语言中的"或者"与∨不完全相同,自然语言中的"或者"有时是排斥或,有时是相容或。而在数理逻辑中,∨是相容或。

(4) 蕴涵联结词(Conditional)。

设 p、q 为两个命题,复合命题"如果 p,则 q"称为 p 对 q 的蕴涵式,记作 p→q,其中,称 p 为此蕴涵式的前件,称 q 为此蕴涵式的后件,称"→"为蕴涵联结词。"p→q"为假,当且仅当 p 真而 q 假。注意,当 p 为假时,无论 q 为真或为假,p→q 总为真。

例如,令 p:下雨,q:你打伞。则原命题可以符号化为 p→q。

需要指出的是,日常生活里 p→q 中的前件 p 与后件 q 往往存在某种内在联系;而在数理逻辑里,并不要求前件 p 与后件 q 有任何联系,前件 p 与后件 q 可以完全没有内在联系。

(5) 等价联结词(Biconditional)。

设 p、q 为两个命题,复合命题"p 当且仅当 q"称作 p、q 的等价式,记作 p↔q,"↔"称作等价联结词。p↔q 为真,当且仅当 p、q 同时为真或同时为假。

例如,令 p:两个圆的面积相等,q:两个圆的半径相等。则原命题可以符号化为p↔q。

上述五个联结词来源于日常使用的相应词汇,但并不完全一致,在使用时要注意:以上联结词组成的复合命题的真假值一定要根据它们的定义去理解,而不能根据日常语言的含义去理解;不能"对号入座",如见到"或"就表示为"∨";有些词含义不同,但也可表示为这五个联结词,如"但是"也可表示为"∧";以后我们主要关心的是命题间的真假值的关系,而不讨论命题的内容。例如,老王或老李中的一个人去出差,当且仅当不是他们都去或者都不去。p 为"老王去出差";q 为"老李去出差"。则原命题符号化的结果是(测试):$((p \wedge \neg q) \vee (\neg p \wedge q)) \leftrightarrow (\neg((p \wedge q) \vee (\neg p \wedge \neg q)))$。

3. 谓词

谓词(关系),表示性质、关系等,相当于句子中的谓语。谓词变元指的是数理逻辑中表示某一范围的任一谓词,用大写英文字母 $F, G, H, \cdots$ 表示。例如,$F(x)$:x 是人,$G(x,y)$:x 与 y 是兄弟。

n 元谓词:一般地,含有 n 个($n > 1$ 或 $n = 1$)个体变项 $x_1, x_2, \cdots, x_n$ 的谓词 F 称为 n 元谓词。在这里,$F(x)$ 是一元谓词,$G(x,y)$ 是二元谓词。

当 F 是谓词常项时,0 元谓词就是命题。任何命题都是 0 元谓词,命题完全可以看作是特殊的谓词。

4. 量词(Quantifier)

前面所述元素能构成有效的表示,但是缺乏有效的方法来表达多个命题。要夸大命题演算的能力,需要使用变量,将会用到量词。

常见词如"一切""所有""任意""每一个""凡""都"等都称为全称量词。符号为 ∀。

常见词如"存在""有一个""有的""至少有一个"等都称为存在量词,符号为 ∃。

常见词"恰好存在一个"等称为唯一存在量词。

设 $F(x)$:x 是自然数;$G(x)$:x 是偶数;$H(x)$:x 是奇数;$I(x,y)$:$x = y$。加上量词可以表达如下命题:"有些自然数是偶数""既有奇数又有偶数""存在既奇又偶的数"。

5. 个体词

个体常项(Constant)是可以独立存在的客体,可以是一个具体的事物,也可以是一个抽象的概念,用小写英文字母 $a, b, c, \cdots$ 表示。例如,a:王大明;b:王小明;$G(x,y)$:x 与 y 是兄弟;$G(a,b)$:王大明与王小明是兄弟。

个体变项(Varible),表示不确定的泛指对象,用小写英文字母 $x, y, z, \cdots$ 表示。例如,$F(x)$:x 是人;$G(x)$:x 是数;"存在着人":$\exists x F(x)$;"万物皆数":$\forall x G(x)$(也就是量词表示)。

个体域(Scope 论域):个体词的取值范围,缺省(Default)采用全总个体域。

应注意以下几点。

(1) 谓词、函数一般要求有一定的客体(个体词),如 $L(x,y)$,$F(a,b)$。

(2) 在个体域中,关系的取值只有"T"和"F"。

(3) 若含有多个个体词,个体词的顺序颠倒后,谓词含义变得不同,如 $L(x,y)$ 与 $L(y,x)$ 不同,$F(x,y)$ 与 $f(y,x)$ 也不同。

(4) 有时函数也可用关系表示,如 $x + y = z$,$E(x,y,z)$ 或 $f(x,y)$ 表示 $x + y$。

(5) 命题逻辑中的联结词同样出现在一阶逻辑中。

3.2　知 识 表 示

按照符号主义的观点,知识是一切智能行为的基础,要想让计算机是智能的,首先必须使计算机能拥有、表示和使用知识。

3.2.1　知识表示概述

知识的概念可以从以下两个方面来讨论,即知识与知识表示的相关定义。

1. 知识

(1) 知识的定义。

知识的一般性解释为人们在改造客观世界的实践中积累起来的认识和经验,按知识的信息加工观点,知识是对信息进行智能性加工所形成的对客观世界规律性的认识,即知识＝信息＋关联。常用的关联形式为:如果……,则……。例如,如果大雁向南飞,则冬天就要来临了。独具代表性的观点有:1994 年,图灵奖获得者、知识工程之父费根鲍姆认为,知识是经过消减、塑造、解释和转换的信息。英国著名教育学家伯恩斯坦认为,知识是由特定领域的描述、关系和过程组成的。从知识库的观点来看,知识是某领域中所涉及的有关方面的一种符号表示。一般认为,知识是人们在长期的生活及社会实践中、科学研究及实验中积累起来的对客观世界的认识和经验。人们把在实践中获得的信息有机地组合在一起,就形成了知识。

一般来说,把有关信息关联在一起所形成的信息结构称为知识。

(2) 知识的特性。

① 相对正确性。任何知识都是在一定的条件及环境下产生的,在这种条件及环境下才是正确的。例如,王安石(1021—1086)曾写"西风昨夜过园林,吹落黄花满地金"。苏轼(1037—1101)曾写"秋花不比春花落,说与诗人仔细吟"。后来,王安石将苏轼贬到黄州任团练使,他也见到了落下的菊花。

②不确定性。不确定性可以由随机性、模糊性、经验性、不完全性引起。例如,"如果头痛且流涕,则有可能患了感冒"这条知识,虽然大部分情况下,"头痛且流涕"是患了感冒,但有时候具有"头痛且流涕"症状的人不一定都是"患了感冒"。其中的"有可能"实际上就反映了"头痛且流涕"与"患了感冒"之间的一种不确定的因果关系。

(3) 知识的类型。

① 按知识的作用效果可将知识分为陈述性知识或事实性知识、过程性知识或程序性知识、控制性知识或策略性知识。陈述性知识或事实性知识(零级)用于描述事物的概念、定义、属性,或状态、环境、条件等,回答"是什么?""为什么?"。过程性知识或程序性知识(一级)用来描述问题求解过程所需要的操作、演算和行为,回答"怎么做?"。控制性知识或策略性知识(二级)是关于如何使用过程性知识的知识,如推理策略、搜索策略、不确定性的传播策略。

② 按知识的确定性可将知识分为确定性知识和不确定性知识。确定性知识是可以

给出其"真""假"的知识;不确定性知识是具有不确定特性(不精确、模糊、随机、不完备、非单调)的知识。

③ 按知识的适用范围可将知识分为常识性知识和领域性知识。常识性知识包括通用通识、普遍知道的知识;领域性知识是某个具体领域的知识,如专家经验等。

2. 知识表示

知识表示的解释,是对知识的描述,即用一组符号把知识编码成计算机可以接受的某种结构,其表示方法不唯一。知识表示的要求如下。

(1)表示能力。它是指能否正确、有效地将问题求解所需要的知识表示出来。

(2)可利用性。它是指表示方法应有利于进行有效的知识推理。包括对推理的适应性,对高效算法的支持程度。

(3)可组织性与可维护性。可组织性是指可以按某种方式把知识组织成某种知识结构。可维护性是指要便于对知识进行增、删、改等操作。

(4)可理解性与可实现性。可理解性是指知识应易读、易懂、易获取等。可实现性是指知识的表示要便于在计算机上实现。

知识表示的基本方法可以分为非结构化方法的一阶谓词逻辑与产生式表示法,以及结构化方法的语义网络法与框架表示法,其他的常见方法有状态空间法和问题规约法。

▌▌ 3.2.2 谓词逻辑表示法

谓词(Predicate)用来表示谓词逻辑中的命题,形如 $P(x_1, x_2, \cdots, x_n)$,其中,P 是谓词名,即命题的谓语,表示个体的性质、状态或个体之间的关系。

定义 1:设 D 是个体域,$P: D^n \rightarrow \{T, F\}$ 是一个映射,其中

$$D^n = \{(x_1, x_2, \cdots, x_n) | x_1, x_2, \cdots, x_n \in D\}$$

则称 P 是一个 n 元谓词,记为 $P(x_1, x_2, \cdots, x_n)$,其中,$x_1, x_2, \cdots, x_n$ 为个体,可以是个体常量、变元和函数。例如,GREATER$(x, 6)$,表示 x 大于 6。

定义 2:设 D 是个体域,$f: D^n \rightarrow D$ 是一个映射,其中

$$D^n = \{(x_1, x_2, \cdots, x_n) | x_1, x_2, \cdots, x_n \in D\}$$

1. 谓词逻辑表示步骤

先根据要表示的知识定义谓词,再用连词、量词把这些谓词连接起来。

例 3.1 表示知识"所有教师都有自己的学生"。

解 先定义谓词。

$T(x)$:表示 x 是教师。

$S(y)$:表示 y 是学生。

TS(x, y):表示 x 是 y 的老师。

然后将知识表示如下:$(\forall x)(\exists y)(T(x) \rightarrow TS(x, y) \land S(y))$。

可读作,对所有 x,如果 x 是一个教师,那么一定存在一个个体 y,y 是学生,且 x 是 y 的老师。

例 3.2 机器人移盒子,如图 3-2 所示。

解 分别定义描述状态和动作的谓词。

描述状态的谓词如下。

TABLE(x):x 是桌子。

EMPTY(y):y 手中是空的。

AT(y,z):y 在 z 处。

HOLDS(y,w):y 拿着 w。

ON(w,x):w 在 x 桌面上。

变元的个体域如下。

图 3-2 机器人移盒子

x 的个体域是 $\{a,b\}$。

y 的个体域是 $\{robot\}$。

z 的个体域是 $\{a,b,c\}$。

w 的个体域是 $\{box\}$。

机器人行动的目标是把问题的初始状态转换为目标状态,而要实现问题状态的转换需要完成一系列的操作。

描述操作的谓词:条件部分,用来说明执行该操作必须具备的先决条件,用谓词公式来表示;动作部分,给出了该操作对问题状态的改变情况,通过在执行该操作前的问题状态中删去和增加相应的谓词来实现。

任务的执行过程:初始状态下,机器人在 c 处;机器人从 c 移动到 a;在 a 处拿起箱子;从 a 移动到 b;在 b 处放下箱子;从 b 回到 c。在该任务的执行过程中,机器人每执行一步操作前,都要检查该操作的先决条件是否可以满足。如果满足,就执行相应的操作;否则继续检查下一个操作。

各操作的条件和动作如下。

(1) Goto(x,y)。

条件:AT(robot,x)。

动作:AT(robot,x),删除表;

AT(robot,y),添加表。

(2) Pickup(x)。

条件:ON(box,x),TABLE(x),AT(robot,x),EMPTY(robot)。

动作:EMPTY(robot),ON(box,x),删除表;

HOLDS(robot,box),添加表。

(3) Setdown(x)。

条件:AT(robot,x),TABLE(x),HOLDS(robot,box)。

动作:HOLDS(robot,box),删除表;

EMPTY(robot),ON(box,x),添加表。

机器人行动规划问题的求解过程如下。

(1) 状态 1(初始状态)。

$$AT(robot, c)$$
$$EMPTY(robot)$$

$$=====\overset{开始}{=====}=>$$

$$ON(box, a)$$
$$TABLE(a)$$
$$TABLE(b)$$

（2）状态 2。

$$AT(robot, a)$$
$$EMPTY(robot)$$

$$=====\overset{Goto(c,a)}{=====}=>$$

$$ON(box, a)$$
$$TABLE(a)$$
$$TABLE(b)$$

（3）状态 3。

$$AT(robot, a)$$
$$HOLDS(robot, box)$$

$$=====\overset{Pickup(a)}{=====}=>$$

$$TABLE(a)$$
$$TABLE(b)$$

（4）状态 4。

$$AT(robot, b)$$
$$HOLDS(robot, box)$$

$$=====\overset{Goto(a,b)}{=====}=>$$

$$TABLE(a)$$
$$TABLE(b)$$

（5）状态 5。

$$AT(robot, b)$$
$$EMPTY(robot)$$

$$=====\overset{Setdown(b)}{=====}=>$$

$$ON(box, b)$$
$$TABLE(a)$$
$$TABLE(b)$$

（6）状态 6（目标状态）。

$$AT(robot, c)$$
$$EMPTY(robot)$$

$$=====\overset{Goto(b,c)}{=====}=>$$

$$ON(box, b)$$
$$TABLE(a)$$
$$TABLE(b)$$

例 3.3 机器人摘香蕉问题，如图 3-3 所示。

解 先定义谓词。

描述状态的谓词如下。

AT(x,y):x 在 y 处。

ONBOX:机器人在箱子上。

HB:机器人摘到香蕉。

个体域如下。

x:{robot,box,banana}。

y:{a,b,c}。

描述操作的谓词如下。

Goto(u,v):机器人从 u 处走到 v 处。

Pushbox(v,w):机器人推着箱子从 v 处移到w 处。

b　　　c　　　a

图 3-3　机器人摘香蕉

Climbbox:机器人爬上箱子。

Grasp:机器人摘取香蕉。

任务的执行过程:机器人自己走到位置;机器人推着箱子到水平位置 c;机器人爬上箱子;机器人摘取香蕉。

各操作的条件和动作如下。

(1) Goto(u,v)。

条件:¬ONBOX,AT(robot,u)。

动作:AT(robot,u),删除表;

AT(robot,v),添加表。

(2) Pushbox(v,w)。

条件:¬ONBOX,AT(robot,v),AT(box,v)。

动作:AT(robot,v),AT(box,v),删除表;

AT(robot,w),AT(box,w),添加表。

(3) Climbbox。

条件:¬ONBOX,AT(robot,w),AT(box,w)。

动作:¬ONBOX,删除表;

ONBOX,添加表。

(4) Grasp。

条件:ONBOX,AT(box,c)。

动作:¬HB,删除表;

HB,添加表。

机器人行动规划问题路径允许的操作与求解过程如下。

(1) 状态 1(初始状态)。

$$AT(robot, a)$$

$$AT(box, b)$$

$\overset{\text{开始}}{========>}$　　　¬ONBOX

¬HB

(2) 状态 2。

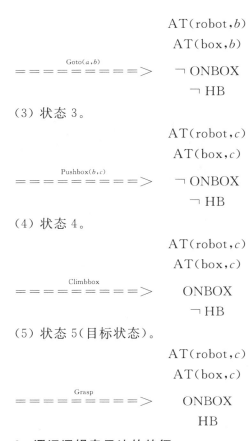

$$\text{AT}(robot,b)$$
$$\text{AT}(box,b)$$
$$=======\xrightarrow{\text{Goto}(a,b)}>\quad \neg\,\text{ONBOX}$$
$$\neg\,\text{HB}$$

（3）状态 3。

$$\text{AT}(robot,c)$$
$$\text{AT}(box,c)$$
$$=======\xrightarrow{\text{Pushbox}(b,c)}>\quad \neg\,\text{ONBOX}$$
$$\neg\,\text{HB}$$

（4）状态 4。

$$\text{AT}(robot,c)$$
$$\text{AT}(box,c)$$
$$=======\xrightarrow{\text{Climbbox}}>\quad \text{ONBOX}$$
$$\neg\,\text{HB}$$

（5）状态 5（目标状态）。

$$\text{AT}(robot,c)$$
$$\text{AT}(box,c)$$
$$=======\xrightarrow{\text{Grasp}}>\quad \text{ONBOX}$$
$$\text{HB}$$

2. 谓词逻辑表示法的特征

（1）优点。

① 自然。一阶谓词逻辑是一种接近于自然语言的形式语言系统,谓词逻辑表示法接近于人们对问题的直观理解。

② 明确。其有一种标准的知识解释方法,用这种方法表示的知识明确、易于理解。

③ 精确。谓词逻辑的真值只有"真"与"假",其表示、推理都是精确的。

④ 灵活。知识和处理知识的程序是分开的,无须考虑处理知识的细节。

⑤ 模块化。知识之间相对独立,这种模块性使得添加、删除、修改知识比较容易进行。

（2）缺点。

① 知识表示能力差。只能表示确定性知识,而不能表示非确定性知识、过程性知识和启发式知识。

② 知识库管理困难。缺乏知识的组织原则,知识库管理比较困难。

③ 存在组合爆炸。由于难以表示启发式知识,因此只能盲目地使用推理规则,当系统知识量较大时,容易发生组合爆炸。

④ 系统效率低。它把推理演算与知识含义截然分开,抛弃了表达内容中所含有的语义信息,往往使推理过程冗长,降低了系统效率。

3.2.3 产生式表示法

产生式表示法通常用于表示事实、规则,以及它们的不确定性度量,适合于表示事实性知识和规则性知识。产生式表示法也叫产生式规则(Production Rule)表示法,可简称规则。

规则的基本形式有:IF⋯P⋯THEN⋯Q 或者 P→Q。

其中,P 是前提,也称前件,给出了该产生式可否使用的先决条件。Q 是结论或操作,也称后件,给出当 P 满足时,应该推出的结论或执行的动作。

1. 形式化描述

〈规则〉::=〈前提〉→〈结论〉

〈前提〉::=〈简单条件〉|〈复合条件〉

〈结论〉::=〈事实〉|〈动作〉

〈复合条件〉::=〈简单条件〉AND〈简单条件〉[(AND〈简单条件〉⋯)]|〈简单条件〉OR〈简单条件〉[(OR〈简单条件〉⋯)]

〈动作〉::=〈动作名〉|[(〈变元〉⋯)]

(1) 确定性规则的产生式表示。

基本形式:IF⋯P⋯THEN⋯Q 或者 P→Q。

其中,P 是产生式的前提,用于指出该产生式是否可用的条件;Q 是一组结论或操作,用于指出当前提 P 所指示的条件满足时,应该得出的结论或应该执行的操作。整个产生式的含义是:如果前提 P 被满足,则结论 Q 成立或执行 Q 所规定的操作。

例如:IF 动物会飞 AND 会下蛋 THEN 该动物是鸟就是一个产生式,"动物会飞AND 会下蛋"是前提 P,"该动物是鸟"是结论 Q。

(2) 不确定性规则的产生式表示。

基本形式:IF⋯P⋯THEN⋯Q(置信度)或者 P→Q(置信度)。

例如:IF 发烧 THEN 感冒(0.6),它表示当前提中列出的各个条件都得到满足时,结论"感冒"可以相信的程度为 0.6。这里,用 0.6 表示知识的强度。

(3) 确定性事实的产生式表示。

三元组表示:(对象,属性,值)或者(关系,对象 1,对象 2)。

例如:① 老李年龄是 40 岁表示为(Li,Age,40);② 老李和老王是朋友表示为(Friend,Li,Wang)。

(4) 不确定性事实的产生式表示。

四元组表示:(对象,属性,值,置信度)或者(关系,对象 1,对象 2,置信度)。

例如:① 老李年龄很可能是 40 岁表示为(Li,Age,40,0.8);② 老李和老王不大可能是朋友表示为(Friend,Li,Wang,0.1)。

2. 产生式系统的基本结构

产生式系统由规则库、综合数据库、控制系统(推理机)三部分组成,如图 3-4 所示。

(1) 规则库用于描述相应领域内知识的产生式集合,也称知识库 KB(Knowledge

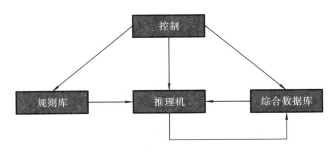

图 3-4　产生式系统的基本结构

Base,KB)。

① 规则库的作用:其用于存放推理所需要的所有规则,其是整个产生式系统的知识集;其是产生式系统能够进行推理的根本。

② 规则库的要求有知识的完整性、一致性、准确性、灵活性和可组织性。

(2) 综合数据库(Data Base,DB)又称事实库、上下文、黑板等,其是一个用于存放问题求解过程中出现的各种当前信息的数据结构。其作用如下。

① 存放推理过程中出现的各种当前信息。例如,问题的初始状态、输入的事实、中间结论及最终结论。

② 作为推理过程选择可用规则的依据。推理过程中某条规则是否可用,是通过该规则的前提与 DB 中的已知事实的匹配来确定的。

可匹配的规则称为可用规则。利用可用规则进行推理,将会得到一个结论。该结论若不是目标,将作为新的事实放入 DB,成为以后推理的已知事实。

(3) 控制系统由一组程序组成,负责整个产生式系统的运行,实现对问题的求解。控制系统的主要任务如下。

① 选择匹配,按一定策略从规则库中选择规则与综合数据库中的已知事实进行匹配。匹配是指将所选规则的前提与综合数据库中的已知事实进行比较,若事实库中存在的事实与所选规则前提一致,则称匹配成功,该规则可用;否则,称匹配失败,该规则不可用。

② 冲突消解,对匹配成功的规则,按照某种策略从中选出一条规则执行。

③ 执行操作,对所执行的规则,若其后件为一个或多个结论,则把这些结论加入综合数据库;若其后件为一个或多个操作,则执行这些操作。

④ 终止推理,检查综合数据库中是否包含有目标,若有,则停止推理。

⑤ 路径解释,在问题求解过程中,记住应用过的规则序列,以便最终能够给出问题的解的路径。

3. 正向推理流程

产生式的正向推理算法,从已知事实出发、正向使用规则,也称为数据驱动推理或前向链推理,流程图如图 3-5 所示。

它的算法描述如下。① 把用户提供的初始证据放入综合数据库。② 检查综合数据库中是否包含了问题的解,若已包含,则求解结束,并成功退出;否则执行下一步。③ 检查知识库中是否有可用知识,若有,形成当前可用知识集,执行下一步;否则转到⑤。④ 按照

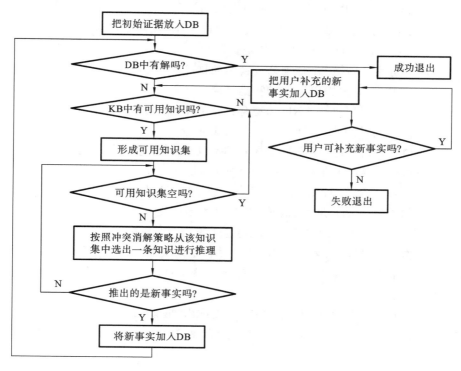

图 3-5　正向推理流程图

某种冲突消解策略,从当前可用知识集中选出一条规则进行推理,若推出的是新事实,则将推出的新事实加入综合数据库,然后转到②,否则判断可用知识集是否为空。⑤询问用户是否可以进一步补充新的事实,若可补充,则将补充的新事实加入综合数据库,然后转到③;否则表示无解,失败退出。

至于如何根据综合数据库中的事实到知识库中选取可用知识,当知识库中有多条知识可用时应该先使用哪一条知识等,这些问题涉及知识的匹配方法和冲突消解策略,今后将会分别讨论。

4. 产生式表示法系统的推理过程

例 3.4　有一个用于动物识别的产生式系统,该系统可以识别鸵鸟、老虎、金钱豹、斑马、长颈鹿、企鹅、信天翁这 7 种动物。其规则库包含如下 15 条规则,其中,$r_i(i=1,2,\cdots,15)$ 是规则的编号。

r_1:IF 动物有毛发 THEN 动物是哺乳动物;

r_2:IF 动物有奶 THEN 动物是哺乳动物;

r_3:IF 动物有羽毛 THEN 动物是鸟;

r_4:IF 动物会飞 AND 动物会下蛋 THEN 动物是鸟;

r_5:IF 动物吃肉 THEN 动物是食肉动物;

r_6:IF 动物有犬齿 AND 动物有爪 AND 动物眼盯前方 THEN 动物是食肉动物;

r_7:IF 动物是哺乳动物 AND 动物有蹄 THEN 动物是有蹄类动物;

r_8:IF 动物是哺乳动物 AND 动物是嚼反刍动物 THEN 动物是有蹄类动物;

r_9:IF 动物是哺乳动物 AND 动物是食肉动物 AND 动物是黄褐色
AND 动物有暗斑点 THEN 动物是金钱豹;

r_{10}:IF 动物是哺乳动物 AND 动物是食肉动物 AND 动物是黄褐色
AND 动物有黑条纹 THEN 动物是老虎;

r_{11}:IF 动物是有蹄类动物 AND 动物有长脖子 AND 动物有长腿
AND 动物有暗斑点 THEN 动物是长颈鹿;

r_{12}:IF 动物是有蹄类动物 AND 动物有黑条纹 THEN 动物是斑马;

r_{13}:IF 动物是鸟 AND 动物有长脖子 AND 动物有长腿
AND 动物不会飞 AND 动物有黑白二色 THEN 动物是鸵鸟;

r_{14}:IF 动物是鸟 AND 动物会游泳 AND 动物不会飞
AND 动物有黑白二色 THEN 动物是企鹅;

r_{15}:IF 动物是鸟 AND 动物善飞 THEN 动物是信天翁。

解 初始综合数据库包含的事实有:动物有暗斑点,动物有长脖子,动物有长腿,动物有奶,动物有蹄。

推理过程如图3-6所示,图中最上层的结点称为"假设"或"结论",中间结点称为"中间假设";终结点称为"证据"或"事实"。如推理过程为$r_2 \rightarrow r_7 \rightarrow r_{11}$,推理的最终结论为:动物是长颈鹿。

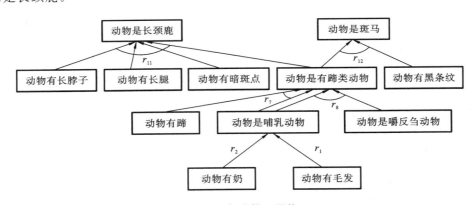

图 3-6　部分推理网络

（1）先从规则库中取出第一条规则r_1,检查其前提是否可与综合数据库中的已知事实相匹配。r_1的前提是"动物有毛发",但事实库中无此事实,故匹配失败。然后取r_2,可与已知事实"动物有奶"相匹配,r_2被执行,并将其结论"动物是哺乳动物"作为新的事实加入综合数据库。此时,综合数据库的内容为:动物有暗斑点,动物有长脖子,动物有长腿,动物有奶,动物有蹄,动物是哺乳动物。

（2）再从规则库中取r_3,r_4,r_5,r_6进行匹配,均失败。接着取r_7,该前提与已知事实"动物是哺乳动物"相匹配,r_7被执行,并将其结论"动物是有蹄类动物"作为新的事实加入综合数据库。此时,综合数据库的内容变为:动物有暗斑点,动物有长脖子,动物有长腿,动物有奶,动物有蹄,动物是哺乳动物,动物是有蹄类动物。

（3）此后 r_8，r_9，r_{10} 均匹配失败。接着取 r_{11}，该前提"动物是有蹄类动物 AND 动物有长脖子 AND 动物有长腿 AND 动物有暗斑点"与已知事实相匹配，r_{11} 被执行，并推出"动物是长颈鹿"。由于"长颈鹿"已是目标集合中的一个具体动物，即已推出最终结果，故问题求解过程结束。

5．产生式表示法的特征

（1）优点。

① 具备自然性。采用"如果……则……"的形式，与人类的判断性知识基本一致。

② 具备模块性。规则是规则库中最基本的知识单元，各规则之间只能通过综合数据库发生联系，而不能相互调用，从而增加了规则的模块性。

③ 具备有效性。产生式知识表示法既可以表示确定性知识，又可以表示不确定性知识，既有利于表示启发性知识，又有利于表示过程性知识。

（2）缺点。

① 效率较低。各规则之间的联系必须以综合数据库为媒介，并且，其求解过程是一种反复进行的"匹配—冲突消解—执行"过程，这样的执行方式将导致执行的低效率。

② 不便于表示结构性知识。由于产生式表示中的知识具有一致格式，且规则之间不能相互调用，因此那种具有结构关系或层次关系的知识很难用自然的方式来表示。

3.2.4　框架表示法

适合产生式表示法的情况如下。① 领域知识间关系不密切，不存在结构关系；② 具备经验性及不确定性的知识，且在相关领域中对这些知识没有严格、统一的理论；③ 领域问题的求解过程可被表示为一系列相对独立的操作，且每个操作可被表示为一条或多条产生式规则。

1975 年，美国明斯基提出了框架理论，他认为人们对现实世界中各种事物的认识都是以一种类似于框架的结构存储在记忆中的。框架表示法是一种结构化的知识表示方法，已在多种系统中得到应用。

框架（Frame）是一种用于描述所论对象（一个事物、事件或概念）属性的数据结构。一个框架由若干个被称为"槽"（Slot）的结构组成，每一个槽又可根据实际情况划分为若干个"侧面"（Faced）。一个槽用于描述所论对象某一方面的属性。一个侧面用于描述相应属性的一个方面。槽和侧面所具有的属性值分别被称为槽值和侧面值，如图 3-7 所示。

〈框架名〉
　　〈槽名 1〉〈槽值 1〉|〈侧面名 11〉〈侧面值 111，侧面值 112，…〉
　　　　　　　　　 〈侧面名 12〉〈侧面值 121，侧面值 122，…〉
　　〈槽名 2〉〈槽值 2〉|〈侧面名 21〉〈侧面值 211，侧面值 212，…〉
　　　　　　　　　 |〈侧面名 22〉〈侧面值 221，侧面值 222，…〉
　　　　　…
　　〈槽名 k〉〈槽值 n〉|〈侧面名 n1〉〈侧面值 n11，侧面值 n12，…〉
　　　　　　　　　 |〈侧面名 n2〉〈侧面值 n21，侧面值 n22，…〉

图 3-7　框架结构图

例 3.5 教师框架。

框架名:〈教师〉;

姓名:单位(姓、名);

年龄:单位(岁);

性别:范围(男、女)缺省:男;

职称:范围(教授,副教授,讲师,助教)缺省:讲师;

部门:单位(系,教研室);

住址:〈住址框架〉;

工资:〈工资框架〉;

开始工作时间:单位(年、月);

截止时间:单位(年、月)缺省:现在。

解 当把具体的信息填入槽或侧面后,就得到了相应框架的一个事例框架。

框架名:〈教师-1〉;

姓名:李湘;

年龄:34;

性别:女;

职称:副教授;

部门:计算机系;

住址:〈Adr-1〉;

工资:〈Sal-1〉;

开始工作时间:2018,9;

截止时间:2023,7。

例 3.6 将下列一则地震消息用框架表示,如图 3-8 所示。"某年某月某日,某地发生 6.0 级地震,若以膨胀注水孕震模式为标准,则三项地震前兆中的波速比为 0.45,水氡含量为 0.43,地形改变为 0.60。"

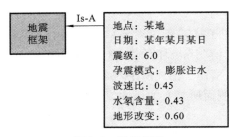

图 3-8 地震框架

解 框架名:〈地震〉;

地点:某地;

日期:某年某月某日;

震级:6.0;

孕震模式:膨胀注水;

波速比:0.45;

水氢含量:0.43;

地形改变:0.60。

框架表示法的特征如下。

(1)具有结构性。便于表达结构性知识,能够将知识的内部结构关系及知识间的联系表示出来。

(2)具有继承性。框架网络中,下层框架可以继承上层框架的值,也可以进行补充和修改。

(3)具有自然性。框架表示法体现了人在观察事物时的思维活动。

3.2.5 语义网络表示法

语义网络(Semantic Network)是知识表示中最重要的通用形式之一。它是一种表达能力强而且灵活的知识表示方法,其是通过概念及其语义关系来表达知识的一种网络图。从图论的观点看,它是一个"带标识的有向图"。语义网络利用结点和带标记的边构成的有向图描述事件、概念、状况、动作及客体之间的关系。带标记的有向图能十分自然地描述客体之间的关系。用结点(圆或框)表示对象、概念、事件或情形,用带箭头的线表示结点之间的关系,帮助讲述故事。

例 3.7 图 3-9 展示了一个例子,玛丽拥有托比,托比是一只狗。

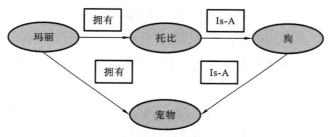

图 3-9 玛丽和托比的语义网络

狗是宠物的子集,所以狗可以是宠物。这里看到了多重继承,玛丽拥有托比,并且玛丽拥有一只宠物,在这个宠物集中,托比恰好是其中的一个成员。托比是被称为狗的对象类中的一个成员。玛丽的狗碰巧是一只宠物,但是并不是所有的狗都是宠物。

在知识表示领域里,Is-A(Subsumption)指的是类的父子继承关系。例如类 D 是另一个类 B 的子类(类 B 是类 D 的父类)。尽管在真实世界中,Is-A 并不总是表示真实的内容,但是在语义网络中经常使用 Is-A 关系。

有时候,现实世界的描述可能代表一个集合成员,而不是全体,但在其他时候,又可能意味着全体。例如,企鹅是一种(Is-A)鸟,我们知道鸟可以飞,但是企鹅不会飞。这是因为,虽然大多数鸟类(超类)可以飞行,但并不是所有的鸟类都可以飞(子类)。

虽然语义网络是表达世界的直观方式,但是这不代表它们必须考虑关于真实世界的许多细节。

如图 3-10 所示,该学院由学生、学术部门、管理部门和图书馆组成。

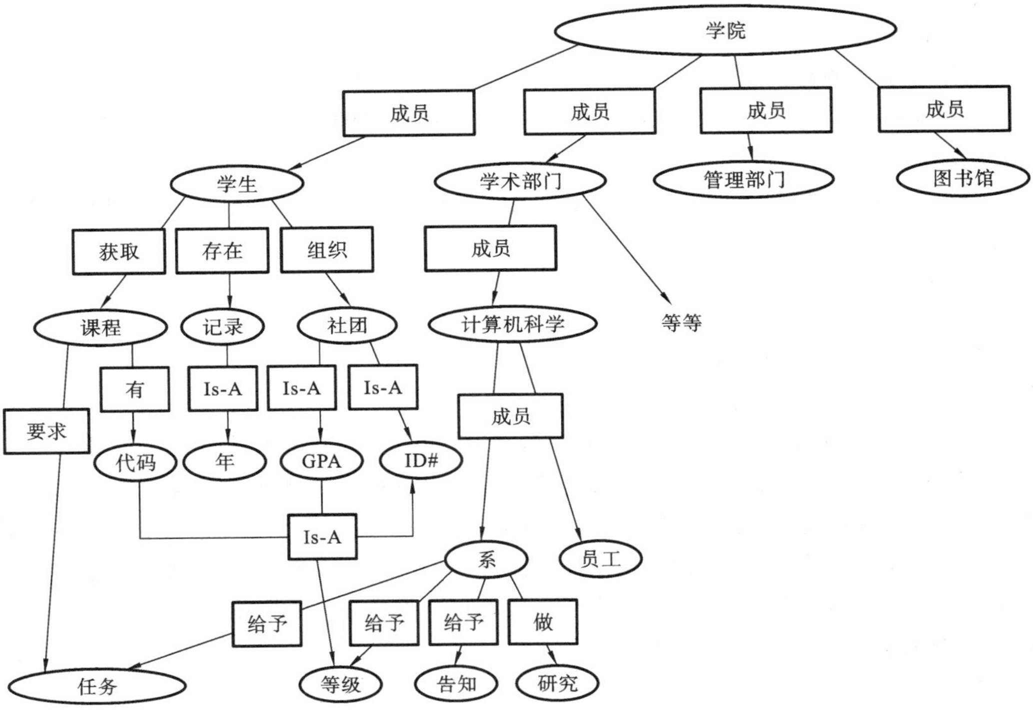

图 3-10　一个学院的语义网络

拓展阅读　知识表示学习的研究意义

　　知识表示是知识获取与应用的基础,因此知识表示学习问题,是贯穿知识库的构建与应用全过程的关键问题。人们通常以网络的形式组织知识库中的知识,网络中的每个结点代表实体(人名、地名、机构名、概念等),而每条连边则代表实体间的关系。然而,基于网络形式的知识表示面临诸多挑战性难题,主要包括如下两个方面。

　　(1)计算效率问题。基于网络的知识表示形式中,每个实体均用不同的结点表示。当利用知识库计算实体间的语义或推理关系时,往往需要人们设计专门的图算法来实现,存在可移植性差的问题。更重要的,基于图的算法计算复杂度高,可扩展性差,当知识库达到一定规模时,就很难较好地满足实时计算的需求。

　　(2)数据稀疏问题。与其他类型的大规模数据类似,大规模知识库也遵循长尾分布,在长尾部分的实体和关系上,面临严重的数据稀疏问题。例如,对于长尾部分的罕见实体,由于只有极少的知识或路径涉及它们,对这些实体的语义或推理关系的计算往往准确率极低。

　　近年来,以深度学习为代表的表示学习技术异军突起,在语音识别、图像分析和自然语言处理领域获得广泛关注。表示学习旨在将研究对象的语义信息表示为稠密低维实值向量。在该低维向量空间中,两个对象距离越近,则说明其语义相似度越高。知识表示学习则是面向知识库中的实体和关系进行表示学习的。知识表示学习实现了对实体和关系的分布式表示,它具有以下主要优点。

(1) 显著提升计算效率。知识库的三元组表示实际上是基于独热表示的。如前所分析的,在这种表示方式下,需要设计专门的图算法计算实体间的语义和推理关系,计算复杂度高,可扩展性差。而表示学习得到的分布式表示,则能够高效地实现语义相似度计算等操作,显著提升计算效率。

(2) 有效缓解数据稀疏。表示学习将对象投影到统一的低维空间中,使每个对象均对应一个稠密向量,从而有效缓解了数据稀疏问题,这主要体现在两个方面。一方面,每个对象的向量均为稠密有值的,因此可以度量任意对象之间的语义相似程度。另一方面,将大量对象投影到统一空间的过程,能够将高频对象的语义信息用于帮助低频对象的语义表示,可提高低频对象的语义表示的精确性。

(3) 实现异质信息融合。不同来源的异质信息需要融合为整体,才能得到有效应用。例如,人们构造了大量知识库,这些知识库的构建规范和信息来源均不同,例如著名的世界知识库有 DBPedia、YAGO、Freebase 等。大量实体和关系在不同知识库中的名称不同。如何实现多知识库的有机融合,对知识库应用具有重要意义。通过设计合理的表示学习模型,将不同来源的对象投影到同一个语义空间中,就能够建立统一的表示空间,实现多知识库的信息融合。此外,在信息检索或自然语言处理中应用知识库时,往往需要计算查询词、句子、文档和知识库实体之间的复杂语义关联。这些对象的异质性,在往常是棘手问题,而知识表示学习能为此提供统一表示空间,轻而易举实现异质对象之间的语义关联计算。

综上,由于知识表示学习能够显著提升计算效率,有效缓解数据稀疏,实现异质信息融合,因此对于知识库的构建、推理和应用具有重要意义,值得广受关注、深入研究。

3.3　知 识 图 谱

知识图谱(Knowledge Graph)方法、技术与应用正在从新一代人工智能由“感知智能”迈向“认知智能”的过程中扮演重要角色,知识图谱赋能的新一代信息系统也在数字化转型过程中发挥着重要作用。

知识图谱理论与技术是人工智能与计算机领域的交叉融合,涉及知识工程、自然语言处理、机器学习、数据管理、信息系统、可视化等多个方向。

随着大规模知识图谱的发布,知识图谱赋能的信息检索、智能问答、智能推荐等系统已逐渐应用到包括金融、教育、医疗在内的多个领域。目前,国内外的学术界和产业界均着力在理论、技术与系统层面对知识图谱进行研究与开发。

3.3.1　知识图谱的概述

知识图谱本质上就是一种大规模语义网络。知识图谱旨在描述客观世界的各种实体、概念、事件及其关系,一般用三元组表示。知识图谱将互联网的信息表达成更接近人类认知世界的形式,提供了一种更好地组织、管理和理解互联网海量信息的能力。知识图谱给互联网语义搜索带来了活力,同时也在智能问答、大数据分析与决策中显示出强大威力,已经成为互联网基于知识的智能服务的基础设施。知识图谱与大数据和深度学习一起成为推动人工智能发展的核心驱动力之一。

知识图谱的概念涉及两个关键词。一是语义网络。语义网络表达了各种各样的实体、概念及其之间的各类语义关联。比如,"C罗"是一个实体,"金球奖"也是一个实体,两者之间有一个语义关系就是"获得奖项"。"运动员""足球运动员"都是概念,后者是前者的子类。二是规模,相较于语义网络,知识图谱的规模更大。

知识图谱技术的发展是个循序渐进的过程。从二十世纪七八十年代的知识工程兴盛开始,学术界和工业界推出了一系列知识库。直到2012年,谷歌推出了面向互联网搜索的大规模知识库,称其为知识图谱。

知识图谱技术发展迅速,知识图谱的内涵远远超越了其作为语义网络的狭义内涵。当下,在更多实际场合下,知识图谱作为一种技术体系,是指代大数据时代知识工程的一系列代表性技术进展的总和。

3.3.2　知识图谱的特征

知识图谱旨在以结构化的形式描述客观世界中存在的概念、实体及其间的复杂关系,这与Gruber教授在1993年给出的本体知识表示的概念一致。

本体(Ontology)一词源于哲学领域,本体论是处理自然和现实组织的哲学分支。一般由概念、实例和关系三部分组成。

计算机领域的本体是指一种"形式化的,对于共享概念体系的明确且详细的说明",本体显示地定义了领域中的概念、关系和公理及其之间的关系。它有四个特性:概念化、精确化、形式化、共享性。

1. 知识图谱技术包括的三方面的研究内容

(1)知识表示。研究客观世界知识的建模,以方便机器识别和理解,既要考虑知识的表示与存储,又要考虑知识的使用和计算。

(2)知识图谱构建。解决如何建立计算机算法以从客观世界或者互联网的各种数据资源中获取客观世界的知识的问题,主要研究使用何种数据和方法抽取何种知识。

(3)知识图谱应用。主要研究如何利用知识图谱建立基于知识的智能服务系统,更好地解决实际应用问题。

2. 知识图谱的重要性

知识图谱是实现机器认知智能的基础。机器认知智能的两个核心能力是"理解"和"解释",均与知识图谱有着密切关系。可以仔细体会一下文本理解过程,机器理解数据的本质是建立从数据(包括文本、图片、语音、视频等)到知识库中的知识要素(包括实体、概念和关系)映射的一个过程。

有了知识图谱,机器完全可以重现我们的这种理解与解释过程。有一定计算机研究基础,就不难完成这个过程的数学建模。

3. 知识图谱的生命周期

知识图谱系统的生命周期包含四个重要环节:知识应用、知识表示、知识获取、知识管理,如图 3-11 所示。四个环节循环迭代,环环相扣,彼此构成相邻环节的输入与输出。在知识的具体应用过程中,会不断得到用户的反馈,这些反馈会对知识表示、获取与管理提出新的要求,因此整个生命周期会不断迭代持续演进下去。

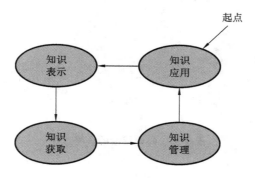

图 3-11　知识图谱系统

知识表示定义了领域的基本认知框架,明确领域有哪些基本的概念,概念之间有哪些基本的语义关联。比如企业家与企业之间的关系可以是创始人关系,这是认知企业领域的基本知识。知识表示只提供机器认知的基本骨架,还要通过知识获取环节来充实大量知识实例。比如乔布斯是个企业家,苹果公司是家企业,乔布斯与苹果公司就是"企业家-创始人-企业"这个关系的一个具体实例。知识实例获取完成之后,就是知识管理。这个环节将知识加以存储与索引,并为上层应用提供高效的检索与查询方式,实现高效的知识访问。知识应用环节明确应用场景,明确知识的应用方式。

3.3.3　知识图谱的构建

知识图谱中,知识的来源有两类:一类是互联网上分布、异构的海量资源;一类是已有的结构化异构语义资源。从第一类资源中构建知识图谱的方法根据获取知识的类型分为概念层次学习、事实学习等,而针对第二类资源进行的工作是异构资源的语义集成。图 3-12 所示的为知识图谱的获得过程。

1. 概念层次学习

通过合理的技术,抽取知识表示中的概念,并确定其上下位关系。

(1)基于启发式规则的方法,其基本思路是根据上下位概念的陈述模式,从大规模资源中找出可能具有上下位关系的概念对,并对上下位关系进行归纳。

(2)基于统计的概念层次学习方法,假设相同概念出现的上下文也相似,利用词语或实体分布的相似性,通过定义计算特征学习概率模型来得到概念结构。

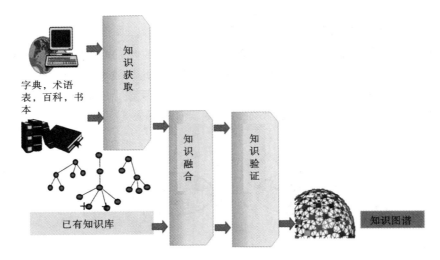

图 3-12　知识图谱的获得过程

2. 事实学习

知识图谱中的事实以三元组的形式表示,事实数量决定了知识图谱的丰富程度。构建知识图谱时采用的机器学习方法可以分为以下三种。

(1)有监督的事实知识获取方法。需要有已标注文档作为训练集,可以分为基于规则学习方法、基于分类标注方法和基于序列标注方法等。

(2)半监督的知识获取方法。主要包括自扩展方法和弱监督方法。

(3)无监督的知识获取方法。开放信息抽取,使用自然语言处理方法,无须预先给定要抽取的关系类别,自动将自然语言句子转换为命题,这种方法在处理复杂句子时的效果会受到影响。

3. 语义集成

在异构知识库之间,发现实体间的等价关系,从而实现知识共享。由于知识库多以本体的形式描述,因此语义集成中的主要环节是本体映射。主要方法如下。

(1)基于文本的方法。主要利用本体中实体的文本信息,通过计算两个实体字符串之间的相似度确定实体之间是否具有匹配关系。

(2)基于结构的方法。主要利用本体的图结构信息对本体进行匹配。

(3)基于背景知识的方法。一般使用 DBPedia 或 WordNet 等已有的大规模领域无关知识库作为背景知识来提高匹配效果。

(4)基于机器学习的方法。将本体匹配问题视为机器学习中的分类或优化问题,从而采取机器学习方法获得匹配结果。

3.3.4　知识图谱的应用

知识图谱是一种表示和组织知识的图形化结构,它包含实体、属性和实体之间的一些关系,可以帮助计算机更好地理解和推理知识。知识图谱在多个领域都有广泛的应用。以下是知识图谱的应用示例。

1. 搜索引擎增强

知识图谱可以被用于改进搜索引擎的结果,提供更准确、相关的搜索结果,并为用户提供更丰富的信息。图 3-13 所示的为现代搜索引擎示意图。

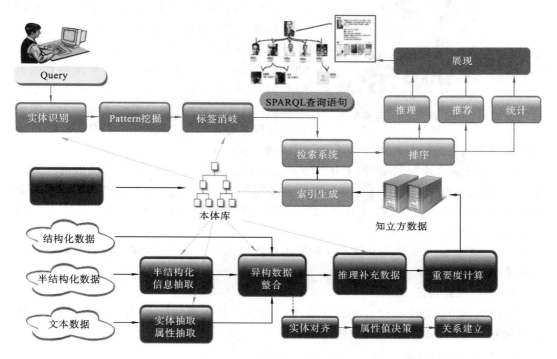

图 3-13　现代搜索引擎示意图

将知识图谱与搜索引擎相结合,可以为用户提供更加智能、个性化的搜索结果。例如,谷歌的知识图谱搜索结果中会展示相关实体信息和知识交互信息。

2. 语义搜索和问答系统

知识图谱可以被用于理解用户的查询意图,实现更智能的语义搜索和问答系统。通过将用户查询与知识图谱中的实体和关系进行匹配,可以提供更精确的答案和相关信息。

语义搜索利用知识图谱所具有的良好定义的结构形式,以有向图的方式提供满足用户需求的结构化语义内容,主要包括资源描述框架(Resource Description Framework,RDF)和网络本体语言(Ontology Web Language,OWL)的语义搜索引擎和基于链接数据的搜索等。语义搜索通过建立大规模知识库对搜索关键词和文档内容进行语义标注,改善搜索结果。

对于知识问答,其通过对问句进行语义分析,将非结构化问句解析成结构化的查询,在已有结构化的知识库上获取答案。基于知识的问答依赖于语义解析器的性能,在面对

图 3-14 IBM 的 Watson 问答系统

大规模、开放域知识库时性能较差。知识图谱在问答系统中扮演着关键角色。例如，IBM 的 Watson 就是一个利用知识图谱和自然语言处理技术回答复杂问题的问答系统，如图 3-14 所示。

3. 信息抽取和自然语言处理

信息抽取是指从非成型或半成型的文本中自动抽取出有用信息的过程，而自然语言处理涉及计算机与人类自然语言之间的交互和理解。知识图谱可以用于信息抽取任务，从文本数据中提取实体、关系和事件等重要信息，并将其存储到知识图谱中。此外，知识图谱还可以为自然语言处理任务提供背景知识和语义理解。以下是知识图谱在信息抽取和自然语言处理应用中的一些例子。

（1）实体命名识别（Named Entity Recognition，NER）。NER 是信息抽取的一种技术，它旨在从文本中识别出预定义类别的命名实体，如人名、地名、组织机构名等。知识图谱中存储有大量实体信息，有助于增强 NER 的准确性和丰富实体类别。例如，从新闻中识别出涉及的公司、人物等。

（2）抽取。关系抽取是从文本中抽取出实体之间的关联关系，如产品与制造商之间的关系、物品之间的关系等。

4. 智能推荐系统

知识图谱可以用于个性化推荐系统，通过对用户的兴趣、行为和知识进行建模，提供个性化的推荐服务，如商品推荐、新闻推荐等。

5. 专家系统和决策支持

知识图谱可以构建专家系统，用于解决特定领域的问题，提供专业知识和决策支持。通过将领域知识和规则表示为知识图谱，系统可以进行推理和解决复杂问题。下面是知识图谱在专家系统和决策支持应用中的一些示例。

（1）专家系统。专家系统是一种模拟人类专家知识和经验的计算机程序，它基于知识库中的规则和知识来解决特定领域的问题。知识图谱可以作为专家系统的知识库，其中包含了领域专家的知识和规则。

① 医疗诊断专家系统。利用知识图谱中的医学知识，帮助医生对疾病进行准确的诊断和提出治疗建议。

② 金融投资专家系统。利用知识图谱中的金融知识，为投资者提供个性化的投资建议和进行风险评估。

（2）决策支持应用。决策支持应用利用数据和知识来帮助决策者做出明智的决策。知识图谱可以为这些应用提供丰富的背景知识和上下文信息。

① 企业战略决策支持。利用知识图谱中的行业数据、竞争对手信息等，帮助企业高层做出战略决策，如图 3-15 所示。

② 城市规划决策支持。将城市相关数据和知识整合到知识图谱中，帮助城市规划者

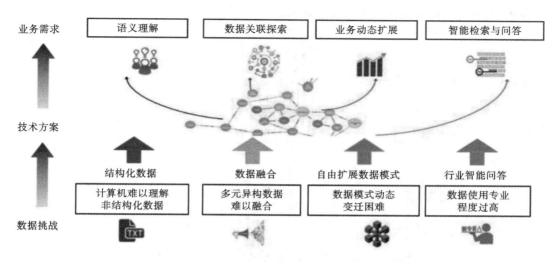

图 3-15 知识图谱助力企业商业智能化

进行合理的城市规划和发展决策。

③ 环境保护决策支持。利用知识图谱中的环境数据和科学知识,帮助政府和组织制定有效的环保政策和措施。

6. 社交网络分析

知识图谱可以用于社交网络分析,通过分析用户之间的关系、兴趣和行为,可发现社交网络中的社区、影响力结点和趋势等。

7. 医疗和生物信息学

知识图谱在医疗领域和生物信息学中具有广泛的应用。它可以整合医学知识、研究结果和临床数据,支持疾病诊断、药物研发和生物信息分析等任务。以下是知识图谱在医疗和生物信息学应用中的示例。

(1)知识库构建。知识图谱可以用于构建医学和生物信息学的知识库,其中包含各种实体(如疾病、基因、药物等)、属性及其之间的关系。这些知识库有助于整合各种研究数据和文献,从而为医学和生物学研究提供基础。

(2)临床决策支持。利用知识图谱中的医学知识和临床指南,可以帮助医生进行准确的临床决策。例如,辅助医生选择合适的治疗方案,预测患者的病情发展等。

8. 智能物联网和智能城市

知识图谱可以与物联网数据结合,支持智能城市和智能设备的管理和决策。通过将物理实体、传感器数据和环境信息与知识图谱关联,可以实现智能的资源调度和决策优化。

此外,知识图谱在其他领域,如金融、教育、旅游等都有重要的应用。随着技术的发展和应用场景的不断扩大,知识图谱的应用前景将会更加广阔。

通用知识图谱的广度与行业知识图谱的深度相互补充,可形成更加完善的知识图谱。如图 3-16 所示,通用知识图谱中的知识可以作为行业知识图谱构建的基础;而构建的行业知识图谱,可再融合到通用知识图谱中。

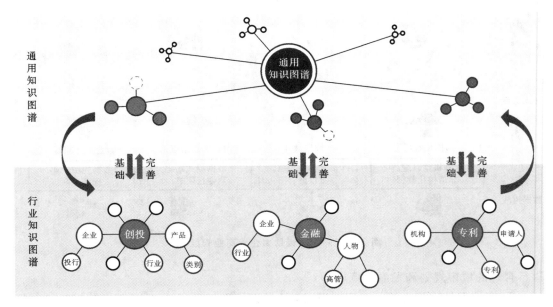

图 3-16　通用知识图谱与行业知识图谱的关系

拓展阅读　阿里知识图谱技术

阿里巴巴生态里积累了海量的商品数据,这些宝贵的商品数据来自淘宝、天猫、1688、AliExpress 等多个市场,同时品牌商、行业运营商、治理运营商、消费者、国家机构、物流商等多种角色参与其中,贡献着、校正着这样一个庞大的商品库。无论是知识产权保护,还是提升消费者购物体验,实现商品数据的标准化(商品规范的统一和商品信息的确定性),以及实现与内外部数据之间的深度互联,意义都非常重大,阿里商品知识图谱承载着商品标准化这一基础性、根源性的工作。基于此,才能知道哪些商品是同样一件产品,才能确切地知道一个品牌是否被授权,品牌下的产品卖到了哪些市场。

阿里知识图谱以商品、标准产品、标准品牌、标准条码、标准分类为核心,利用实体识别、实体链指和语义分析技术,整合关联了舆情、百科、国家行业标准等 9 大类一级本体,包含了百亿级别的三元组,形成了巨大的知识网。

阿里知识图谱综合利用前沿的 NLP、语义推理和深度学习等技术,打造全网商品智能服务体系,服务阿里生态中的各个角色。商品知识图谱广泛地应用于搜索、前端导购、平台治理、智能问答、品牌商运营等核心与创新业务。能够帮助品牌商透视全局数据,帮助平台治理运营与发现问题商品,帮助行业基于确定的信息选品,做人货场匹配,提高消费者购物体验等,为新零售、国际化提供可靠的智能引擎。

阿里巴巴知识图谱团队设计了一套框架来实现知识表示和推理。此外,知识图谱实体、关系、词林(同义词、上下位词)、垂直知识图谱(例如地理位置图谱、材质图谱)、机器学习算法模型等都纳入进来做统一的描述。

按照不同场景把推理分为上下位和等价推理、不一致性推理、知识发现推理等。

1. 上下位和等价推理

检索父类时,通过上下位推理把子类的对象召回,同时利用等价推理(实体的同义词、变异词、同款模型等)扩大召回。例如,为保护消费者,我们需要拦截"产地为某核污染区域的食品",推理引擎翻译为"找到产地为该区域,且属性项与'产地'同义,属性值是该区域下位实体的食品,以及与命中的食品是同款的食品"。

2. 不一致性推理

在与问题卖家对弈的过程中,需要对商品标题、属性、图片、商品资质、卖家资质中的品牌、材质、成分等基础信息,做一致性校验。

3. 知识发现推理

一致性推理的目的是确保信息的确定性,例如通过一致性推理能确保数据覆盖的食品配料表正确。但消费者在购物时很少看配料表上那些繁杂的数字。消费者真正关心的是无糖、无盐等强感知的知识点。为了提升消费者购物体验,知识发现推理可以把配料表数据转化为"无糖""无盐"等知识点。这样可以真正地把数据变成知识。

阿里知识图谱经过建设,已经形成了巨大的知识图谱和海量的标准数据,引入了前沿的自然语言处理、知识表示和逻辑推理技术,在阿里巴巴新零售、国际化战略下发挥着越来越重要的作用。

习 题 3

一、填空题

1. 当 p 与 q 为 F,r 为 T 时,$(p \lor q) \rightarrow r$ 的真值是 _____。

2. 谓词逻辑表示法的优点有 _____、_____、_____、_____、_____。

3. 一个产生式系统由 _____、_____、_____ 三部分组成。

4. 知识图谱旨在以结构化的形式描述客观世界中存在的 _____、_____ 及其间的复杂关系。

二、选择题

5. 下列句子中哪个是命题?(   )

A. 你的离散数学考试通过了吗?   B. 请系好安全带!

C. 你通过了人工智能学科考试   D. 我说的是真话

6. 下面哪一项不会引起知识的不确定性?(   )

A. 不完全性   B. 随机性   C. 精确   D. 经验

7. 假设 p 为真,q 为假,下列公式为真的是(   )。

A. $p \lor q$ B. $p \land q$ C. $p \rightarrow q$ D. $\neg p$

8. 不适合用产生式表示法表示的知识是(   )。

A. 由许多相对独立的知识元组成的领域知识

B. 可以表示为一系列相对独立的求解问题的操作

C. 具有结构关系的知识

D. 具有经验性及不确定性的知识

9. 对于知识图谱,以下说法中不正确的是(　　　)。

A. 实体识别指将文本中的实体标注出来,其是知识图谱构建的基础

B. 现代知识图谱通常用 RDF 三元组形式表示知识,如(头实体,关系,尾实体)

C. 知识图谱中,实体识别工作可以使实体表达不规律的问题得到很大改善

D. 知识图谱中的实体识别通常要解决两个问题:实体边界识别、实体类型识别

三、思考题

10. 举几个生活中能用知识表示的例子。

11. 想一想知识图谱还有哪些应用?

第4章

搜索算法

知识目标	思政与素养
了解搜索算法的概念。	学习各类搜索算法,建立科学思维、推理机制,培养解决实际问题的能力。
掌握盲目搜索方法和启发式搜索方法并学会熟练运用。	实践各类搜索算法,培养创新思维,拓宽发散空间,激发动手的兴趣,提高实践能力。

 实例导入　常见的搜索算法应用

搜索(Search)是大多数人日常生活中的一部分,人类的思维过程可以看作是一个搜索的过程。搜索及其执行是人工智能技术的重要基础,也是人工智能中经常遇到的一个基本问题。智能搜索策略的质量将直接影响智能系统的性能和推理效率。

1. 推荐系统

在生活中,一旦我们在购物软件中某个商品的链接上停留的时间够久,那么继续浏览购物软件的时候,大概率就会被推荐同类型的商品,这也就是大家常说的“大数据的力量”。其实这是推荐系统使用搜索算法来分析用户的历史行为和偏好,以便推荐个性化的产品、服务或内容的表现。这除了体现在购物软件上的个性化推荐之外,还体现在平时刷短视频或者购电影票时。搜索算法可以根据用户的兴趣和上下文,寻找最合适的推荐结果。

2. 信息检索

互联网的出现,在一定程度上为人们的生活提供了便捷渠道。比如,人们在生活中遇到了问题却因缺少阅历和经验而找不到答案的时候,就可以拿出手机或者其他电子设备去百度、谷歌等各种搜索引擎上进行求助,搜索算法会根据关键词在网页上进行查找,找到相关的内容并进行排序。这是搜索算法在数据库、文件系统或其他数据结构中查找特定信息的应用。

3. 自然语言处理

2022 年 11 月,ChatGPT 横空出世,其因逼真的模拟人类语言、与用户自然的交互而火爆出圈,戳中了资本、技术、产业的兴奋点。微软市值一夜暴涨 5450 亿美元,腾讯、百度、360、美团等国内大厂也开始纷纷布局 ChatGPT。而搜索算法在文本中查找特定信息的功能就起到了重要作用。

4. 人脸搜索

在人脸识别中,搜索算法可以用于在图像库中查找相似图片。具体来说,就是给定一张照片,对比人脸库中的 N 张人脸,进行 1：N 检索,找出最相似的一张或多张人脸,并返回相似度分数。它支持百万级人脸库管理,毫秒级识别响应,可满足身份核验、人脸考勤、刷脸通行等应用场景。

除了以上四个方面,搜索算法还在人工智能领域的其他多个方面都具有广泛的应用,其在人工智能技术中是不可或缺的存在。这些应用利用搜索算法的高效性和准确性,提供智能化和个性化的服务和功能。

4.1　搜索概述

智能搜索是指可以利用搜索过程得到的中间信息来引导搜索向最优方向发展的算法。搜索问题包含三个部分,分别是搜索内容、搜索方式,以及如何利用知识尽可能有效地找到问题的解(最佳解)。

搜索算法是利用计算机的高性能来有目的地穷举一个问题的部分或所有的可能情况,从而求出问题的解的一种方法。搜索过程实际上是根据初始条件和扩展规则构造一棵“解答树”并寻找符合目标状态的节点的过程。从最终的算法实现上来看,搜索算法都可以划分成两个部分——控制结构(扩展节点的方式)和产生系统(扩展节点),而所有的算法优化和改进主要都是通过修改其控制结构来完成的。其实,在这样的思考过程中,一个具体的问题已经被不知不觉地抽象成了一个图论的模型——树,即搜索算法使用的第一步在于搜索树的建立。

如图 4-1 所示,搜索树的初始状态对应着根结点,目标状态对应着目标结点。排在前的结点叫父结点,其后的结点叫子结点,同一层中的结点是兄弟结点,由父结点产生子结点叫扩展。完成搜索的过程就是找到一条从根结点到目标结点的路径,找出一个最优的解,这种搜索算法的实现类似于图或树的遍历。

搜索算法按照是否使用搜索过程中得到的中间信息来引导搜索,分为盲目搜索和启发式搜索。

1. 盲目搜索

所有的搜索策略都是在搜索之前就预定好的控制策略,整个搜索过程策略不再改

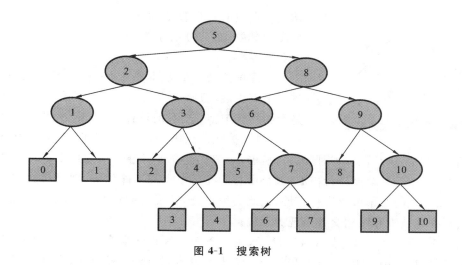

图 4-1　搜索树

变。常用的盲目搜索策略有深度优先搜索和广度优先搜索两种。

2. 启发式搜索

利用搜索过程得到中间信息来引导搜索过程向最优方向发展的算法。常用的启发式搜索包括基于搜索空间的状态空间启发式搜索、基于生物演化过程的进化搜索算法，基于生物系统免疫机理的免疫算法、基于物理退火过程的模拟退火算法，以及基于统计模型的蒙特卡洛搜索算法等。

4.2　盲　目　搜　索

盲目搜索(Blind Search)，或称为无信息搜索，意味着该搜索策略没有超出问题定义提供的状态之外的附加信息，所能做的就是生成后继节点并且区分一个目标状态或一个非目标状态。所有的搜索策略是由节点扩展的顺序加以区分的，这些算法不依赖任何问题领域的特定知识，一般只适用于求解比较简单的问题，且通常需要占用大量的空间和时间。

盲目搜索是不使用领域知识的不知情搜索算法，主要有深度优先搜索和广度优先搜索。两种算法都具有两个性质，一是它们不使用启发式估计，如果使用启发式估计，那么搜索将沿着最有希望得到解决方案的路径前进；二是它们的目标是找出给定问题的某个解。

4.2.1　深度优先搜索

深度优先搜索(Depth-first Search，DFS)，顾名思义，就是试图尽可能快地深入树中。每当搜索方法可以做出选择时，它选择最左(或最右)的分支(通常选择最左分支)。

可以将图 4-2 中所示的树作为 DFS 的一个例子。将按照 A、B、D、E、C、F、G 的顺序

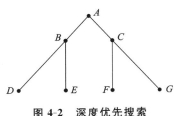

图 4-2　深度优先搜索

访问节点树的遍历算法将多次"访问"某个节点,例如,该图中依次访问的顺序为 A、B、D、B、E、B、A、C、F、C、G。

深度优先搜索的基本思想是:从初始节点 S_0 开始进行节点扩展,考察 S_0 扩展的最后(或最前)1 个子节点是否为目标节点,若不是目标节点,则对该节点进行扩展;再对其扩展节点中的最后(或最前)1 个子节点进行考察,若又不是目标节点,则对其进行扩展,一直如此向下扩展。当发现节点本身不能扩展时,对其 1 个兄弟节点进行扩展;如果所有的兄弟节点都不能扩展,则寻找到它们的父节点,对父节点的兄弟节点进行扩展;依此类推,直到发现目标状态 S_g 为止。因此,深度优先搜索存在搜索和回溯交替出现的现象。

例 4.1　N 皇后问题,如图 4-3 所示,在一个 $N \times N$ 的国际象棋棋盘上摆放 N 枚皇后棋子,摆好后要满足每行、每列和每个对角线上最多只出现一枚皇后,即棋子间不允许相互俘获。

深度优先搜索在寻找可替代路径之前,追求寻找单一的路径来实现目标。如图 4-4 所示,搜索一旦进入某个分支,就将沿着该分支一直向下搜索。若目标节点恰好在此分支上,则可较快地得到问题解;若目标节点不在该分支上,且该分支又是一个无穷分支,就不可能得到解。所以,DFS 是不完备搜索。DFS 内存需求合理,但是它可能会因偏离开始位置无限远而错过了相对靠近搜索起始位置的解。

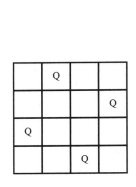

图 4-3　N 皇后问题

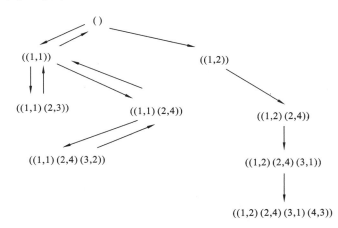

图 4-4　N 皇后问题深度优先搜索树

▎▎▎ 4.2.2　广度优先搜索

广度优先搜索(Breadth-first Search,BFS)又称宽度优先搜索,是第二种盲目搜索方法。使用 BFS,从树的顶部到树的底部,按照从左到右的方式(或从右到左,不过一般来说是从左到右),可以逐层访问节点。要先访问第 i 层的所有节点,然后才能访问第 $i+1$

层的节点。

广度优先搜索的基本思想是:从初始节点开始进行节点扩展,考察S_0的第 1 个子节点是否为目标节点,若不是目标节点,则对该节点进行扩展;考察S_0的第 2 个子节点是否为目标节点,若不是目标节点,则对其进行扩展;对S_0的所有子节点全部考察并扩展以后,再分别对S_0的所有子节点的子节点进行考察并扩展,如此向下搜索,直到发现目标状态S_g为止。因此,广度优先搜索在对第 n 层的节点没有全部考察并扩展之前,不对第 $n+1$ 层的节点进行考察和扩展。

例 4.2 如图 4-5 所示,八数码难题。设在 3×3 的方格棋盘上分别放置了 1、2、3、4、5、6、7、8 这 8 个数,求如何用最少的步骤从任意初始状态到达目标状态。

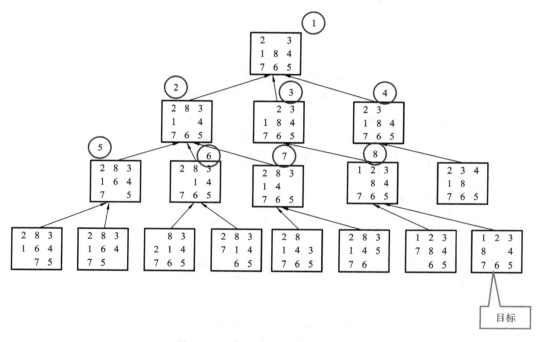

图 4-5 八数码难题广度优先搜索树

广度优先搜索继续进行之前,在离开始位置的指定距离处仔细查看所有替代选项。如果一个问题存在解,那么 BFS 总是可以得到解,而且得到的解是路径最短的,所以它是完备的搜索。如果在每个节点的可替代选项很多,那么 BFS 可能会因需要消耗太多的内存而变得不切实际。BFS 的盲目性较大,当目标节点离初始节点较远时,会产生许多无用节点,搜索效率低。

 拓展阅读 深度优先搜索和广度优先搜索的广泛应用

深度优先搜索和广度优先搜索是两种常用的图遍历算法,它们在处理图的问题时具有广泛的应用。

1. 深度优先搜索

(1) 图像处理。在图像处理中,深度搜索可以用来寻找连通区域、分割目标等。例如,在数字化医学影像中,深度搜索可以帮助医生自动识别和分割出患者肿瘤的位置,从而提高医疗诊断的准确率和治疗的效率。

(2) 数据挖掘。在数据挖掘中,深度搜索可以用于发现数据之间的关系、识别模式等。例如,在社交网络分析中,深度搜索可以用来查找用户之间的关系,确定用户群组、推测用户兴趣等,从而为用户推荐更加精准的内容和服务。

(3) 网络安全。在网络安全领域,深度搜索可以用于检测恶意代码、漏洞等。例如,通过对计算机系统进行深度搜索,可以快速定位系统中存在的风险,提高安全性。

(4) 游戏开发。在游戏开发中,深度搜索可以用于人工智能的实现,帮助游戏角色更加智能地行动和决策。例如,在围棋游戏中,深度搜索可以用于计算每一步对棋局的影响,并决定下一步最优的走法。

(5) 自然语言处理。在自然语言处理中,深度搜索可以用于分词、语义分析、命名实体识别等。例如,在机器翻译中,深度搜索可以通过扫描整个句子,找到与当前单词相关的所有信息,从而更好地理解原文的意思,并生成更加准确的翻译结果。

总之,深度搜索作为一种重要的图算法,在许多领域都有着广泛的应用。无论是在科学研究、工程设计还是商业应用中,深度搜索都可以发挥重要的作用,帮助我们更好地理解和利用复杂的数据结构。

2. 广度优先搜索

(1) 迷宫问题。广度搜索可用于求解迷宫问题,从起点开始广度遍历整个迷宫,直到找到终点为止。

(2) 图像分割。广度搜索可用于图像分割,将图像的所有像素分为不同的连通块。

(3) 搜索引擎。广度搜索可以用于搜索引擎中的网页抓取和索引,从一个网页开始,广度遍历其他相关的网页。

(4) 社交网络分析。广度搜索可用于社交网络分析,通过广度遍历社交网络中的节点和边缘,探索用户之间的关系。

(5) 电子游戏 AI。广度搜索可用于电子游戏 AI 中的路径规划和 NPC 行为决策。

深度优先搜索适用于需要深入挖掘数据之间关系的问题,例如:查找无向图中是否存在环、求解图的连通分量等。广度优先搜索适用于需要全面了解数据分布和结构的问题,例如:网页爬虫、社交网络分析问题等。在实际应用中,需要根据具体问题选择合适的算法以提高处理效率。

4.3　启发式搜索

启发式搜索(Heuristic Search)通过限定搜索深度或搜索宽度来缩小问题空间,常利用领域知识来避开没有结果的搜索路径,试图解答有解时能否找到解、找到的解是最佳的吗、什么情况下可以找到最佳解、求解的效率如何等问题,如图 4-6 所示。

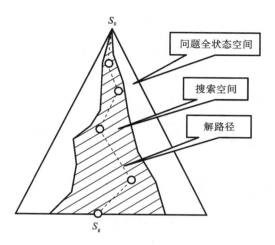

图 4-6　启发式搜索

■■■ 4.3.1　状态空间法

状态空间法是人工智能中最基本的问题求解方法,采用的问题表示方法称为状态空间表示法。其基本思想是用"状态"与"操作"来表示和求解问题。

状态(State)是表示问题求解过程中每一步问题状况的数据结构,它可形式地表示为

$$S_k = \{S_{k0}, S_{k1}, \cdots\}$$

当对每一个分量都赋确定的值时,就得到了一个具体的状态。

操作(Operator)也称为算符,它是把问题从一种状态变换为另一种状态的手段。操作可以是一个机械步骤,一个运算,一条规则或一个过程。操作可理解为状态集合上的一个函数,它描述了状态之间的关系。

状态空间(State space)用来描述一个问题的全部状态及这些状态之间的相互关系。常用一个三元组表示为(S, F, G)。其中,S为问题的所有初始状态集合;F为操作的集合;G为目标状态的集合。

状态空间也可用一个赋值的有向图来表示,该有向图称为状态空间图。在状态空间图中,节点表示问题的状态,有向边表示操作。那么,如何选择扩展哪一个节点?

用状态空间法求解问题的基本过程如下。首先为问题选择适当的"状态"及"操作"的形式化描述方法;然后,从某个初始状态出发,每次使用一个"操作",递增地建立起操作序列,直到达到目标状态为止;最后,由初始状态到目标状态所使用的算符序列就是该问题的一个解,状态空间图如图 4-7 所示。

例 4.3　强盗和警察过河问题,状态空间图如图 4-8 所示。

设在河的一岸有 3 个强盗、3 个警察和 1 条船,现在警察想用这条船把所有人运到河对岸,但受以下条件的约束。

第一,强盗和警察都会划船,但每次船上至多可载 2 人。

第二,在河的任一岸,如果强盗数目超过警察数目,强盗会逃跑。

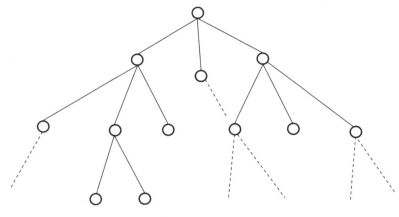

图 4-7　状态空间图

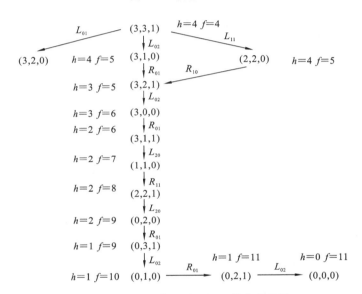

图 4-8　强盗和警察过河问题状态空间图

如果强盗会服从任何一次过河安排,请规划一个确保所有人都能过河,且没有强盗逃跑的过河计划。

解　先选取描述问题状态的方法。这里,需要考虑两岸的强盗人数和警察人数,还需要考虑船在左岸还是在右岸,故可用三元组 $S=(m,c,b)$ 来表示状态。其中,m 表示左岸的警察人数,c 表示左岸的强盗人数,b 表示左岸的船数。

而右岸的状态可由下式确定:

$$右岸警察数\ m'=3-m$$
$$右岸强盗数\ c'=3-c$$
$$右岸船数\ b'=1-b$$

在这种表示方式下,m 和 c 都可取 0、1、2、3 中之一,b 可取 0 和 1 中之一。因此,共有 $4\times4\times2=32$ 种状态。在 32 种状态中,除去不合法(非法)和强盗逃跑的状态,有效状态只有 16 种：

$$S_0 = (3,3,1) \qquad S_1 = (3,2,1) \qquad S_2 = (3,1,1) \qquad S_3 = (2,2,1)$$
$$S_4 = (1,1,1) \qquad S_5 = (0,3,1) \qquad S_6 = (0,2,1) \qquad S_7 = (0,1,1)$$
$$S_8 = (3,2,0) \qquad S_9 = (3,1,0) \qquad S_{10} = (3,0,0) \qquad S_{11} = (2,2,0)$$
$$S_{12} = (1,1,0) \qquad S_{13} = (0,2,0) \qquad S_{14} = (0,1,0) \qquad S_{15} = (0,0,0)$$

过河操作是指用船把强盗或警察从河的左岸运到右岸，或从右岸运到左岸的动作。每个操作都应当满足如下条件。

第一，船上至少有一个警察或强盗（m 或 c）操作，离开岸边的 m 和 c 的减少数目应该等于到达岸边的 m 和 c 的增加数目。

第二，每次操作中，船上强盗和警察的数量和不得超过 2 人。

第三，操作应保证不产生非法状态。

操作的结构包括条件（只有当其条件具备时才能使用）和动作（刻画了应用此操作所产生的结果）。

操作的表示：L_{ij} 表示有 i 个警察和 j 个强盗，从左岸到右岸的操作；R_{ij} 表示有 i 个警察和 j 个强盗，从右岸到左岸的操作。

操作集：本问题有 10 种操作可供选择，它们的集合称为操作集，即

$$A = \{L_{01}, L_{10}, L_{11}, L_{02}, L_{20}, R_{01}, R_{10}, R_{11}, R_{02}, R_{20}\}$$

以 L_{01} 和 R_{01} 为例来说明这些操作的条件和动作。

操作符号	条件	动作
L_{01}	$b=1, m=0$ 或 $3, c \geqslant 1$	$b=0, c=c-1$
R_{01}	$b=0, m=0$ 或 $3, c \leqslant 2$	$b=1, c=c+1$

操作序列：$L_{02} \rightarrow R_{01} \rightarrow L_{02} \rightarrow R_{01} \rightarrow L_{20} \rightarrow R_{11} \rightarrow L_{20} \rightarrow R_{01} \rightarrow L_{02}$。

▇▌ 4.3.2 启发性信息

希望引入启发知识，在保证找到最佳解的情况下，通过限定搜索深度或宽度来缩小问题空间，常利用领域知识来避开没有结果的搜索路径，提高搜索效率。利用知识来引导搜索，达到减少搜索范围、降低问题复杂度的目的。

启发信息的强度很强会降低搜索工作量，但可能会导致找不到最优解；很弱会导致工作量加大，在极限情况下会变为盲目搜索，但也可能会找到最优解。

启发式方法是解决问题的经验法则，是用于解决问题的常用指南。启发式研究方法在特定的问题领域寻求更形式化、更严格的类似算法的解，而不是发展可以从特定的问题中选择并应用到特定问题中的更一般化方法。

启发式搜索方法在考虑要达到的目标状态的情况下极大地减少节点数目，其非常适合组合复杂度快速增长的问题。启发式搜索方法旨在减少必须检查的对象数目。好的启发式方法不能保证获得解，但是它们经常有助于引导人们到达解路径。

启发性信息是指与具体问题求解过程有关的，并可指导搜索过程朝着最有希望方向前进的控制信息。一般有三种：一是有效地帮助确定扩展节点的信息；二是有效地帮助确定

哪些后继节点应被生成;三是能决定在扩展一个节点时哪些节点应从搜索树上被删除。

启发式搜索的基本思想是定义一个评价函数 f,对当前的搜索状态进行评估,找出一个最有希望的节点来扩展。用来估计节点重要性的函数称为估价函数,其一般形式为

$$f(n)=g(n)+h(n)$$

$g(n)$ 是从初始节点 S_0 到节点 n 的实际代价,可以按指向父节点的方向,从节点 n 反向跟踪到初始节点 S_0 得到一条最小代价路径,然后把这条路径上的所有有向边的代价相加即可得到 $g(n)$ 的值。$h(n)$ 是从节点 n 到目标节点 S_g 的最优路径的估计代价,体现了自身的启发性信息。

▮▮▮ 4.3.3　A 算法

在图搜索过程中定义两个节点表,Open 表存放未扩展的节点,Close 表存放已扩展的节点。在搜索的每步都利用估价函数对 Open 表中的节点进行排序的算法称为 A 算法。

全局择优搜索算法每当需要扩展节点时,总是从 Open 表的所有节点中选择一个估价函数值最小的节点进行扩展。搜索过程如下。

步骤一:把初始点 S_0 放入 Open 表中,$f(n)=g(n)+h(n)$。

步骤二:如果 Open 表为空,则问题无解,失败退出。

步骤三:把 Open 表的每一个节点取出放入 Close 表,并记该节点为 n。

步骤四:考察节点 n 是否为目标节点,若是,则为问题的解,成功退出。

步骤五:若节点 n 不可扩展,则转步骤二。

步骤六:扩展节点 n,生成其子节点 $n_i(i=1,2,\cdots)$,计算每个节点的估价值 $f(n_i)$ 放入 Open 表。

步骤七:根据各个节点的估价值,对 Open 表中的全部节点按从小到大的顺序重新排序。

步骤八:转步骤二。

例 4.4　八数码难题,如图 4-9 所示。设在 3×3 的方格棋盘上分别放置了 1、2、3、4、5、6、7、8 这 8 个数,求如何用最少的步骤从任意初始状态 S_0 到达目标状态 S_g。

解　估价函数 $f(n)=g(n)+h(n)$,表示从 S_0 经过 n 到 S_g 的最短路径的耗散值。

$g(n)$:从 S_0 到 n 的最短路径的耗散值,用节点 n 在搜索树中的深度表示。

$h(n)$:从 n 到 S_g 的最短路径的耗散值,用节点 n 中"不在位"的数码个数表示。

用 $f(n)$ 对待扩展节点进行评价。对于初始状态 S_0,如图 4-10 所示,$g(S_0)=0$,$h(S_0)=3$,$f(S_0)=3$。

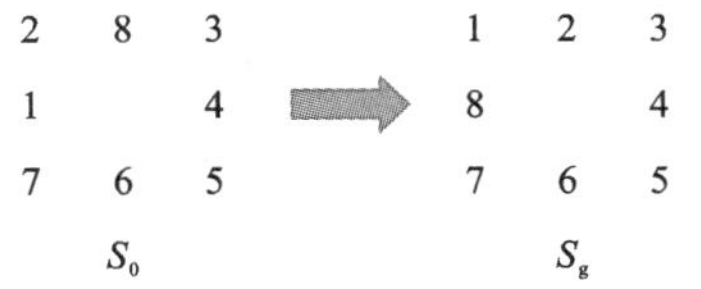

图 4-9　八数码难题,初始状态 S_0 到目标状态 S_g

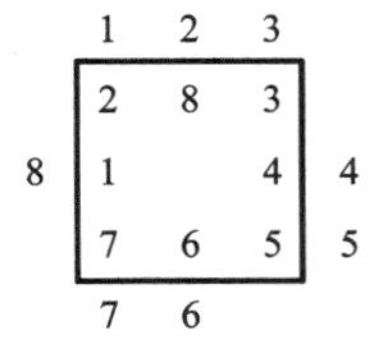

图 4-10　初始状态 S_0

如图 4-11 所示,该问题的解为 $S_0 \rightarrow S_1 \rightarrow S_2 \rightarrow S_3 \rightarrow S_g$。

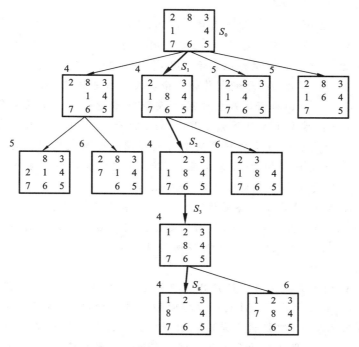

图 4-11　八数码难题 A 算法状态空间图

 拓展阅读　360 上线 AI 搜索 App

截至 2023 年 12 月,360 搜索在国内搜索引擎的市场份额达 6.43%,排名第三,超越了搜狗搜索,仅次于百度搜索(66.52%)和必应搜索(13.32%)。

360 AI 搜索是"新一代答案引擎",主要为最复杂的搜索查询提供更相关、更全面的答案。当用户在 360 AI 搜索中输入任何问题时,都会触发一系列复杂的处理流程,包括问题分析、网页检索、重新匹配排序、提取内容等流程,最终会根据用户的问题生成逻辑清晰、有理有据、追根溯源的答案。

事实上,随着 2023 年 ChatGPT 爆火引发全球 AIGC(生成式人工智能)热潮,市场认为,AI 将会变革搜索引擎市场。微软则于去年应声推出基于大模型的 AI 搜索产品——基于 GPT-4 的 New Bing(新必应搜索)。

而作为中国市场份额排名第一的搜索引擎,早前,百度也推出 AI 搜索功能,在搜索页面内置百度"文心一言"大模型技术,实现 Chat AI 对话功能。

2023 年 4 月,360 公司创始人、董事长周鸿祎表示,360 公司的 AI 发展战略将是"两翼齐飞",一方面继续全力自研生成式大语言模型技术,造自己的发动机;另一方面将占据场景做产品,尽快推出相关产品服务。他还指出,360 将推出国内首家 AI 搜索引擎,并基于搜索场景推出人工智能个人助理类产品,这将颠覆传统的搜索模式,为用户提供更智能和便捷的搜索体验。

在用户端,360 已借鉴 New Bing 模式,将 360 GPT 的产品矩阵"360 智脑"与搜索场景结合,推出了新一代智能搜索引擎,现已定向邀约企业客户测试,未来还将推出 AI 浏览器、AI 个人助理等产品。周鸿祎还表示,360 将上线 AI 商店,作为 AI 导航,360 AI 商店将集成 AI 作图、AI 写作、AI 音频制作等十余类几百种全球 AI 工具。

2023 年 9 月,360 集团自研认知型通用大模型"360 智脑",首批获得备案,并全面接入 360 搜索、360 浏览器等互联网全端应用,面向公众开放。11 月 4 日,"奇元大模型"通过备案落地。360 公司也成为国内首家两个大模型均通过备案的科技企业。上线首周,360 智脑即获 300 万用户超 5000 万余次互动,360 智脑总裁张向征称"360 智脑"多项指标超过 GPT 3.5,能力位列国产大模型第一梯队。

除了 360 AI 搜索,目前 360 公司旗下的搜索引擎产品"360 搜索"(原名为 360 综合搜索、好搜)最早于 2012 年 8 月推出,随后引起百度与 360 公司之间的舆论互击,这被认为是 3Q(360 和腾讯)大战之后 360 与互联网巨头的又一争斗事件,被称为"360 百度大战""3B 大战"。

如今,360 AI 搜索正式上线。该产品主要包括 AI 搜索和增强模式两个新功能。其中,AI 搜索是用户提出问题后,AI 将通过搜索引擎进行检索,读取并分析多个网页的内容,最后输出精准的结论;增强模式是在用户提问后,AI 将进行语义分析并追问以补充更多信息,然后 AI 将问题拆分为多组关键词进行搜索引擎检索,深度阅读更多的网页内容,最终生成逻辑清晰、准确无误的答案。

如今,在 AI 热潮下,360 急需将搜索业务不断增强,以形成更高的技术和产品"壁垒"。周鸿祎表示,"2023 年的主旋律是如何做大模型,2024 年的主旋律是如何用大模型",未来,世界技术都将会被 AI 改变。

习 题 4

一、填空题

1. 搜索问题包含三个部分,分别是_____、_____,以及如何利用知识尽可能有效地找到问题的解(最佳解)。

2. 常用的盲目搜索策略有_____和_____两种。

3. 状态空间用来描述一个问题的_____及这些状态之间的_____。

4. 启发式搜索方法在考虑要达到的_____的情况下极大地减少_____,其非常适合组合复杂度快速增长的问题。

5. Open 表存放未扩展的节点,Close 表存放_____节点。

二、选择题

6. 启发式搜索中,通常 Open 表上的节点按照它们 f 函数值的(　　)顺序排列。

A. 平均值　　　　　B. 递减　　　　　C. 最小　　　　　D. 递增

7. 如果重排 Open 表是根据 $f(x) = g(x) + h(x)$ 进行的,则称该过程为(　　)。

A. A*算法　　　　B. A 算法　　　　C. 有序搜索　　　　D. 启发式搜索

8. 在与或树和与或图中,我们把没有任何父辈节点的节点称为(　　)。

A. 叶节点　　　　B. 端节点　　　　C. 根节点　　　　D. 起始节点

9. 宽度优先搜索方法能够保证在搜索树中找到一条通向目标节点的(　　)途径(有路径存在时)。

A. 可行　　　　B. 最短　　　　C. 最长　　　　D. 解答

10. 应用某个算法(例如等代价算法)选择 Open 表上具有最小 f 值的节点作为下一个要扩展的节点,这种搜索方法称为(　　)。

A. 盲目搜索　　　B. 深度优先搜索　　C. 有序搜索　　　D. 极小极大分析法

三、思考题

11. 什么是启发式搜索? 重排 Open 表意味着什么? 重排的原则是什么?

12. 试举例比较各种搜索方法的效率。

第5章

机器学习

知识目标	思政与素养
了解机器学习的定义、简史和基本结构。	了解机器学习的定义、简史和基本结构，培养科学、历史、技术、伦理和创新素养，促进思维发散。
掌握和区分机器学习的各种类型，包括监督学习、无监督学习、弱监督学习、半监督学习、强化学习和联邦学习，并掌握其相应特点。	了解每种机器学习类型的特点和应用场景，能够理解科技在社会、经济、文化等方面的影响，并思考其潜在的伦理和社会责任。能够运用不同类型的机器学习算法解决实际问题，培养创新思维和实践能力，成为具有科学素养、技术素养、伦理素养和创新素养的公民，为社会的可持续发展做出贡献。
熟悉机器学习的各种算法并学会运用。	掌握各种算法，培养实践和解决问题的能力。激发创新思维，提高动手能力，为未来在科技领域的发展打下坚实基础。

 实例导入　机器学习开始预测人类生活多个方面 ▪

　　《自然·计算科学》在 2023 年 12 月 18 日发表的一项研究描述了一种机器学习方法，该方法能从不同方面准确预测人类生活，包括早死可能性和个性的细微差异。该模型或能提供对人类行为的量化认知。

　　社会科学家对人类生活是否能被预测的问题看法不一。虽然人们对起到重要作用的社会人口学因素已有充分了解，但却一直无法对生命结局进行准确预测。

　　利用丹麦国家登记处约 600 万人的教育、健康、收入、职业和其他生活事件数据,丹麦技术大学研究团队设计了一种机器学习方法,以构建个体的人类生活轨迹。团队通过调整语言处理技术,用类似模型中语言的方式表达人类生活。这种方法能以类似语言模型捕捉词语间复杂关系的方式生成一个生活事件的术语表。他们提出的模型名为"life2vec",能确定健康相关诊断、居住地、收入水平等概念之间的复杂关系,并用一个压缩向量编码个人生活,以此作为预测生活结局的基础。

研究团队证明,该模型可预测早死率,即年龄组在 35 岁至 65 岁的个体自 2016 年 1 月 1 日起存活 4 年的概率。另外,其捕捉细微个性差异的能力超过了当下先进的模型和基线标准,表现分至少提升 11%。

研究结果表明,通过表征社会结局和健康结局之间的复杂关联,准确预测生活结局也许是可以做到的。但团队也强调,他们的研究只是对可能性的探索,而且只应在确保个人权利受到保护的监管下才可用于现实世界。

5.1　机器学习概述

▌▌ 5.1.1　机器学习的定义

机器学习是人工智能的一个分支,它所涉及的范围非常广,包括语言处理、图像识别等,但它实际上是一个相当简单的概念。简单说,任何通过数据训练的学习算法都属于机器学习,其涉及一个逻辑推理→知识工程→机器学习的过程。经验(数据和常识)在此更多指的是数据,即从数据中总结规律用于将来的预测。学习是一个蕴含特定目的的知识获取过程,其内部表现为新知识的不断建立和修正,而外部表现为性能改善,具体应该根据数据包含的信息进行相应学习。下面是不同时期机器学习的不同定义。

(1) 兰利(1996)的定义是:"机器学习是一门人工智能科学,该领域的主要研究对象是人工智能,特别是如何在经验学习中改善具体算法的性能"。

(2) 汤姆·米切尔(1997)对信息论中的一些概念作了详细的解释,他定义机器学习时提到:"机器学习是对能通过经验自动改进的计算机算法的研究"。

(3) 阿培丁(2004)提出自己对机器学习的定义:"机器学习是指用数据或以往的经验优化计算机程序的性能标准"。

(4) 目前,机器学习是研究如何使用机器来模拟人类学习活动的一门学科。稍为严格的提法是:机器学习是一门研究机器获取新知识和新技能,并识别现有知识的学问。这里所说的"机器"指的就是计算机,如电子计算机、中子计算机、光子计算机或神经计算机等。

▌▌ 5.1.2　机器学习简史

(1) 机器学习最早的发展可以追溯到英国数学家贝叶斯在 1763 年发表的贝叶斯定

理,这是机器学习的基本思想。

(2) 在 1950 年图灵发明图灵测试之后,1959 年亚瑟·塞缪尔创建了第一个真正的机器学习程序——简单的下棋游戏程序,这个程序具有学习能力,它可以在不断的对弈中改善自己的棋艺。4 年后,这个程序战胜了设计者本人。又过了 3 年,这个程序战胜了美国一个保持 8 年之久的常胜不败的冠军。这个程序向人们展示了机器学习的能力,提出了许多令人深思的社会问题与哲学问题。接着是唐纳德·米奇在 1963 年推出的强化学习的 Tic-Tac-Toe(井字棋)程序。

(3) 在接下来的几十年里,机器学习的进步遵循了同样的模式,计算机通常是通过与专业的人类玩家玩战略游戏来进行测试的。

(4) 机器学习的发展在 1997 年达到巅峰,当时,IBM 深蓝国际象棋电脑在一场国际象棋比赛中击败了世界冠军加里·卡斯帕罗夫。近年来,谷歌开发了专注于中国棋类游戏——围棋的 AlphaGo。围棋被认为过于复杂,但在 2016 年,AlphaGo 获得了胜利,在一场五局制比赛中击败了李世石。

(5) 机器学习最大的突破是深度学习(2006 年),深度学习的目的是模仿人脑的思维过程,这经常被用于图像和语音识别。深度学习的出现促进了我们今天使用的许多技术的发展。

(6) 机器学习进入新阶段的重要表现如下。

① 机器学习成为新的前沿学科并在高校成为一门课程,它综合了应用心理学、生物学、神经生理学、数学、自动化和计算机科学,成为机器学习理论基础。

② 结合各种学习方法,取长补短形式的集成学习系统研究正在兴起。特别是连接学习、符号学习的耦合可以更好地解决连续性信号处理中知识与技能的获取与求精问题而受到重视。

③ 机器学习与人工智能各种基础问题的统一性观点正在形成。例如学习与问题求解结合进行、知识表达便于学习的观点促进了通用智能系统的组块学习。

④ 各种学习方法的应用范围不断扩大。归纳学习的知识获取工具已在诊断分类型专家系统中广泛使用;连接学习在声图文识别中占优势;分析学习已用于设计综合型专家系统;遗传算法与强化学习在工程控制中有较好的应用前景;与符号系统耦合的神经网络连接学习将在企业的智能管理与智能机器人运动规划中发挥作用。

⑤ 与机器学习有关的学术活动空前活跃。国际上除每年举行的机器学习研讨会外,还有计算机学习理论会议及遗传算法会议。

5.1.3 机器学习的基本结构

图 5-1 所示的为学习系统的基本结构。环境向系统的学习部分提供某些信息,学习部分利用这些信息修改知识库,以增进系统执行部分完成任务的效能,执行部分根据知识库完成任务,同时把获得的信息反馈给学习部分。在具体的应用中,环境、知识库和执行部分决定了工作内容,确定了学习部分所需要解决的问题。

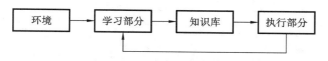

图 5-1　学习系统的基本结构

1. 环境

影响学习系统(学习部分)设计的最重要因素是环境。知识库里存放着指导执行部分动作的一般原则,环境向学习系统提供各种各样的信息,如果信息的质量比较高,与一般原则的差别比较小,则学习部分比较容易处理。如果向学习系统提供的是杂乱无章的指导执行具体动作的具体信息,则学习系统需要在获得足够数据之后,删除不必要的细节,进行总结推广,形成指导动作的一般原则,并放入知识库。因此,学习部分的任务比较繁重,设计起来也较为困难。因为学习系统获得的信息往往是不完全的,所以学习系统所进行的推理并不完全是可靠的,它总结出来的规则可能正确,也可能不正确。要通过执行效果加以检验。正确的规则能使系统的效能提高,应予保留;不正确的规则应予以修改或从数据库中删除。

2. 知识库

知识库是影响学习系统设计的第二个因素。知识有多种表示形式,比如特征向量、一阶逻辑语句、产生式规则、语义网络和框架等。这些表示方式各有其特点,在选择表示方式时要兼顾四个方面,即表达能力强、易于推理、容易修改和易于扩展。

学习系统不能在没有任何知识的情况下凭空获取知识,每一个学习系统都要求具有某些知识理解环境提供的信息,对信息进行分析比较,做出假设,检验并修改这些假设。因此,更确切地说,学习系统是对现有知识库的扩展和改进。

3. 执行部分

执行部分是整个学习系统的核心,因为执行部分的动作就是学习部分力求改进的动作。执行部分的关键词有三个,即复杂性、反馈和透明性。

图 5-2 所示的为学习的过程,下面举例进行说明。

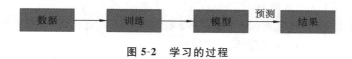

图 5-2　学习的过程

例 4.5　根据人的身高估算体重。假设想创建一个能够根据人的身高估算体重的系统。

解　图 5-3 中的每一个点对应一个数据,可以画出一条简单的斜线来预测基于身高的体重。斜线能帮助我们作出预测,尽管这些斜线表现得很棒,但是仍需要理解它是怎么表现的,我们希望降低预测值和实际值之间的误差,这也是衡量系统性能的方法。

深远一点说,收集更多的数据(经验),模型就会变得更好。我们也可以通过添加更多变量(例如性别)和添加不同的预测斜线来完善模型。

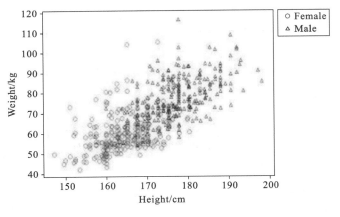

图 5-3　身高体重图

拓展阅读　智能交通系统中的机器学习

随着城市化进程的加速和科技的不断发展,交通问题逐渐成为城市面临的一大挑战。为了构建更加高效、智能的交通系统,机器学习技术正逐渐成为解决方案的核心。智能交通系统的目标是通过结合信息技术、通信技术和交通管理技术,实现对交通系统的高效管理。随着城市化的加速,传统的交通管理方式已经难以适应日益增长的出行需求。因此,引入机器学习技术成为解决交通问题的新途径。

智能交通系统涵盖了多个方面,包括交通流预测、智能信号灯控制、无人驾驶技术等。这些方面的应用使得交通系统能够更加灵活、响应更加迅速,为城市交通的未来发展提供了新的可能性。

交通流预测是智能交通系统中的关键任务之一。通过机器学习模型对历史交通数据进行学习,系统能够预测未来的交通状况。这种预测有助于更好地安排交通资源、预防拥堵,并为出行提供实时的建议。

智能信号灯控制:传统的信号灯控制往往是基于固定时序和周期的,无法适应实时交通变化。智能信号灯控制则借助机器学习,根据实时交通状况进行动态调整。这样可以更灵活地分配交叉口的通行权,减少拥堵。

无人驾驶技术是智能交通系统的前沿领域,也是机器学习发挥重要作用的领域之一。通过对传感器数据的处理,深度学习模型能够实现车辆的自主导航。这项技术有望提高交通安全性、减少事故,并提供更加便捷的出行方式。

在智能交通系统中,数据处理是确保模型准确性的关键步骤。首先,需要收集多种数据,包括车辆轨迹、交叉口流量、道路状况等。然后,对这些数据进行清洗、特征提取和标准化等预处理操作,以确保输入模型的数据质量。

机器学习在面向未来的智能交通系统中发挥着不可替代的作用。通过对交通数据的智能分析和决策,更加智能、高效和安全的交通系统能够被构建,为城市的可持续发展贡献力量。在不断的技术创新和应用实践中,智能交通系统必将迎来更为美好的未来。

5.2　机器学习的类型

学习策略是指学习过程中系统所采用的推理策略。一个学习系统总是由学习部分和环境两部分组成。由环境（如书本或教师）提供信息，学习部分则实现信息转换，将信息用能够理解的形式记忆下来，并从中获取有用的信息。在学习过程中，学生（学习部分）使用的推理越少，他对教师（环境）的依赖就越大，教师的负担也就越重。学习策略是根据学生实现信息转换所需的推理多少和难易程度来分类的，依从少到多，从简单到复杂的次序分为以下六种基本类型。

1. 机械学习

学习者无须进行任何推理或其他的知识转换，直接吸取环境所提供的信息。

2. 示教学习

学生从环境（教师或其他信息源，如教科书等）获取信息，把知识转换成内部可使用的表示形式，并将新的知识和原有知识有机地结合为一体。

3. 演绎学习

学生所用的推理形式为演绎推理。推理从公理出发，经过逻辑变换推导出结论。

4. 类比学习

利用两个不同领域（源域、目标域）中的知识相似性，可以通过类比，由源域的知识（包括相似的特征和其他性质）推导出目标域的相应知识，从而实现学习。

5. 基于解释的学习

学生根据教师提供的目标概念、该概念的一个例子、领域理论及可操作准则，首先构造一个解释来说明为什么该例子满足目标概念，然后将解释推广为目标概念的一个满足可操作准则的充分条件。

6. 归纳学习

由环境提供某概念的一些实例或反例，学生通过归纳推理得出该概念的一般描述。归纳学习的推理工作量远大于示教学习和演绎学习的，因为环境并不提供一般性概念描述（如公理）。

学习是一项复杂的智能活动，学习过程与推理过程是紧密相连的。学习中所用的推理越多，系统的能力越强。主要的机器学习类型有监督学习、无监督学习、弱监督学习、半监督学习、强化学习和联邦学习。

▋▋ 5.2.1　监督学习

监督学习（Supervised Learning）涉及一组标记数据，计算机可以使用特定的模式来识别每种标记类型的新样本，即在机器学习的过程中提供对错指示，一般在数据组中包含最终结果（0，1）。通过算法让机器自我减少误差。监督学习从给定的训练数据集中学习出一个函数，当新的数据到来时，可以根据这个函数预测结果。监督学习的训练集要求是包括输入和输出,也可以说是特征和目标。训练集中的目标是由人标注的。常见的监督学习算法包括回归分析和统计分类。

监督学习是一个举一反三的过程,先由已标注正确的训练集进行训练,训练完成之后得到的"经验"称为模型,然后将未知的数据传入模型,机器即可通过"经验"推测出正确结果。

例 5.1 (1)老师:1 本书+1 本书=2 本书。

(2)学生:1 本书+1 本书=2 本书。

(3)老师:1 支笔+1 支笔=2 支笔。

(4)学生:1 支笔+1 支笔=2 支笔。

(5)老师:1 个格尺+1 个格尺=?

(6)学生:1 个格尺+1 个格尺=2 个格尺。

上边的例子中,学生通过总结第(1)步和第(3)步中老师所传授的书和笔的经验,总结出了"1+1=2",在第(5)步老师没有给定答案的情况下,学生根据总结得出了"1+1=2"的经验,给出了"1 个格尺+1 个格尺=2 个格尺"的推测。

此时,学生对应的是机器,老师传授的书和笔的经验对应的是训练集,学生总结出的"1+1=2"对应的是模型,"1 个格尺+1 个格尺=?"对应的是未知数据,学生给出的"1 个格尺+1 个格尺=2 个格尺"对应的是正确结果。

通过上边的这个例子,我们就能了解监督学习的概念,监督学习有两个任务:回归和分类。

分类的概念很容易理解,由训练集给出的分类样本,通过训练总结出样本中各分类的特征模型,再将未知数据传入特征模型,实现对未知数据的分类。

例 5.2 训练集为

水果→可生吃,酸甜的

蔬菜→不可生吃,涩涩的

未知数据为

梨:可生吃,甜的

分类结果为

梨→水果

未知数据为

茄子:不可生吃,涩涩的

解 分类结果为

茄子→蔬菜

回归可以理解为逆向的分类,通过特定算法对大量的数据进行分析,总结出其中的个体具有代表性的特征,形成类别。

例 5.3 训练集为

橙子:可生吃,甜的

葡萄:可生吃,酸的

豆角:不可生吃,涩的

茄子:不可生吃,涩的

解　回归结果为

橙子、葡萄:可生吃,酸甜的→水果
豆角、茄子:不可生吃,涩的→蔬菜

5.2.2　无监督学习

无监督学习(Unsupervised Learning)又称归纳性学习,通过循环和递减运算来减小误差,达到分类的目的。在无监督学习中,数据是无标签的。由于大多数真实世界的数据都没有标签,这样的算法就特别有用。

无监督学习常用的两个分类算法是聚类和降维。聚类用于根据属性和行为对象进行分组,这与分类不同,因为这些分组不是人为提供的。聚类的一个例子是将一个组划分成不同的子组(例如,基于年龄和婚姻状况),然后应用到有针对性的营销方案中。而降维则是通过找到共同点来减少数据集的变量,大多数大数据可视化使用降维来识别趋势和规则。

无监督学习本质上是一种统计手段(也可以理解为一种分类手段),它没有明确目标的训练方式,使用者无法提前知道结果是什么,因此无须打标签。它的原理类似于监督学习中的回归,但在回归结果中没有打标签。

例 5.4　训练集为

橙子:可生吃,甜的
葡萄:可生吃,酸的
豆角:不可生吃,涩的
茄子:不可生吃,涩的

解　无监督学习结果为

橙子、葡萄:可生吃,酸甜的
豆角、茄子:不可生吃,涩的

从上述例子中可以看到,无监督学习只是根据训练集中训练数据特点的不同,将其分成了两类,但每个类代表什么意思并不知道。基于无监督学习的这个特性,它常用的两个分类算法(或者说分类手段)是降维和聚类。

1. 降维

这里的降维,实质上应该是一种去重过程。比如说橙子和茄子都有“圆的”这个特征,香蕉和黄瓜都有“长的”这个特征,但这两个特征是“水果”和“蔬菜”两个分类中都包含的,可以认为是“无用特征”,所以在分类过程中将其直接去除,一是避免影响分类结果,二是减少计算机的运行冗余。

2. 聚类

简单来说,聚类是一种自动化分类的方法。在监督学习中,每一个分类是什么是很清楚的,但是在聚类中,则不清楚聚类后的几个分类分别代表什么意思。

就像例 5.4 中的无监督学习结果中,总结出了橙子、葡萄是可生吃,酸甜的,豆角、茄子是不可生吃、涩的,但机器只是将其分成了两类,具体这两类表示的是什么东西是不明确的。

因此,无监督学习其实就是一个没有感情的分类方法,需要人为对每个分类结果进行分析。

5.2.3 弱监督学习

弱监督学习(Weak Supervised Learning)过程为,已知数据和其一一对应的弱标签,训练一个智能算法,将输入数据映射到一组更强的标签。标签的强弱指的是标签蕴含的信息量的多少,比如相对于分割的标签来说,分类的标签就是弱标签,如果有一幅图,已知图上有一头猪,然后需要找出来猪的位置、猪和背景的分界位置,那么这就是一个已知弱标签,要去学习强标签的弱监督学习问题。

弱监督学习可以分为三种典型的学习方式:不完全监督、不确切监督和不精确监督。不完全监督是指训练数据中只有一部分数据被给了标签,有一些数据是没有标签的。不确切监督是指训练数据只给出了粗粒度标签,我们可以把输入想象成一个包,这个包里面有一些示例,已知这个包的标签 Y 或 N,但是不知道每个示例的标签。不精确监督是指给出的标签不总是正确的,比如本来应该是 Y 的标签被错误标记成了 N。

实际上,弱监督学习普遍存在。为了解决不完全监督问题,可以考虑两种主要技术,主动学习和半监督学习。一种是有人工干预的,一种是没有人工干预的。为了解决不完全监督问题,首先考虑主动学习技术,这个方法在训练过程中是有人工干预的,输入是一些标注过的数据(包含 x, y)和没有标注过的数据(只有 x),输出是 Y 或者 N(考虑最简单的二分类问题)。半监督学习尝试在不查询人类专家的情况下利用未标注的数据。其次,为了解决不确切监督问题,可以考虑多示例学习技术。最后,解决不精确监督问题,可以考虑带噪学习技术。

5.2.4 半监督学习

半监督学习(Semi-Supervised Learning)是机器学习的一种学习范式,介于监督学习和无监督学习之间。半监督学习同时利用带标签(有标签)和不带标签(无标签)的数据进行模型训练,这种方法的目标是通过尽可能少的标记数据来提高模型的性能。

传统的监督学习需要大量带标签的数据来训练模型,以便模型能够学习输入特征和相应的标签之间的关系。然而,收集和标记大量数据可能是一项耗时且昂贵的任务。在无监督学习中只使用不带标签的数据,模型试图从数据本身找到一些结构和模式。无监督学习通常在数据聚类和降维等任务中有所应用。

如果一个数据的标注非常困难,比如医院的检查结果,医生也需要一段时间来进行判断,且也只能知道部分数据指示的是健康还是非健康,而不知道其他数据的情况,此时,监督学习和无监督学习结合而成的半监督学习就开始发挥作用了。半监督学习的主要思想是充分利用未标记的数据,提高模型的泛化能力和性能。这种方法在以下情况下特别有用。

(1)数据标记成本高。收集和标记数据非常昂贵或困难,例如在医学图像、自然语言处理和金融领域。

(2)数据标记不充分。对于某些任务,很难获得大量带标签的数据,但可能存在大量未标记的相关数据。

(3)要求降低过拟合。通过在训练中引入未标记的数据,可以帮助模型避免在训练数据上过度拟合,提高泛化能力。过拟合通常发生在模型过于复杂或者过度依赖于训练数据中的特定模式时。引入未标记的数据,可以使模型具有鲁棒性,对于训练数据中的特定情况表现良好,也能更好地处理未见过的数据。未标记的数据扩展了模型学习的样本空间,在噪声或特殊情况下设置了更难以过度导出的数据。这种扩展是模型学习更一般化的表示,而不是过度集中于训练集中的具体情况。因此,它在提高模型泛化能力和降低过表达方面发挥了关键作用。

半监督学习的方法可以分为以下两大类。

1. 基于生成模型的方法

这些方法通常使用概率模型来描述数据生成过程。例如,利用生成对抗网络(GANs)或变分自编码器(VAEs)来生成未标记数据,并将这些生成的数据与带标签数据一起用于模型训练。

2. 基于图的方法

这些方法基于数据的相似性或连续性构建图结构,然后通过半监督学习算法在图上传播标签信息。这样的方法通常涉及图半监督学习算法和图神经网络。

值得注意的是,半监督学习并不适用于所有问题,其效果可能依赖于数据集的特点和任务的复杂性。在实践中,选择学习范式时需要根据具体情况进行评估和实验。

▉▉ 5.2.5 强化学习

强化学习(Reinforcement Learning)是使用机器的个人历史和经验来做出决定,在没有人为指导的情况下,通过不断试错来提升任务性能的过程。与监督学习和无监督学习不同,强化学习不涉及提供"正确的"答案或输出。相反,它只关注性能,这反映了人类是如何根据积极的和消极的结果学习的,它很快就能学会,不需要重复这一动作。同样的道理,一台下棋的电脑可以学会不把它的国王移到对手的棋子可以进入的空间,然后国际象棋的这一基本操作就可以被扩展和推断出来,直到机器能够最终击败人类顶级玩家为止。

机器学习使用特定的算法和编程方法来实现人工智能。没有机器学习,我们前面提到的国际象棋程序将需要数百万行代码,包括所有的边缘情况并包含来自对手的所有可能的移动。有了机器学习,我们可以将代码量缩小到以前的一小部分。此外,深度学习是机器学习的一个子集,它专注于模仿人类大脑的生物学过程。

强化学习的本质可以概括为奖惩和试错的过程,如图 5-4 所示。在强化学习中,智能体通过与环境交互,不断尝试不同的行动并根据获得的奖励或惩罚来调整其行为。这个

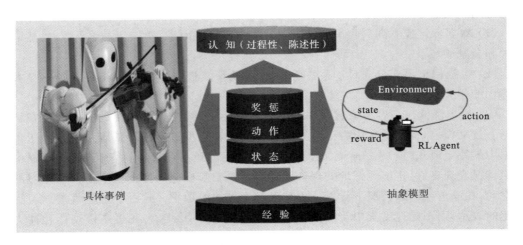

图 5-4   强化学习的本质

过程可以用以下两个关键概念来描述。

1. 奖惩

在强化学习中,智能体执行一个动作后会从环境中获得一个奖励或惩罚信号。奖励信号反映了当前动作对智能体任务的影响程度。智能体的目标是经过学习后,在类似的情境下,能够选择出获得更多奖励、减少惩罚的行动。奖励和惩罚是智能体从环境中获得的关键信息,驱使智能体朝着更优的行为方向进行调整。

2. 试错

强化学习是一种试错的过程,智能体通过不断尝试不同的动作来探索环境,以了解哪些行为会获得更多的奖励。当智能体采取某个动作并从环境中获得奖励或惩罚后,它会更新自己的知识或策略,以便在未来做出更明智的决策。通过反复试错,智能体逐步改进其策略,以获取更高的累积奖励。

综合来看,强化学习的本质就是在一个不断尝试、获得奖励和惩罚的循环中,智能体通过学习和优化来逐步提升性能。这种学习方式在许多现实世界的场景中都能够应用,例如训练自动驾驶汽车、教育智能机器人、优化金融投资策略等。

强化学习指的是计算机对没有学习过的问题做出正确解答的泛化能力,可以理解为强化学习=监督学习+无监督学习。和监督学习一样,它也是需要人工介入的。

例 5.5   训练集为

可生吃,酸甜的→水果

不可生吃,涩的→蔬菜

未知数据为

橙子:可生吃,甜的

葡萄:可生吃,酸的

豆角:不可生吃,涩的

茄子:不可生吃,涩的

肘子：来自动物，炖着吃贼香

解　分类结果为

橙子、葡萄→水果

豆角、茄子→蔬菜

肘子→???

人工标注

来自动物，炖着吃贼香→肉类

分类结果为

橙子、葡萄→水果

豆角、茄子→蔬菜

肘子→肉类

训练集中已经标注了水果和蔬菜的特征，当未知数据符合训练集中标注的特征时（橙子、葡萄、豆角、茄子），机器进行了正确的分类；当未知数据不符合训练集中标注的特征时（肘子），机器无法判定这个数据的特征属于哪个类别，此时人工介入进行标注后，机器才能对这个未知数据（肘子）进行分类。倘若人工不介入，又输入了大量未标注特征的数据时，这场强化学习则又变成了无监督学习。

强化学习的算法构造思路如下。

（1）根据先验得到初始认知（值函数）；

（2）根据认知选择动作（伴随一定的随机性）；

（3）获得经验；

（4）根据反馈修改认知；

（5）根据延迟的反馈，回退修改历史认知。

▮▮ 5.2.6　联邦学习

联邦学习（Federated Learning）是一种机器学习的分布式学习框架，旨在解决数据隐私和数据安全方面的问题。它允许多个设备或机器（例如智能手机、传感器、边缘计算设备）在本地训练模型，而不需要将原始数据传输到中央服务器。这样做的目的是保护用户的隐私，减少数据传输和存储的需求，并减轻服务器的负担。

在传统的集中式机器学习中，所有数据都集中在一个中央服务器上进行模型训练。这可能会导致如下问题。

（1）隐私问题。用户的个人数据可能包含敏感信息，如果数据被传输到中央服务器，存在泄漏和滥用的风险。

（2）带宽消耗问题。在大规模应用中，将所有数据传输到中央服务器会消耗大量带宽，造成网络拥堵。

（3）训练时间问题。集中式训练可能需要较长的时间，特别是在移动设备上。

联邦学习在本地设备上进行模型训练，然后将本地训练的模型参数传输回中央服务器进行聚合，以更新全局模型。这样的方式保证了数据的隐私不被暴露，同时减少了数据传输的需求。联邦学习的基本过程如下。

（1）初始化。中央服务器初始化一个全局模型。

（2）本地训练。本地设备使用自己的数据在本地训练模型，并生成模型参数。

（3）参数传输。本地设备将本地训练得到的模型参数传输回中央服务器。

（4）聚合更新。中央服务器将接收到的所有本地模型参数进行聚合，并更新全局模型。

（5）重复。重复执行步骤（2）～（4），直到全局模型达到满意的性能或收敛。

联邦学习的优点在于保护了数据隐私和安全，降低了带宽消耗，加快了模型训练的速度，并且可以更好地适应分布式数据的特点。它在移动设备、物联网和边缘计算等场景下具有广泛的应用前景。然而，联邦学习也面临一些挑战，例如通信效率、本地设备的计算能力差异等问题，这些问题需要继续研究和改进。

拓展阅读　TikTok 推荐算法

TikTok 是全球最具吸引力、增长最快的社交媒体平台之一。截至 2023 年 6 月，TikTok 全球下载量已突破 35 亿次。TikTok 在全球拥有超过 16 亿用户，TikTok 发现和提供内容的独特方式是其具有吸引力的"秘密武器"。

TikTok 将网红博主的视频与新人博主的视频混合放在"为你推荐"页面，然后按浏览量奖励优质创作内容，用这种方式将更多新人博主的视频推给广大用户。该应用不同于其他社交媒体平台的是，任何人在"为你推荐"页面都有可能"一举成名"。系统将通过 TikTok 的推荐算法向与视频博主有共同兴趣、爱好或特定身份的用户不断推荐视频，从而使优质的创作内容快速传播。

在算法中，作为推荐依据的不仅仅是博主的粉丝数、是否有过热门视频，更重要的还有视频标题、声音、内容标签属性等，与用户观看或点赞过的视频、拍摄过的内容等细分的兴趣领域相结合，基于个性化推荐领域经典的协同过滤及内容推荐方法做出最终的推荐。因此，TikTok 不仅能够精准地为用户推荐感兴趣的视频，还能通过推荐算法帮助他们拓展其可能感兴趣的新的细分领域的内容，从而提升用户在新颖性和惊喜性方面的需求。

TikTok 的推荐算法入选 MIT Technology Review 2021 的全球"十大突破性技术"，因为其算法满足了每位个体用户的具体的细分兴趣需求，而不再仅强调追随热点的"从众效应"。其实这一评选结果也是对近几年来国际社会越来越关注的推荐系统的"公平性"问题的直接反映。

从 2012 年起，研究者们开始发现和讨论不同推荐场景下存在的公平性问题。例如，在工作推荐场景中，与同能力水平的男性相比，女性可能会被推荐薪酬较低的工作岗位；在电影推荐场景中，不同性别、年龄的人可能会被推荐不同质量的电影；在图书推荐场景中，女性作者的书籍在评分上受到不公平的对待等。

2019 年还有研究者提出基于热门内容的推荐会带来推荐系统的偏差，将其称为"热点偏差"(Popularity Bias)。推荐系统中的不公平性不仅存在于信息的接受者即观看内容的用户端,还存在于信息的创造者即发布内容的用户端,例如在传统方法中,非网红明星的优质内容提供者的作品被推荐的机会往往不如明星的多。

2018 年,研究者们提出"有责任的推荐"(Responsible Recommendation),之后,2019 年,研究者们专门组织了一届多媒体中的公平、责任、透明研讨会。

2021 年,"公平性"已经成为信息检索领域主流学术会议(如 SIGIR,TheWebConf 等)中最热点的研究话题之一,相关研究已经开始受到广泛的重视。目前研究界和产业界已经开始提出越来越多用于解决或至少缓解推荐系统公平性的模型和方法。

从用户公平性和内容公平性的两个角度来推进,分别从数据、模型、结果、评价指标等多个层面进行优化。除了个性化推荐的算法以外,不少经济学和社会科学的理论和知识也被综合利用进来,例如经济学的帕累托优化方法、边际效益、最低工资、嫉妒公平等理论,社会学的基尼系数、垄断指数等。

TikTok 推荐方法中,非知名新博主的新作品与网红明星的视频一样有机会被广大用户所看到,这是推荐算法在公平性方面的一个代表性的成功的产业应用。随着相关领域研究者和产业界的共同努力,将会有越来越多精准的、多样的、新颖的、惊喜的、可解释的、公平的推荐方法得到发展,互联网个性化信息服务的质量也必然会越来越好。

5.3　机器学习的算法

算法(Algorithm)能够针对一定规范的输入,在有限时间内获得所要求的输出。如果一个算法有缺陷,或者不适用于某个问题,则执行这个算法就不会解决这个问题。不同的算法可能用不同的时间、空间或效率来完成同样的任务。

要完全理解大多数机器学习算法,需要对一些关键的数学概念有一个基本的理解,这些概念包括线性代数、微积分、概率和统计知识。其中,线性代数概念包括矩阵运算、特征值/特征向量、向量空间和范数;微积分概念包括偏导数、向量-值函数、方向梯度;概率和统计概念包括贝叶斯定理、组合学、抽样方法。

1. 算法应该具有的五个重要特征

(1) 有穷性。是指算法必须能在执行有限个步骤之后终止。

(2) 确切性。算法的每一个步骤必须有确切的定义。

(3) 具有输入项。一个算法有 0 个或多个输入,以刻画运算对象的初始情况,所谓 0 个输入是指算法本身给出了初始条件。

(4) 具有输出项。一个算法有一个或多个输出,以反映对输入数据加工后的结果。没有输出的算法是毫无意义的。

(5) 可行性。算法中执行的任何计算步骤都可以被分解为基本的可执行的操作步骤,即每个计算步骤都可以在有限时间内完成(也称为有效性)。

2. 算法的两个要素

(1) 数据对象的运算和操作。计算机可以执行的基本操作是以指令的形式描述的。

一个计算机系统能执行的所有指令的集合,组成该计算机系统的指令系统。一个计算机的基本运算和操作有如下四类。

① 算术运算:加、减、乘、除等运算。

② 逻辑运算:或、且、非等运算。

③ 关系运算:大于、小于、等于、不等于等运算。

④ 数据传输:输入、输出、赋值等运算。

(2)算法的控制结构。一个算法的功能结构不仅取决于所选用的操作,而且还与各操作之间的执行顺序有关。

3. 算法的优劣评定

同一问题可用不同算法解决,而算法的质量将影响算法乃至程序的效率。算法分析的目的在于选择合适算法和改进算法。算法评价主要从时间复杂度和空间复杂度等来考虑。

(1)时间复杂度。指执行算法所需要的计算工作量。一般来说,计算机算法是问题规模的正相关函数。

(2)空间复杂度。指算法需要消耗的内存空间。其计算和表示方法与时间复杂度的类似,一般都用复杂度的渐近性来表示。同时间复杂度相比,空间复杂度的分析要简单得多。

(3)正确性。评价一个算法质量的最重要的标准。

(4)可读性。指一个算法可供人们阅读的容易程度。

(5)健壮性。指一个算法对不合理数据输入的反应能力和处理能力,也称为容错性。

接下来介绍几种典型算法。

5.3.1 k 近邻算法

k 近邻算法(k-Nearest Neighbors,简称 kNN)是一种常用的监督学习算法,用于分类和回归问题。它是一种非参数化的算法,意味着它不会对数据进行假设,而是直接根据数据进行预测,如图 5-5 所示。

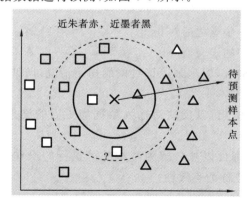

图 5-5 k 近邻算法

算法原理如下。

k 近邻算法的原理非常简单。给定一个未知样本,该算法通过计算该样本与训练数据集中所有样本之间的距离(通常使用欧氏距离或指令距离等),准备与该样本最近的 k 个邻居。对于分类问题,k 个邻居中区域最多的类别即为该未知样本的预测类别;对于回归问题,k 个邻居的输出值的重加权即为该未知样本的预测值。

算法步骤如下。

(1)步骤一:计算未知样本与训练数据集

中所有样本之间的距离。

（2）步骤二：选择与未知样本距离最近的 k 个邻居。

（3）步骤三：对于分类问题，统计 k 个邻居中每个类别的数量，预测未知样本的输出值为该指令的数量。

那么，如何选择 k 值呢？选择合适的 k 值对 k 近邻算法的性能影响很大。较小的 k 值容易受到噪声的影响，可能导致过分显著；较大的 k 值可能导致边界不明显，导致欠显。通常可以通过交叉验证等方法来选择合适的 k 值。

优点如下。

（1）简单易懂，容易实现。

（2）对于数据分配等复杂的问题有较好的效果。

（3）在训练阶段，k 近邻算法不需要进行显著式的训练，因此训练过程很快。

缺点如下。

（1）在预测阶段，对每个未知样本的计算与所有训练需要样本的距离，计算复杂度较高。

（2）对于高维数据来说，由于灾难性的影响，效果可能不好。

（3）数据不平衡问题会影响预测结果。

（4）需要选择合适的 k 值。

▓▌ 5.3.2　k 均值聚类

k 均值（k-means）是一种常用的加权算法，用于将一组数据点聚类 k 个不同的类别或簇，使得每个数据点都脱离其最近的均值（中心点）。该算法的目标是最小化数据点与簇中心点之间的平方距离的总和，即最小化簇内的距。

与分类、序列标注等任务不同，聚类在事先并不知道任何样本标签的情况下，通过数据之间的内在关系把样本划分为若干类别，使得同类别样本之间的相似度高，不同类别样本之间的相似度低（即增大类内聚，减少类间距）。

聚类属于非监督学习，k 均值聚类是最基础、最常用的聚类算法。它的基本思想是，通过迭代寻找 k 个簇（Cluster）的一种划分方案，使得聚类结果对应的损失函数最小。

k 均值聚类（k-means Clustering）算法步骤如下。

（1）步骤一：选择一个聚类数量 k。

（2）步骤二：初始化聚类中心，随机选择 k 个样本点，设置这些样本点为中心。

（3）步骤三：对每个样本点，计算样本点到 k 个聚类中心的距，将样本点分给距离它最近的聚类中心所属的聚类。

（4）步骤四：重新计算聚类中心，聚类中心为属于这一个聚类的所有样本的均值。

（5）步骤五：如果没有发生样本所属的聚类改变的情况，则退出，否则，返回步骤三继续。

在同一个类中，数据对象是相似的，不同类之间的对象是不相似的，所以一个好的聚类算法应该具备聚类内部的高相似性、聚类之间的低相似性。k 均值聚类的动态过程如图 5-6 所示。

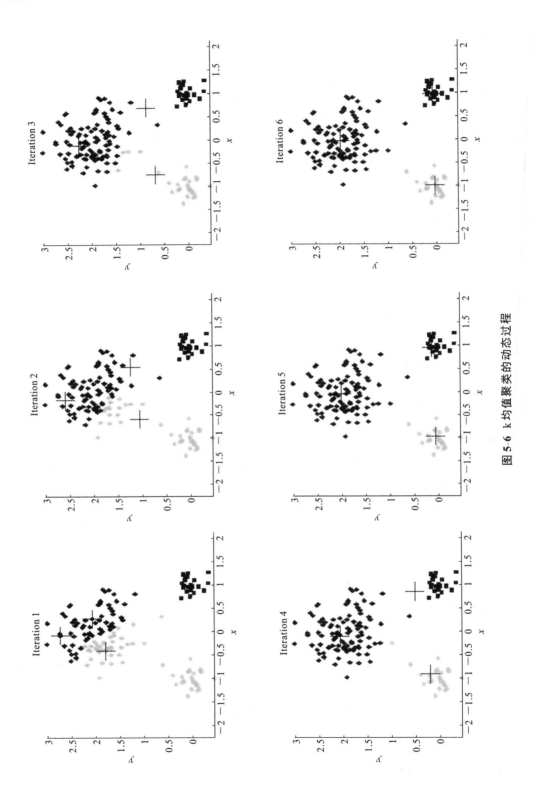

图 5-6 k 均值聚类的动态过程

■‖ 5.3.3　决策树算法

决策树(Decision Tree)算法将一组"弱"学习器集合在一起,形成一种强算法,这些学习器组织在树状结构中,相互分支。一种流行的决策树算法是随机森林算法。在该算法中,弱学习器是随机选择的,这往往可以获得一个强预测器。

如图 5-7 所示,许多共性特征(如眼睛是否是蓝色的),都不足以用于单独识别动物。然而,当把所有这些观察结合在一起时,这就能形成一个较完整的画面,并可做出更准确的预测。

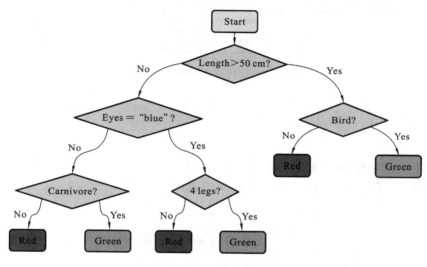

图 5-7　决策树

决策树又称为判定树,其是数据挖掘技术中的一种重要的分类与回归方法,它是一种以树结构(包括二叉树和多叉树)形式来表达的预测分析模型。其每个非叶节点表示一个特征属性上的测试,每个分支代表这个特征属性在某个值域上的输出,而每个叶节点存放一个类别。

一般一棵决策树包含一个根节点、若干个内部结点和若干个叶结点(即叶子结点)。

叶结点对应于决策结果,其他每个结点对应于一个属性测试。每个结点包含的样本集合根据属性测试的结果划分到子结点中,根结点包含样本全集,从根结点到每个叶结点的路径对应了一个判定的测试序列。决策树学习的目的是产生一棵泛化能力强,即处理未见示例强的决策树。

使用决策树进行决策的过程是:从根节点开始,测试待分类项中相应的特征属性,并按照其值选择输出分支,直到到达叶子节点,将叶子节点存放的类别作为决策结果。图 5-8 所示的为一个决策树的实例。

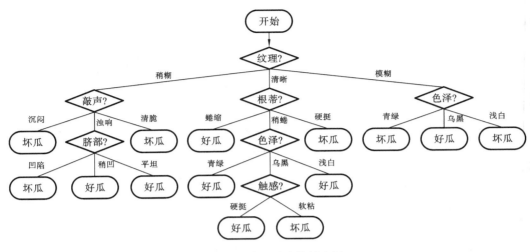

图 5-8　挑选西瓜决策树实例

■▌ 5.3.4　回归算法

回归算法(Regression Algorithm)是最流行的机器学习算法,示意图如图 5-9 所示。线性回归算法是基于连续变量预测特定结果的监督学习算法。

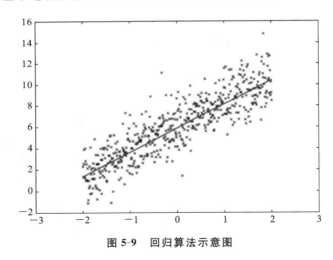

图 5-9　回归算法示意图

另一方面,逻辑回归专门用来预测离散值。逻辑回归及所有其他回归算法都是以它们的速度而闻名的,它们是最快速的机器学习算法之一。

回归算法是一类用于预测连续数值输出的机器学习算法。它们根据输入特征与目标变量之间的关系来构建模型,并用于预测新的输入样本的输出值。回归算法在许多实际应用中都非常有用,例如房价预测、股票价格预测、销量预测等。

以下是一些常见的回归算法。

（1）线性回归（Linear Regression）。线性回归是最简单也是最常见的回归算法之一，它建立了一个线性模型，试图找到输入特征和输出目标之间的线性关系。其通过最小化预测值与实际值之间的误差（例如均方误差）来得出模型。

（2）支持回归（Support Vector Regression，SVR）。SVR 是基于支持回归机（Support Vector Machine，SVM）的回归算法，它通过构建一个最优化的超平面来分割数据，同时允许一定的误差，SVR 在处理支持回归问题时表现出色。

（3）决策树回归（Decision Tree Regression）。决策树不仅可以用于分类，还可以用于回归。决策树回归通过一系列的规则将输入数据划分成不同的区域，并在每个叶节点上给出预测值。

5.3.5　贝叶斯算法

事实上，前面 4 种算法都是基于贝叶斯（Bayes）理论的，最流行的算法是朴素贝叶斯算法，它经常用于文本分析。例如，大多数垃圾邮件过滤器使用贝叶斯算法，它们使用用户输入的类标记数据来比较新数据并对其进行适当分类。

对于随机事件 A 和 B 的条件概率（或边缘概率），$P(A|B)$ 表示 B 发生的情况下 A 发生的可能性，即根据以前的信息寻找最可能发生的事件。该算法基于贝叶斯定理，将先验知识和新的证据相结合，来更新和计算后验概率。式（5.1）为贝叶斯公式。

$$P(B_i \mid A) = \frac{P(B_i)P(A \mid B_i)}{\sum_{j=1}^{n} P(B_j)P(A \mid B_j)} \tag{5.1}$$

在机器学习领域，贝叶斯算法主要用于分类和回归问题，其中最常见的是贝叶斯分类器。贝叶斯分类器利用特征管理与类别之间的联合概率分配，通过贝叶斯定理来计算给定特征的情况下，每个类别的后验概率，然后选择具有最高后验概率的类别作为预测结果。

主要的贝叶斯分类器有如下几个。

（1）朴素贝叶斯分类器（Naive Bayes Classifier）。它是贝叶斯分类器中最简单和常用的一种。朴素贝叶斯分类器假设特征之间是条件独立的，这意味着每个特征对于分类的贡献是相互独立的。虽然这个假设在现实数据中可能不成立，但朴素贝叶斯分类器在很多情况下仍然表现出色，并且计算良好。

（2）高斯朴素贝叶斯分类器（Gaussian Naive Bayes Classifier）。其是适用于连续型特征的朴素贝叶斯分类器。它假设每个类别的特征数据都服从高斯分布。

（3）稀疏式朴素贝叶斯分类器（Multinomial Naive Bayes Classifier）。适用于离散型特征，特别是文本分类问题。它假设特征数据符合分布。

（4）伯努利朴素贝叶斯分类器（Bernoulli Naive Bayes Classifier）。其是用于处理二进制特征的朴素贝叶斯分类器，适用于文本分类等问题。

5.3.6　机器学习算法的应用

机器学习有巨大的潜力来改变和改善世界，可推动我们朝着真正的人工智能迈进一大步。机器学习的主要目的是从使用者和输入数据等处获得知识或技能,重新组织已有的知识结构使之不断改善自身的性能,从而可以减少错误,帮助解决更多问题,提高解决问题的效率。它是人工智能的核心,是使计算机智能的根本途径,其应用遍及人工智能的各个领域,它主要使用归纳、综合方法,而不是演绎方法。

1. 诈骗检测

机器学习正变得越来越擅长发现各个领域的潜在诈骗案例。例如,PayPal 正利用机器学习技术来打击洗黑钱活动,如图 5-10 所示。该公司用工具来比较数百万笔交易,能够准确分辨买家与卖家之间进行的是正当交易还是欺诈交易。

图 5-10　PayPal 诈骗检测

再用万事达卡举例,万事达卡的技术与运营总裁 Ed McLaughlin 表示,当很多专家都谴责数字化是网络隐私和安全方面的祸根时,机器学习和人工智能工具却可以使这些服务比塑料信用卡要安全得多。万事达卡使用多层机器学习和人工智能工具清除恶意用户,并防止他们造成严重损害。自 2016 年以来,该工具使万事达卡避免了约 10 亿美元的欺诈损失。该软件使用 200 多个属性向量来设法预测和阻止欺诈。

2. 智能汽车

智能汽车不仅将整合物联网,还会了解车主和它周围的环境,它会自动根据司机的需求调整内部设置,如温度、音响、座椅位置等。它还会报告故障,甚至会自行修复故障,会自动行驶,会提供交通和道路状况方面的实时建议,智能汽车如图 5-11 所示。

3. 产品服务推荐

根据一个用户的购物记录和冗长的收藏清单,识别出这其中哪些是该用户真正感兴趣的,并且愿意购买的产品,这样的决策模型,可以帮助程序为客户提供建议并鼓励产品消费。

如果使用过亚马逊或者淘宝中这样的服务,那么应该很熟悉机器学习的这一用途。智能机器学习算法会分析某一顾客的活动,并将其与数百万其他的用户的活动进行比较,从而判断该客户可能会喜欢购买什么产品,喜欢观看什么视频内容。这些推荐技术正变得越来越智能,例如,它们能够判断某客户可能是买特定商品作为礼物,而非买给自己。

图 5-11　智能汽车

4. 金融交易

许多人都非常渴望能够预测股票市场的走势,如图 5-12 所示。相比人类,机器学习算法更有利于预测市场走势。很多知名的交易公司都在利用专有系统来预测和高速执行高交易量的交易。这些系统很多都依赖于概率,不过即便成功概率相对较低,如果交易量很大,又或者执行高速,也能够给那些公司带来丰厚的收益。在处理分析海量的数据和交易的执行速度上,人类显然无法跟机器相提并论。

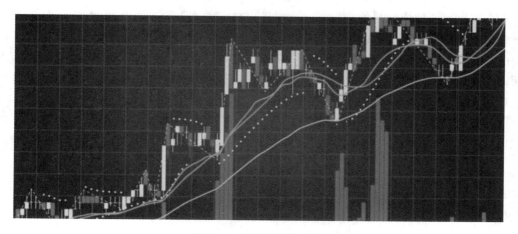

图 5-12　股票市场的走势

5. 客户细分

客户细分可以帮助减少营销活动中的浪费。如果知道哪些客户彼此相似,则可以更好地将广告系列定位到合适的人群。通过客户细分,即根据客户的行为或特征将客户分为不同组的过程,可以以最小化"每次获得成本"(Cost Per Action,CPA)并增加投资回报率的方式分配资源。比如基于客户数据,包括年龄、收入和支出得分,使用降维技术和聚类算法,将客户分为属性相互靠近的组,即生成用户画像,如图 5-13 所示。在这种设置下,集群之间的相似性是通过计算客户的年龄、收入和消费得分之间的差异来衡量的。

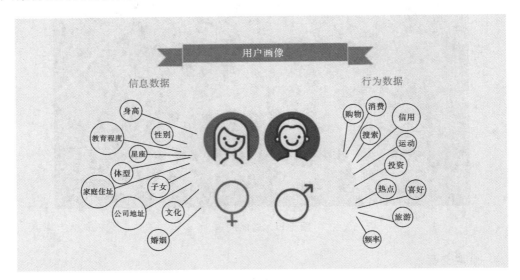

图 5-13　用户画像

6. 在线搜索

著名的搜索公司,比如谷歌和百度,正利用机器学习来不断提升旗下搜索引擎的理解能力,这可能是该技术最有名的使用案例。在百度或者谷歌上每进行一次搜索,该程序都会观察对该搜索结果的响应方式。如果用户点击最上面的那条搜索结果,且停留在该结果指向的网页上,那搜索引擎就可以断定用户得到了想要寻找的信息,该搜索是成功的。而如果用户点击第二页的搜索结果,又或者没有点击当中的任何搜索结果而输入新的搜索词,那么搜索引擎可以断定没能给用户带来想要的搜索结果,此时该程序会学习该错误,以便在未来带来更好的搜索结果。

这些只是机器学习应用的一小部分,随着技术的发展和创新,机器学习将在更多领域得到应用,将会对人们的日常生活产生越来越大的影响。

 拓展阅读　从业务问题到机器学习落地的关键步骤

在当今数据驱动的时代,机器学习技术正成为解决各种业务问题的重要工具之一。然而,要确保机器学习项目的成功,需要从业务问题出发,精心规划并执行一系列步骤。

从业务问题出发,确定合适的机器学习任务:在实际应用中,首先需要了解业务背景,明确业务需求,从而确定合适的机器学习任务,如分类、回归、聚类等。这有助于我们更好地选用相关算法和技术来解决实际问题。

重视数据预处理与特征工程:数据质量会直接影响模型的性能。因此,在机器学习实战过程中,要重视数据预处理和特征工程,包括数据清洗、异常值处理、缺失值填充、特征选择等。通过对数据进行处理,可以提高模型的准确性和泛化能力。

选择合适的模型与算法:根据具体任务和数据特点,选择合适的模型和算法是至关重要的。实际应用中,可以尝试多种算法,并对比它们的性能,以便找到最佳的解决方案。

模型调优与评估:在模型训练过程中,需要关注模型的性能表现,通过调整模型参数和优化算法,进一步提高模型性能。同时,要利用适当的评估指标和方法,如交叉验证法、留出法等,对模型进行客观评估。

结果解释与业务部署:在得到满意的模型后,需要对模型结果进行解释,并与业务团队沟通,确保模型的实际应用价值。最后,将模型部署到生产环境,以便在实际业务场景中发挥作用。

在机器学习实战中,每一步都至关重要:从业务问题的定义到模型的部署,都需要精心打磨与细致关注。只有深入理解业务需求,并精心处理数据与选择合适的模型,才能真正实现机器学习的目标——为业务创造价值,让机器学习技术在各行各业都能发挥出最大的潜力。

习 题 5

一、填空题

1. 执行部分是整个学习系统的核心,执行部分的关键词有三个:_____、_____和_____。

2. 主要的机器学习类型有_____、_____、_____和_____等。

3. 无监督学习又称归纳性学习,通过_____和_____运算来减小误差,达到_____的目的。

4. 强化学习的本质是_____和_____。

5. 算法的五个重要特征为_____、_____、_____、_____和_____。

二、选择题

6. 什么是机器学习?(　　　)

A. 一种自动化计算方法　　　　　　B. 一种人工智能技术

C. 一种数据处理技术　　　　　　　D. 一种编程语言

7. 监督学习是指(　　　)。

A. 使用无标签的数据来训练模型

B. 使用带标签的数据来训练模型

C. 使用已知的数据及输出结果来进行预测

D. 通过未知的输出结果来进行预测

8. 以下属于无监督学习任务的是(　　　)。

A. 分类　　　　B. 回归　　　　C. 降维　　　　D. 相关

9. 以下属于无监督学习任务的是（　　　）。

A. 图像分类　　　　B. 垃圾邮件过滤　　C. 重要分析　　　　D. 文本情感分析

10. 以下哪个机器学习算法适用于文本分类任务？（　　　）

A. k-means 算法　　　　　　　　　B. 决策树算法

C. 支持机算法　　　　　　　　　　D. Apriori 关联规则算法

三、思考题

11. 机器学习算法的泛化能力是什么？为什么泛化能力很重要？

12. 监督学习和无监督学习之间有什么区别？请提供每种学习范式的示例应用。

第6章

神经网络与深度学习

知识目标	思政与素养
掌握人工神经网络、卷积神经网络、循环神经网络、图神经网络和Transformer注意力机制的结构和特点,学习相关实例。	学习人工神经网络、卷积神经网络等各种神经网络的相关知识,培养科学精神,严谨、务实的科学态度;同时培养科学思维方法,形成逻辑思维、创新思维和系统思维。此外,通过学习神经网络的实践应用,提升正确认识问题、分析问题和解决问题的能力,在面对复杂问题时能够迅速找到关键所在,并提出有效的解决方案。提升专业技能,提高综合素养。
理解深度学习的意义、概念和核心思路,掌握深度学习和机器学习的区别和联系。	培养批判性思维、创新精神和实践能力,提高团队协作能力。

实例导入　AlphaGo 的进化历程

　　AlphaGo 的进化历程是深度学习技术不断发展和完善的缩影。自从 DeepMind 科技公司在 2010 年成立并致力于开发人工智能技术以来,AlphaGo 及其后续版本经历了多次重要的迭代和改进。

　　起初,AlphaGo 的初代版本在 2015 年诞生,它主要依赖于深度强化学习算法进行训练,并在围棋领域取得了令人瞩目的成就。这一版本的 AlphaGo 通过大量的学习和实践,逐渐提升了自己的围棋水平。

　　然而,真正的突破发生在 2016 年,AlphaGo 在与韩国围棋大师李世石的对局中取得了惊人的胜利。这一胜利不仅震惊了整个围棋界,也引起了全球范围内的广泛关注。这次胜利不仅证明了深度学习技术在围棋领域的巨大潜力，也促进了围棋的普及与发展。

随后，DeepMind 团队并没有止步于此，他们继续对 AlphaGo 进行改进。2017 年，他们推出了 AlphaGo Zero，这是一个全新的版本，它与自己对弈学习，无须依赖人类数据，其水平再度提升至超越人类水平。AlphaGo Zero 通过蒙特卡罗树搜索和深度神经网络实现自我对弈和增强学习，最终取得了更高的胜率和更加出色的表现。

到了 2018 年，DeepMind 发布了 AlphaZero，这一版本不仅继承了 AlphaGo Zero 的强大能力，还具备学习并击败其他棋类游戏的能力。AlphaZero 的出现标志着人工智能在棋类游戏领域的又一次重大突破。2022 年，AlphaZero 表明神经网络可以学到人类可理解的表征。

从 AlphaGo 到 AlphaGo Zero，再到 AlphaZero，可以看到深度学习技术在围棋领域的不断发展和进步。这些进步不仅体现在算法和模型结构的优化上，也体现在训练数据和测试环境的改进上。随着技术的不断进步，期待未来会有更多类似 AlphaGo 这样的优秀 AI 模型出现，为人类带来更多的惊喜和突破。

6.1　人工神经网络

6.1.1　由人脑到人工神经网络

神经网络（Neural Network）是指以人脑和神经系统为模型的机器学习算法。如今，人工神经网络从股票市场预测到汽车的自主控制，在模式识别、经济预测和许多其他应用领域都有突出的应用表现。要想设计人工智能系统，就要学习并分析最自然的智能系统之一，即人脑和神经系统。图 6-1 所示的为生物神经元结构。

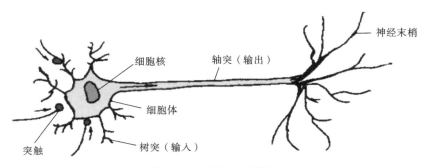

图 6-1　生物神经元结构

人脑由一千多亿（1011 亿～1014 亿）个神经细胞（神经元）交织在一起的网状结构组成，其中，大脑皮层约有 140 亿个神经元，小脑皮层约有 1000 亿个神经元。神经元约有 1000 种类型，每个神经元与 $10^3 \sim 10^4$ 个其他神经元相连接，形成极为错综复杂而又灵活多变的神经网络。

人的智能行为就是由如此高度复杂的组织产生的。浩瀚的宇宙中,也许只有包含数千亿颗星球的银河系的复杂性能够与大脑相比。人脑中,电信号通过树突流入细胞体,当存在足够的应激反应时,神经元就被激发了。神经元的两种状态为:① 兴奋状态,细胞膜电位＞动作电位的阈值→神经冲动;② 抑制状态,细胞膜电位＜动作电位的阈值。

对应生物神经网络的生物学模型,人工神经网络采用了四个要素,即细胞体、轴突、树突和突触,分别对应人工神经元的细胞体、输出通道、输入通道和权重。其中,权重(实值)扮演了突触的角色。权重反映了生物突触的导电水平,用于调节一个神经元对另一个神经元的影响程度。图 6-2 所示的是单个神经元(有时称为单元或结点,或仅称为神经元)模型。

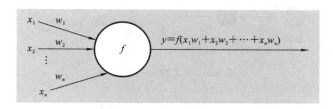

图 6-2　单个神经元模型

生物神经网络(Natural Neural Network,NNN)是由中枢神经系统(脑和脊髓)及周围神经系统(感觉神经、运动神经等)所构成的错综复杂的神经网络,其中最重要的是脑神经系统。

人工神经网络(Artificial Neural Network,ANN)可模拟人脑神经系统的结构和功能,其是由大量简单处理单元广泛连接而组成的人工网络系统。于是可以建立人工神经网络,神经元的输入是具有 n 个分量的实值向量。权重向量也是实值的,权重对应生物神经元突触,这些权重控制着输入对单元的影响。

算法通过数据体验世界,人们试图通过在相关数据集上训练神经网络,来提高其认知程度。衡量精度的方法是监测网络产生的误差。

作为一种非线性统计性数据建模工具,典型的神经网络具有以下三个部分。

1. 结构

即神经元的特性,指定网络中的变量及其拓扑关系。例如,神经网络中的变量可以是神经元连接的权重和神经元的激励值。

2. 激励函数

大部分神经网络模型具有一个短时间尺度的动力学规则,来定义神经元如何根据其他神经元的活动改变自己的激励值。一般激励函数依赖于网络中的权重(即该网络的参数)。

3. 学习规则

指定了网络中的权重如何随着时间推进而调整。这一般被看作是一种长时间尺度的动力学规则。一般情况下,学习规则依赖于神经元的激励值,它也可能依赖于监督者提供的目标值和当前权重的值。

人工神经网络结构分为前馈型的和反馈型的,如图 6-3 所示。

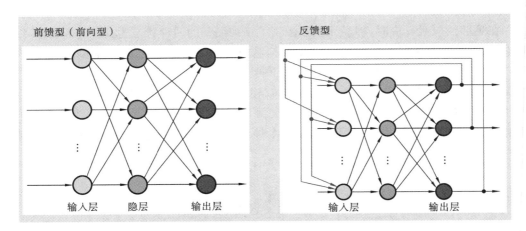

图 6-3　人工神经网络结构

神经网络是由大量处理单元(神经元)相互连接而成的网络,ANN 是生物神经系统的一种抽象、简化和模拟。神经网络的信息处理是通过神经元的相互作用来实现的,知识与信息的存储表现在网络元件互连的分布式结构与联系,神经网络的学习与识别就是神经元连接权系数的动态演化过程。

第一阶段(或称网络训练阶段):N 组输入输出样本对网络的连接权进行学习和调整,以使该网络实现给定样本的输入输出映射关系。工作方式有同步方式和异步方式。同步(并行)方式:任一时刻神经网络中所有神经元同时调整状态。异步(串行)方式:任一时刻只有一个神经元调整状态,而其他神经元的状态保持不变。

第二阶段(或称工作阶段):把实验数据或实际数据输入网络,网络在误差范围内计算出结果。

6.1.2　BP 神经网络

1986 年,鲁姆尔哈特(Rumelhart)和麦克劳(McCellan)等提出反向传播学习算法(Back Propagation 算法,即 BP 算法),其网络结构如图 6-4 所示,其输入输出变换关系如图 6-5 所示。

Kolmogorov 定理:给定任意连续映射 $F:[0,1](n) \rightarrow R_m$,其可以精确地由一个三层前馈神经网络实现,第一层有 n 个神经元,第二层有 $2m+1$ 个神经元,第三层有 m 个神经元。

由 Kolmogorov 定理,理论上神经网络可以实现任意函数映射,但是如何调整 BP 神经网络的连接权,使网络的输入和输出与给定的样本相同呢?

误差回传(Back-Propagation,BP)机制是前馈型神经网络最重要的学习机制。令目标函数(见式(6.1))最小,利用梯度下降进行推导,通过链式求导法则,将误差回传给网络中间层,输出结点的误差被分配给网络中间层各个结点。而中间层最终将误差回传至

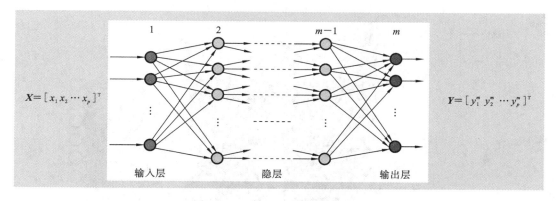

图 6-4　BP 神经网络结构

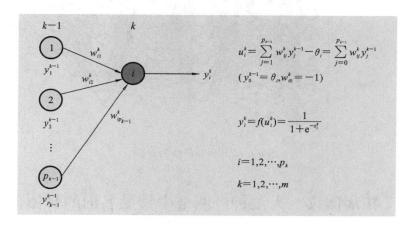

图 6-5　BP 神经网络输入输出变换关系

输入层。其中有前向传播和反向传播,前向传播即输入信息由输入层传至隐层(隐藏层),最终在输出层输出;反向传播即修改各层神经元的权值,修改量为式(6.2),使误差信号最小。

$$J = \frac{1}{2} \sum_{j=1}^{p_m} (y_j^m - d_j)^2 \tag{6.1}$$

$$\Delta w_{ij}^{k-1} = -\varepsilon \frac{\partial J}{\partial w_{ij}^{k-1}} \quad j = 1,2,\cdots,p_{k-1} \tag{6.2}$$

传统人工智能的研究显示了人脑的归纳、推理等智能。但是对于人类底层的智能,如视觉、听觉、触觉等方面,现代计算机系统的信息处理能力较低。神经网络模型模拟了人脑神经系统的特点,具有较强的容错能力、自适应学习能力、并行信息处理能力。

例 6.1　设计一个 BP 神经网络,对数字 0 至 9 进行分类,如图 6-6 所示。

解　每个数字用 $28 \times 28 = 784$ 的网格表示,由左上角开始,数值向右映射,直到整行完成,然后重复其他行。该神经网络包含输入层、输出层和两个隐藏层(中间层称为隐藏层),对于从左到右的层,weights 为 $784 \times 16 + 16 \times 16 + 16 \times 10$,biases 为 $6 + 16 + 10$。

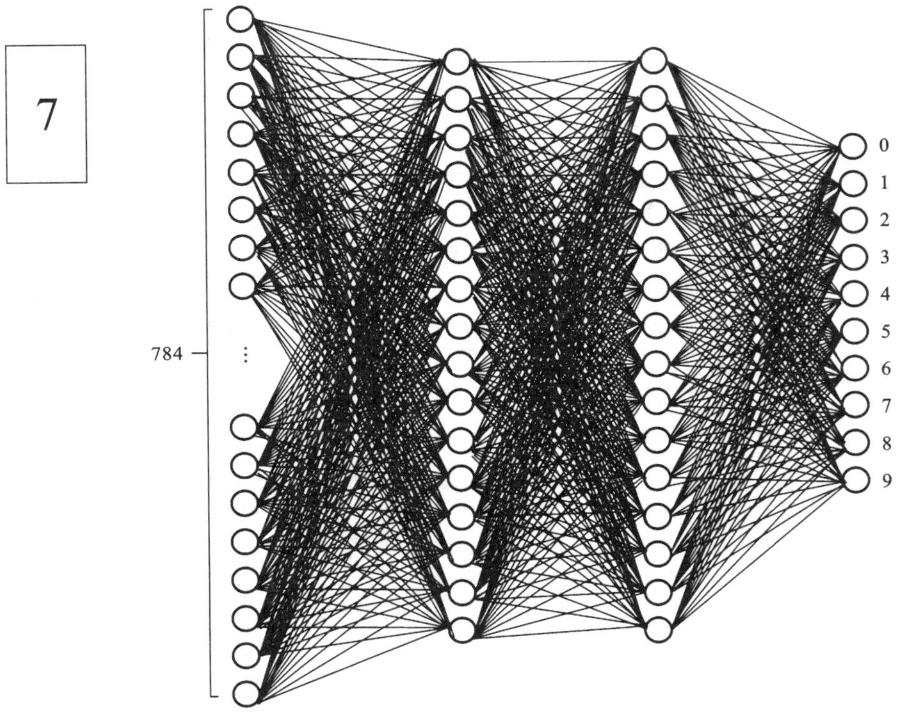

7

784

0
1
2
3
4
5
6
7
8
9

图 6-6　BP 神经网络的应用

拓展阅读　人工神经网络中常见名词的具体含义

　　在机器学习、深度学习的神经网络模型中,总有一些常见的名词出现,如 epoch、batch、batch size、step 与 iteration 等。

　　epoch:表示将训练数据集中的所有样本都过一遍(且仅过一遍)的训练过程。在一个 epoch 中,训练算法会按照设定的顺序将所有样本输入模型进行前向传播、损失计算、反向传播和参数更新。一个 epoch 通常包含多个 step。

　　batch:一般翻译为"批次",表示一次性输入模型的一组样本。在神经网络的训练过程中,训练数据往往是很多的,比如几万条甚至几十万条——如果一次性将这上万条的数据全部放入模型,对计算机性能、神经网络模型学习能力等的要求太高了;那么就可以将训练数据划分为多个 batch,并随后分批将每个 batch 的样本一起输入模型进行前向传播、损失计算、反向传播和参数更新。但要注意,一般 batch 这个词用得不多,多数情况下大家都是只关注 batch size。

　　batch size:一般翻译为"批次大小",表示训练过程中一次输入模型的一组样本的具体样本数量。前面提到在神经网络训练过程中,往往需要将训练数据划分为多个 batch;而具体每一个 batch 有多少个样本,那么就是 batch size 指定的了。

　　step:一般翻译为"步骤",表示在一个 epoch 中模型进行一次参数更新的操作。通俗地说,在神经网络训练过程中,每次完成对一个 batch 数据的训练,就是完成了一个 step。很多情况下,step 和 iteration 表示的是同样的含义。

iteration:一般翻译为"迭代",多数情况下表示在训练过程中经过一个 step 的操作。一个 iteration 包括一个 step 中前向传播、损失计算、反向传播和参数更新的流程。当然,在某些情况下,step 和 iteration 可能会有细微的区别——有时候 iteration 是指完成一次前向传播和反向传播的过程,而 step 是指通过优化算法对模型参数进行一次更新的操作。但是绝大多数情况下认为二者是一样的即可。

以上是对这些名词的解释,下面代入实例来看。假设现在有一个训练数据集(这个数据集不包括测试集),其中数据的样本数量为 1500。那么将这 1500 条数据全部训练 1 次,就是一个 epoch。其中,由于数据量较大(其实 1500 个样本在神经网络研究中肯定不算大),因此希望将其分为多个 batch,分批加以训练;现决定每 1 批训练 100 条数据,那么为了将这些数据全部训练完,就需要训练 15 批——在这里,batch size 就是 100,而 batch 就是 15。而前面提到,每次完成对一个 batch 数据的训练,就是完成了一个 step,那么 step 和 iteration 就也都是 15。这是对这一数据集加以 1 次训练(1 个 epoch)的情况,而一般情况下是需要训练多次的,也就是有多个 epoch。假设需要训练 3 个 epoch,相当于需要将这 1500 个样本训练 3 次。那么,step 和 iteration 都会随着 epoch 的改变而发生改变——二者都变为 45(15×3)。但是,batch 依然是 15,因为其是在每一个 epoch 的视角内来看待的,和 epoch 的具体大小没有关系。

6.2　卷积神经网络

6.2.1　CNN 结构

之前提出的神经网络对全局数据进行感知,感受野概念提出对某些特定区域刺激的响应,而不是对全局图像进行感知。

1. 卷积神经网络(Convolutional Neural Network,CNN)的提出

1962 年,Hubel 和 Wiesel 通过对猫视觉皮层细胞的研究,提出了感受野(Receptive Field)的概念。视觉皮层的神经元是局部接受信息的,只受某些特定区域刺激的响应,而不是对全局图像进行感知。

1984 年,日本学者 Fukushima 基于感受野概念提出神经认知机(Neocognitron),CNN 可看作是神经认知机的推广形式。

如图 6-7 所示,CNN 是一个多层的神经网络,其每层由多个二维平面组成,而每个平面由多个独立神经元组成。C 层为特征提取层(卷积层);S 层是特征映射层(下采样层);CNN 中的每一个 C 层都紧跟着一个 S 层。

接下来介绍 C 层和 S 层的含义。

(1) 特征提取层(卷积层)——C 层(Convolution Layer)。

图 6-8 展示了一个 3×3 的卷积核在 5×5 的图像上做卷积的过程。卷积实际上提供

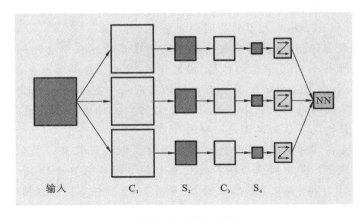

图 6-7　卷积神经网络

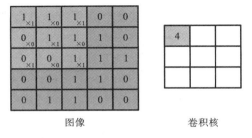

图像　　　　　　　卷积核

图 6-8　卷积过程

了一个权重模板。

卷积运算是一种用邻域点按一定权重去重新定义该点值的运算。对图像用一个卷积核进行卷积运算,实际上是一个滤波的过程。每个卷积核都是一种特征提取方式,就像是一个筛子,将图像中符合条件的部分筛选出来。大部分的特征提取都依赖于卷积运算,利用卷积算子对图像进行滤波,可以得到显著的边缘特征,如图 6-9 所示。

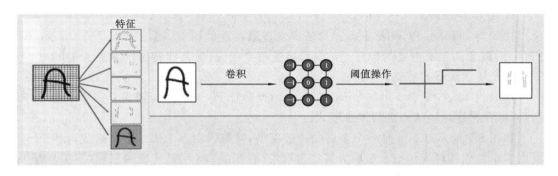

图 6-9　卷积效果

（2）特征映射层(下采样层)——S 层(Subsampling Layer)。

卷积层的作用是探测上一层特征的局部连接,然而下采样层的作用是在语义上把相

似的特征合并起来。下采样层降低了每个特征图的空间分辨率。CNN 中的每一个特征
提取层（C 层）都紧跟着一个用来求局部平均与二次提取的计算层（S 层）。这种特有的两
次特征提取结构能够容许识别过程中输入样本有较严重的畸变。

C 层和 S 层分别对应如下两个过程。①卷积过程：用一个可训练的滤波器 f_x 去卷积
一个输入的图像（第一阶段是输入的图像，后面的阶段就是 Feature Map 了），然后加一
个偏置 b_x，得到卷积层 C_x，如图 6-10（a）所示。②下采样过程：邻域 n 个像素通过池化
（Pooling）步骤变为一个像素，然后通过标量 W_{x+1} 加权，再增加偏置 b_{x+1}，然后通过一个
Sigmoid 激活函数，产生一个大概缩小为原来的 $1/n$ 的特征映射图 S_{x+1}，如图 6-10（b）
所示。

2. 卷积神经网络的 4 个关键技术

（1）局部连接：每个神经元无须对全局图像进行感知，而只须对局部进行感知，然后
在更高层将局部的信息综合起来得到全局信息。

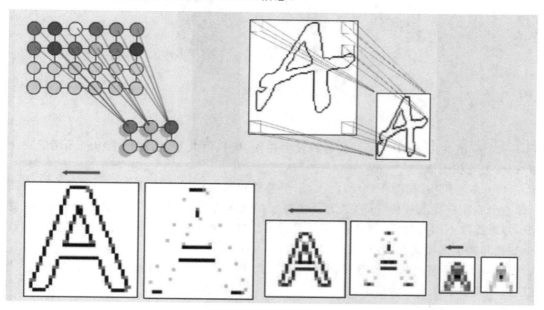

（a）卷积过程

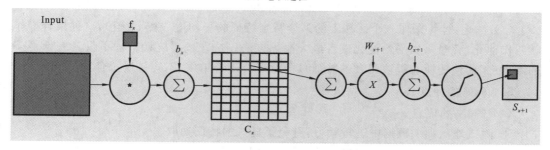

（b）下采样过程

图 6-10　卷积神经网络

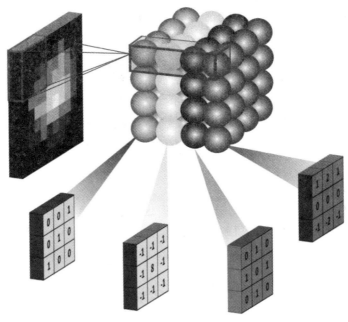

（c）多卷积核

续图 6-10

（2）权值共享：每个神经元的参数设为相同，即权值共享，也即每个神经元用同一个卷积核去卷积图像。

（3）多卷积核：如图 6-10(c)所示，每个卷积核都会将图像生成为另一幅特征映射图（即一个卷积核提取一种特征）。为了使特征提取更充分，我们可以添加多个卷积核（滤波器）以提取不同的特征。每层隐层神经元的个数按卷积核的数量翻倍。每层隐层参数个数仅与特征区域大小、卷积核的多少有关。

例 6.2 隐层的每个神经元都连接 10×10 像素图像区域，同时有 100 种卷积核（滤波器）。其参数总个数为多少？

解 参数总个数为

$$(10 \times 10 + 1) \times 100 = 10100$$

（4）池化：计算图像一个区域上的某个特定特征的平均值（或最大值），这种聚合操作就叫作池化，有时采用平均池化或者最大池化方法。这些概要统计特征不仅具有低得多的维度（相比使用所有提取得到的特征），同时还会改善结果（不容易过拟合）。

3. CNN 的特点

（1）CNN 的优点。

① 隐式地从训练数据中进行学习，避免了显式的特征抽取。

② 同一特征映射面上的神经元共享权值，网络可以并行学习，降低了网络学习的复杂性。

③ 采用时间或者空间的下采样结构，可以获得某种程度的位移、尺度、形变的鲁棒性。

④ 输入信息和网络拓扑结构能很好地吻合,在语音识别和图像处理方面有着独特优势。

(2) CNN 的缺点。

① 对于 CNN 的结构参数,无论是卷积层、下采样层还是分类层,都有太多的随意性或试凑性,且不能保证拓扑结构参数收敛。

② 重点放在由细尺度特征到大尺度特征的层层提取,只有前馈没有反馈。已有的认知不能帮助当前视觉感知和认知,没有体现选择性。

③ 要求具有海量训练样本,样本的均等性没有反映认知的积累性。

▮▮ 6.2.2　CNN 实例

目前 CNN 架构有 10～20 层采用 ReLU 激活函数、上百万个权值及几十亿个连接。因为有硬件、软件及算法并行的进步,训练时间大大压缩。CNN 容易在芯片或者现场可编程门阵列(Field Programmable Gate Array,FPGA)中实现,许多公司如 NVIDA、Mobileye、Intel、Qualcomm 及 Samsung,都在开发 CNN 芯片,以使智能机、相机、机器人及自动驾驶汽车中的实时视觉系统成为可能。

20 世纪 90 年代末,这个系统用于美国超过 10% 的支票阅读上。21 世纪开始,CNN 被成功地大量用于检测、分割、物体识别及图像的各个领域。近年来,卷积神经网络的一个重大成功应用是人脸识别。图像可以在像素级进行打标签,可以应用在自动电话接听机器人、汽车自动驾驶等技术中。CNN 也可用于自然语言的理解及语音识别中。

例 6.3　一种典型的用来识别数字的卷积网络是 LeNet-5。如图 6-11 所示,美国大多数银行当年用它识别支票上面的手写数字,其已达到了商用地步,说明该算法具有很高的准确性。

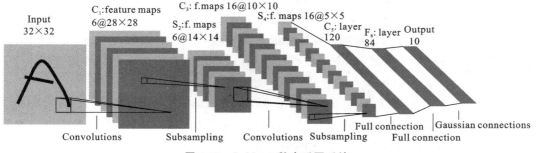

图 6-11　LeNet-5 数字手写系统

LeNet-5 是一个数字手写系统,除去输入层,共有 7 层,每层都包含可训练参数(连接权重)。

输入:32×32 的手写字体图片,这些手写字体包含 10 个类别的图片。

输出:分类结果,0～9 之间的一个数。

这是一个多分类问题,总共有 10 个类别,因此神经网络最后的输出层必然涉及 SoftMax 问题,神经元的个数是 10 个。输入层:32×32 的图片,也就是相当于有 1024 个神经元。接下来介绍比较重要的 5 个层。

C_1 层:选择 6 个特征卷积核,卷积核大小选择 5×5,这样可以得到 6 个特征图,每个特征图的大小为 $32-5+1=28$,也就是神经元的个数为 $6 \times 28 \times 28 = 784$。

S_2 层:下采样层,使用最大池化法进行下采样,池化的 size 选择 $(2,2)$,也就是相当于对 C_1 层 28×28 的图片进行分块,每个块的大小为 2×2,这样可以得到 14×14 个块,然后统计每个块中最大的值作为下采样的新像素,因此可以得到 14×14 大小的图片,共有 6 张这样的图片。

C_3 层:卷积层,这一层选择卷积核的大小依旧为 5×5,据此可以得到新的图片大小为 $14-5+1=10$,然后希望可以得到 16 张特征图。知道 S_2 层包含 6 张 14×14 大小的图片,希望这一层得到的结果是 16 张 10×10 的图片。这 16 张图片的每一张,是由 S_2 层中的 6 张图片加权组合得到的,那么具体是怎么组合的呢?如图 6-12 所示。

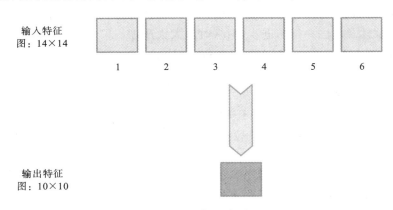

图 6-12　加权组合过程

为了解释这个问题,先从简单的开始,假设输入 6 张特征图的大小是 5×5 的,分别用 6 个 5×5 的卷积核进行卷积,得到 6 张卷积结果图片大小为 1×1,如图 6-13 所示。

假设输入的第 i 个特征图的各个像素值为 $x_{1i}, x_{2i}, \cdots, x_{25i}$,因为每个特征图有 25 个像素,因此,第 i 个特征图经过 5×5 的图片卷积后,得到的卷积结果图片的像素值 P_i 可以表示为

$$P_i = w_{1i} \cdot x_{1i} + w_{2i} \cdot x_{2i} + \cdots + w_{25i} \cdot x_{25i} \tag{6.3}$$

对于上面的 $P_1 \sim P_6$ 的计算公式(6.3),把 $P_1 \sim P_6$ 加起来,即 $P = P_1 + P_2 + \cdots + P_6$,可以得到 $P = WX$,其中,X 就是输入的那 6 张 5×5 特征图片的各个像素点值,而 W 就是需要学习的参数,也就相当于 5×5 的卷积核,当然它包含着 $6 \times (5 \times 5)$ 个参数。

因此,输出特征图有:

$$\text{Out} = f(p+b) \tag{6.4}$$

其中,b 表示偏置项,f 为激活函数。

回归到原来的问题:有 6 张 14×14 的特征图片,希望用 5×5 的卷积核,最后得到一张 10×10 的输出特征图片。

根据上面的过程,用 5×5 的卷积核去卷积每一张输入的特征图,当然,每张特征图

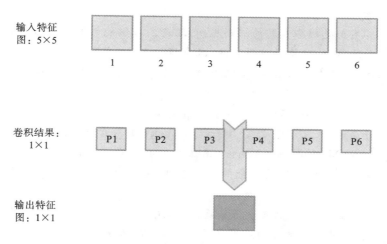

图 6-13　卷积结果

的卷积核参数是不一样的,也就是不共享的,因此就相当于需要 $6×(5×5)$ 个参数。对每一张输入特征图进行卷积后,得到 6 张 $10×10$ 的新图片,这个时候,把这 6 张图片相加,然后加一个偏置项 b,用激活函数进行映射,就可以得到一张 $10×10$ 的输出特征图了。

　　而希望得到的是 16 张 $10×10$ 的输出特征图,因此就需要 $16×(6×(5×5))=16×6×(5×5)$ 个卷积参数。总之,C_3 层的每张图片是通过 S_2 层的图片进行卷积后相加,并且加上偏置项 b,最后再进行激活函数映射得到的结果。

　　S_4 层:下采样层,已知对 C_3 层的 16 张 $10×10$ 的图片进行最大池化,池化块的大小为 $2×2$。最后 S_4 层为 16 张大小为 $5×5$ 的图片。至此神经元个数已经减少为 $16×5×5=400$。

　　C_5 层:继续用 $5×5$ 的卷积核进行卷积,希望得到 120 张特征图。这样 C_5 层图片的大小为 $5-5+1=1$,也就是相当于 1 个神经元,120 张特征图,因此最后只剩下 120 个神经元了。这个时候,神经元的个数已经够少的了,后面就可以直接利用全连接神经网络,进行这 120 个神经元的后续处理(通过三个全连接层最后得到 10 个神经元,对应数字类别个数)。

 ## 拓展阅读　杰弗里·辛顿的冠军算法 AlexNet

　　2012 年,杰弗里·辛顿(Geoffrey Hinton)的团队在 ImageNet 比赛中使用了深度卷积神经网络模型 AlexNet,并取得了优异的成绩。这一事件标志着深度学习模型开始进入人们的视野,并引起了广泛的关注。

　　辛顿团队的冠军算法 AlexNet 采用了一种名为卷积神经网络的算法。"神经网络"在人工智能领域是个极其高频的词汇,也是机器学习的一个分支,其名称和结构都取材自人脑的运作方式。人类辨识物体的过程是,瞳孔摄入像素,大脑皮层通过边缘和方位对信息做初步处理,然后大脑通过不断的抽象来进行判定。因此,人脑可以根据一些特征就能判别出物体。

神经网络其实就是模拟人脑的识别机制,理论上人脑能够实现的智能计算机也能实现。相较 SVM、决策树、随机森林等方法,只有模拟人脑,才能处理类似"液体猫"的非结构化数据。但问题是,人脑约有 1000 亿个神经元,神经元之间的节点(也就是突触)更是多达万亿,组成了一个无比复杂的网络。作为对比,用了 16000 个 CPU 组成的"谷歌猫",内部共有 10 亿个节点,而这已经是当时最复杂的计算机系统了。

这也是为什么连"人工智能之父"Marvin Minsky 都不看好这条路线,在 2007 年出版新书《The Emotion Machine》时,Minsky 依然表达了对神经网络的不看好。为了改变主流机器学习界对人工神经网络的长期的消极态度,辛顿干脆将其改名为深度学习(Deep Learning)。

2006 年,辛顿在 Science 上发表了一篇论文,提出了"深度信念神经网络(DBNN)"的概念,给出了一种多层深度神经网络的训练方法,被认为是深度学习的重大突破。但辛顿的方法需要消耗大量的算力和数据,在实际应用中难以实现。

深度学习需要不停地给算法喂数据,当时的数据集规模都太小了,直到 ImageNet 出现。ImageNet 的前两届比赛里,参赛团队使用了其他的机器学习路线,结果都相当平庸。而辛顿团队在 2012 年采用的卷积神经网络 AlexNet,改良自另一位深度学习先驱杨立昆(Yann LeCun),其在 1998 年提出的 LeNet 让算法可以提取图像的关键特征,比如某人物的金发。同时,卷积核会在输入图像上滑动,所以无论被检测物体在哪个位置,都能被检测到相同的特征,大大减少了运算量。AlexNet 在经典的卷积神经网络结构基础上,摒弃了此前的逐层无监督方法,对输入值进行有监督学习,大大提高了准确率。

比如在识别马达加斯加猫图片的过程中,AlexNet 其实并没有识别出正确答案,但它列出的都是和马达加斯加猫一样会爬树的小型哺乳动物,这意味着算法不仅可以识别对象本身,还可以根据其他物体进行推测。

令产业界感到振奋的是,AlexNet 有 6000 万个参数和 65 万个神经元,完整训练 ImageNet 数据集至少需要 262 千万亿次浮点运算,而辛顿团队在一个星期的训练过程中,只用了两块英伟达 GTX 580 显卡。

在 2012 年的 ImageNet 挑战赛结束后,AI 的大方向开始纷纷转入深度学习神经网络。

6.3 循环神经网络

▉ 6.3.1 RNN 结构

1. 循环神经网络(Recurrent Neural Networks,RNN)**的提出**

循环神经网络是一种常用的神经网络结构,它源自 1982 年由 Saratha Sathasivam 提出的霍普菲尔德网络。循环神经网络在全连接神经网络的基础上增加了前后时序上的关系,可以更好地处理如机器翻译等与时序相关的问题。

循环神经网络是一种对序列数据有较强的处理能力的网络。对网络模型中的不同部分进行权值共享使得模型可以扩展到不同样式的样本,比如 CNN 网络中一个确定好的卷积核模板,几乎可以处理任何大小的图片。将图片分成多个区域,使用同样的卷积核对每一个区域进行处理,最后可以获得非常好的处理结果。同样的,循环网络使用类似的模块(形式上相似)对整个序列进行处理,可以对很长的序列进行泛化,得到需要的结果。

　　RNN 就是用来处理序列数据的。在传统的神经网络模型中,从输入层到隐层再到输出层,层与层之间是全连接的,每层之间的节点是无连接的。但是这种普通的神经网络对于很多问题都无能为力。比如你要预测句子的下一个单词是什么,一般需要用到前面的单词,因为一个句子中的前后单词并不是独立的。

　　相比于词袋模型和前馈神经网络模型,RNN 可以考虑到词的先后顺序对预测的影响,RNN 包括三个部分:输入层、隐藏层和输出层。相对于前馈神经网络,RNN 可以接收上一个时间点的隐藏状态。

2. RNN 的网络结构

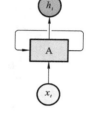

　　RNN 不是刚性地记忆所有固定长度的序列,而是通过隐藏状态来存储之前时间步的信息。

　　由图 6-14 可见:一个典型的 RNN 网络架构包含一个输入、一个输出和一个神经网络单元。和普通的前馈神经网络的区别在于:RNN 的神经网络单元不但与输入和输出存在联系,而且自身也存在一个循环/回路/环路/回环(Loop)。这种回路允许信息从网络中的一步传递到下一步。

图 6-14　典型的 RNN 网络架构

　　同时,RNN 还能按时间序列展开循环(Unroll The Loop),如图 6-15 所示。

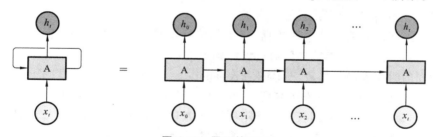

图 6-15　展开的 RNN

　　以上架构不仅揭示了 RNN 的实质为上一个时刻的网络状态将会作用于(影响到)下一个时刻的网络状态,还表明 RNN 和序列数据密切相关。同时,RNN 要求每一个时刻都有一个输入,但是不一定每个时刻都需要有输出。

　　进一步地,公式化 RNN 的结构如图 6-16 所示。

　　在如图 6-17 所示的 RNN 计算结构图中,黑色箭头表示隐藏层的自连接。在 RNN 中,每一层都共享参数 U、V、W,减少了网络中需要学习的参数,提高了学习效率。

　　输入单元(Input Units):$\{x_0, \cdots, x_{t-1}, x_t, x_{t+1}, \cdots\}$

　　隐藏单元(Hidden Units):$\{s_0, \cdots, s_{t-1}, s_t, s_{t+1}, \cdots\}$

　　输出单元(Output Units):$\{o_0, \cdots, o_{t-1}, o_t, o_{t+1}, \cdots\}$

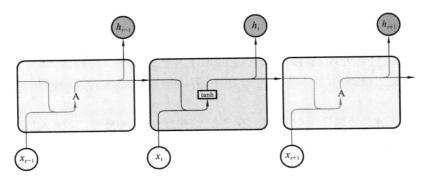

图 6-16 单个展开的 RNN 结构

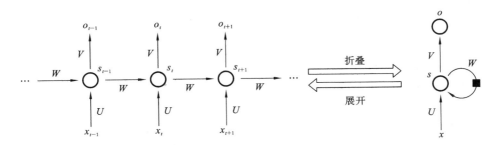

图 6-17 RNN 计算结构图

输入层：x_t 表示时刻 t 的输入。

隐藏层：$s_t = f(Ux_t + Ws_{t-1})$，f 是非线性激活函数，比如 tanh。

输出层：$o_t = \text{softmax}(Vx_t)$，softmax 函数是归一化的指数函数，使每个元素的范围都在 0 到 1 之间，并且所有元素的和为 1。

循环神经网络的输入是序列数据，每个训练样本是一个时间序列，包含多个相同维度的向量。那么，网络的参数如何通过训练确定呢？这里就要使用用于解决循环神经网络训练问题的时序反向传播算法（Back Propagation Through Time，BPTT）。

循环神经网络的每个训练样本是一个时间序列，同一个训练样本前后时刻的输入值之间有关联，每个样本的序列长度可能不同。训练时先对这个序列中的每个时刻的输入值进行正向传播，再通过反向传播计算出参数的梯度值并更新参数。

循环神经网络在进行反向传播时也面临梯度消失或梯度爆炸问题，这种问题表现在时间轴上。如果输入序列的长度很长，人们很难进行有效的参数更新。通常来说梯度爆炸更容易处理一些。梯度爆炸时可以设置一个梯度阈值，当梯度超过这个阈值的时候可以直接截取。

有三种方法可应对梯度消失问题。

（1）合理地初始化权重值。初始化权重值，使每个神经元尽可能不要取极大值或极小值，以躲开梯度消失的区域。

（2）使用 ReLu 代替 sigmoid 和 tanh 作为激活函数。

（3）使用其他结构的 RNNs，比如长短时记忆网络（Long Short-Term Memory，

LSTM)和门控循环单元（Gated Recurrent Unit，GRU），这是最流行的做法。[①]

3. RNN 的特点

（1）优点。

① 序列建模能力强：RNN 适用于处理序列数据，能够捕获序列中的相互关系和依赖关系，因此在语音识别、自然语言处理等任务中表现出色。

② 上下文信息捕获：RNN 能够保留时间步的状态，赋予之前一定的记忆能力，能够捕获上下文信息，特别适用于自然语言处理任务。

③ 灵活的输入输出长度：RNN 能够处理不定长的输入和输出序列，适用于各种长度的数据。

④ 参数共享：RNN 在每个时间步使用相同的参数，减少了参数数量，提高了训练效率。

⑤ 在线学习：RNN 的递减结构可以使其逐步接收新的输入数据并进行在线学习。

（2）缺点。

① 梯度消失/爆炸问题：传统 RNN 在训练过程中容易出现梯度消失或梯度爆炸问题，导致长序列的训练困难。

② 长距离依赖问题：传统 RNN 难以捕捉长距离的依赖关系，因为信息在人群传播中逐渐衰减，这限制了其建模能力。

③ 计算效率低：RNN 在处理长序列时，需要梯度计算多个时间步，计算效率较低。

④ 网络结构局限性：传统 RNN 的网络结构相对简单，难以处理一些复杂的关系和模式。

⑤ 难以控制：RNN 的非线性结构难以控制处理，影响训练速度。

⑥ 门控循环单元（GRU）和长短时记忆网络（LSTM）的引入带来了缺陷：虽然 LSTM 和 GRU 解决了微小问题和长距离依赖问题，但引入了更多的参数和计算复杂性。

⑦ 不适用于某些任务：RNN 适用于序列数据，但对于图像等非序列数据，效果不如非线性神经网络和 Transformer 等模型。

总体来看，RNN 在序列建模方面具有独特的优势，但在处理长序列和长距离依赖关系时存在一些挑战。近年来，随着深度学习领域的发展，一些新的模型和结构逐渐取代了传统的 RNN，并在某些任务上取得了更好的效果。

6.3.2 RNN 实例

下面来介绍一下 LSTM。长短时记忆网络是 RNN 的一种特殊形式，其特点是能够学习长距离依赖关系。其由 Hochreiter 和 Schmidhuber(1997)首先提出，之后被很多学者改善和推广。它在很多问题上都得到很好的表现，现在被广泛使用。

LSTM 在设计之初用于解决长距离依赖问题，记住长距离的信息实际上是它的最基本的行为。

---

① https://blog.csdn.net/kevinjin2011/article/details/125069293

1. RNN 与 LSTM 的关系

LSTM 可以看作是 RNN 网络的一种特殊形式,同理,GRU 也是如此。LSTM 将传统 RNN 中每一个 RNN 单元换成了更加复杂的结构,如图 6-18 所示。

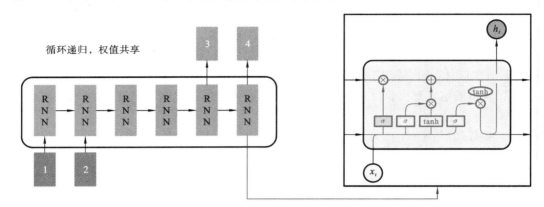

图 6-18 RNN 与 LSTM 关系

2. LSTM 可以捕获长时依赖关系

LSTM 的关键之处是单元状态(Cell),也就是图 6-19 中最上面的水平线。单元状态就像一个传送带,它直接沿着整个链运行,只有一些简单的加减等线性操作,信息很容易保持不变。

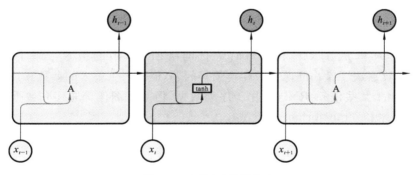

图 6-19 LSTM 单元状态

LSTM 建立一条单独的"路线"用来传递长时依赖关系,每个 LSTM 单元只在这条通路上做一些简单的加减操作,以保证长时依赖信息不被破坏。

LSTM 同样是这样的结构,但是重复的模块拥有一个不同的结构。不同于单一神经网络层,整体上除了 h 在随时间流动,细胞状态 c 也在随时间流动,细胞状态 c 就代表着长时记忆。

3. LSTM 结构分解

(1) 遗忘门。

LSTM 的第一步是决定我们要从单元状态中舍弃什么信息。这一步由激活函数为 Sigmoid 的神经层决定,我们称之为遗忘门(Forget Gate),如图 6-20 所示。首先将 h_{t-1}

与 x_t 的和作为遗忘门的输入,对于每一个数字,遗忘门输出一个$[0,1]$区间内的数字,输出 1 代表"完全保留",输出 0 代表"完全遗忘",再将遗忘门的输出与 C_{t-1} 对应元素相乘,以忘记一些长时依赖信息。

$$f_t = \sigma(W_f \cdot [h_{t-1}, x_t] + b_f) \tag{6.5}$$

（2）输入门。

输入门用于决定当前时间步的新信息将会被更新到记忆中,如图 6-21 所示。它是由一个 sigmoid 层和一个 tanh 层组成的。sigmoid 层决定哪些信息将被更新,而 tanh 层生成新的候选信息。

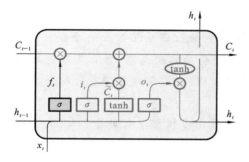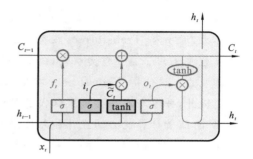

图 6-20　遗忘门　　　　　　　　　　图 6-21　输入门

LSTM 的第二步决定将要在单元状态中存储哪些新的信息。这由两个部分组成。首先,激活函数为 sigmoid 的层决定将更新哪些值。接下来,激活函数为 tanh 的层创建一个新的候选值向量,可以添加到单元状态。候选值向量经过输入门筛选后加入细胞状态,细胞状态因此完成更新。

$$i_t = \sigma(W_i \cdot [h_{t-1}, x_t] + b_i) \tag{6.6}$$
$$\widetilde{C}_t = \tanh(W_c)[h_{t-1}, x_t] + b_c \tag{6.7}$$

（3）输出门。

最后,LSTM 将决定输出的内容,这由输出门（Output Gate）决定,如图 6-22 所示。这个输出将基于单元状态。首先运行一个 sigmoid 层,决定要输出单元状态的哪些部分。然后,通过 tanh 函数把更新后的细胞状态值转换至$[-1,1]$区间。最后,把转换后的单元状态与 sigmoid 门的输出相乘。[1]

$$o_t = \sigma(W_o[h_{t-1}, x_t] + b_o) \tag{6.8}$$
$$h_t = o_t \cdot \tanh(C_t) \tag{6.9}$$

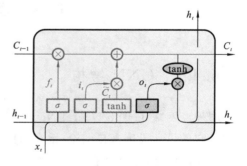

图 6-22　输出门

[1]　https://blog.csdn.net/qq_37707218/article/details/117715472

拓展阅读　RNN 的地位冲击

RNN 在深度学习领域一度占据了重要地位,尤其是在处理序列数据方面表现出色。然而,随着深度学习技术的快速发展和新的模型结构的出现,RNN 的地位受到了一定的冲击。

首先,RNN 在处理长序列数据时存在梯度消失和梯度爆炸的问题,这限制了其在某些任务上的性能。尽管 LSTM 和 GRU 等改进结构在一定程度上缓解了这些问题,可在处理非常长的序列时仍然面临很大挑战。

其次,近年来,Transformer 模型的出现对 RNN 的地位产生了较大的冲击。Transformer 模型采用了自注意力机制,能够捕捉序列中的全局依赖关系,并且具有更好的并行计算能力。这使得 Transformer 在处理自然语言处理、机器翻译等任务时取得了显著的性能提升,并逐渐在一些领域取代了 RNN。

此外,随着计算能力的提升和大数据的普及,深度学习模型逐渐向着更大、更复杂的方向发展。一些新型模型结构,如卷积神经网络、图神经网络等也在不同领域取得了成功。这些新型模型在某些任务上可能具有更好的性能,从而进一步挤压了 RNN 的应用空间。

然而,尽管 RNN 面临这些挑战和冲击,但它仍然在某些特定任务中发挥着重要作用。例如,在处理某些具有时间依赖性的序列数据时,RNN 仍然是一个有效的选择。此外,RNN 的结构相对简单,容易理解和实现,因此在一些资源有限或实时性要求较高的场景中仍然具有优势。随着深度学习技术的不断发展,未来更多新型模型结构可能还会出现,并为不同任务提供更高效、更准确的解决方案。

6.4　图神经网络

6.4.1　GNN 结构

图神经网络(Graph Neural Network,GNN)是一类专门用于处理图数据的神经网络模型。它的设计灵感来自图论,旨在捕捉图结构中节点之间的关系和特征。

1. 图神经网络的提出

早在 20 世纪 80 年代,就有一些关于图数据处理的尝试,如神经网络在图像处理中的应用。然而,当时主要关注处理图像数据,而对于一般的图结构数据的研究还不够深入。

2004 年,Thomas Kipf 等人在论文《Semi-Supervised Classification with Graph Convolutional Networks》中首次提出了图卷积网络(GCN)。GCN 采用局部聚合邻居节点信

息的方式,通过类似于卷积操作的方式在图上进行特征传播和学习。这是图神经网络发展的重要里程碑,为后续的研究奠定了基础。

2015 年,Petar Veličković 等人在论文《Graph Attention Networks》中提出了图注意力网络(GAT)。GAT 引入了注意力机制,允许节点对不同邻居节点分配不同的权重,从而更精细地进行信息传播和聚合。

在之后的几年里,研究者们开始推广和改进图卷积网络。出现了许多基于 GCN 的变种模型,包括多层 GCN、空间注意力机制等。

2017 年,出现了一些基于生成模型的图神经网络,如图生成网络(Graph Generative Adversarial Networks,Graph GAN)和图自编码器(Graph Autoencoders,GAE)。这些模型可以用于图的生成和重构任务。

从 2020 年开始,图神经网络领域进一步迅速发展,出现了更多具有创新性的模型和方法,图神经网络在不同领域的应用如下。

(1) 异构图:异构图指的是具有不同类型的节点和边的图,这在现实世界的许多应用中都很常见。例如,社交网络中的用户和帖子就是两种不同类型的节点。

(2) 动态图:动态图指的是随时间变化的图,比如社交网络中的朋友关系可能会随时间改变。

(3) 超图:超图是一种更复杂的图结构,其每条边可以连接任意数量的节点。

(4) 时空图:时空图结合了时间和空间信息,可以用于预测交通流量、天气等。

(5) GNNs 的可解释性:解释神经网络模型的决策过程是一个重要的研究方向,特别是在一些关键领域,如医疗诊断。

(6) GNNs 的生成和预训练模型:预训练模型在自然语言处理等领域取得了巨大成功,这一策略也可能被应用于图神经网络。

(7) 大规模图:随着数据规模的增大,如何高效地处理大规模图数据也是一个重要的研究方向。

(8) 图基础模型:图基础模型是指那些直接建立在图结构上的模型,这是图神经网络的一个核心研究方向。

2. GNN 结构

图(Graph)是一种数据结构,常见的图结构包含节点(Node)和边(Edge),GNN 是深度学习在图结构上的一个分支。GNN 是一种连接模型,通过网络中节点之间的信息传递来获取图中的依存关系,GNN 通过从节点任意深度的邻居来更新该节点状态,这个状态能够表示状态信息。节点表示物体、边表示物体之间的联系,如图 6-23 所示。

简单来讲,GNN 的目的就是提取更多的特征,使得节点、边和图的信息能够更好地用于不同的任务。构造 GNN 大体上有三个步骤:一聚合、二更新、三循环。聚合是指每个节点都会先聚合邻居的特征,更新是指每个节点会把邻居聚合后的特征加到自己身上,图中所有节点都会做一遍聚合和更新操作,然后循环上述过程。循环 1 次就是 1 层的 GNN,循环 2 次就是 2 层的 GNN,以此类推。循环完毕后就得到了各个节点的特征,然后再输入到一层 MLP,得到最终的输出。

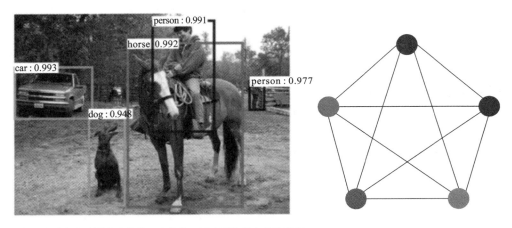

每一个节点表示图像中的每一个物体，边表示物体之间的联系

图 6-23　节点表示物体、边表示物体之间的联系

例 6.4　输入一个简单的图结构，如图 6-24 所示。

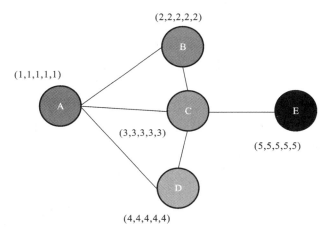

图 6-24　简单的图结构

解　（1）聚合操作。

经过一次聚合后聚合到的信息如下。

邻居信息为

$$N = a \times (2,2,2,2,2) + b \times (3,3,3,3,3) + c \times (4,4,4,4,4)$$

其中，a、b、c 可自行设置或通过训练学习得到。

简单来说，就是将其他相邻节点的信息聚合，作为当前节点信息的一个补足。

（2）更新操作。

$$A \text{ 的信息} = \sigma(W((1,1,1,1,1) + \alpha \times N))$$

其中，α 可自行设置或由 attention 机制选出或通过训练学习得到；W 为模型需要训练的权值参数；σ 为激活函数。

简单来说:将得到的邻居节点信息乘以系数加到当前节点,再乘以学习的权重和激活函数,可获得聚合后的 A 的信息(一层 GNN 后的 A 的最终信息)。

(3) 循环操作(多层更新操作)。

经过一次聚合后,A 中有 B,C,D 的信息;B 中有 A,C 的信息;C 中有 A,B,D,E 的信息;D 中有 A,C 的信息;E 中有 C 的信息。

那么第二次聚合之后,以此类推 n 层的 GNN 可以得到 n 层的邻居信息。

以 A 结点为例,此时 A 聚合 C 的时候,C 中有上一层聚合到的 E 的信息,所以这时 A 获得了二阶邻居 E 的特征。

通过聚合更新的不断循环,最后提取到每个节点的特征。

3. GNN 的特点

(1) 优点。

① 适用于图数据:GNN 专门设计用于处理图结构数据,可以很好地捕捉节点之间的关系和连接信息。这使得 GNN 在社交网络、推荐系统、生物信息学等领域具有广泛应用。

② 局部和全局信息融合:GNN 可以从节点的邻居节点中汇集信息,将局部信息进行聚合,同时在网络中传播信息以获得全局上下文。这种信息融合使得 GNN 能够更好地处理节点的结构信息。

③ 节点表征学习:GNN 可以学习每个节点的低维表示,将高维的节点特征转化为具有语义含义的低维向量。这些节点表征可以用于下游任务,如节点分类、链接预测等。

④ 泛化能力强:GNN 在处理不同类型的图时具有很强的泛化能力。即使是在没有见过的图上,GNN 也能够通过学习图结构和节点特征之间的关系进行推断。

⑤ 可扩展性:GNN 可以通过增加图层数、调整网络结构和参数来适应不同规模和复杂度的图数据,具有较强的可扩展性。

(2) 缺点。

① 过拟合问题:在处理小样本、稀疏图等情况下,GNN 容易出现过拟合问题。这可能导致节点表征的质量下降,影响模型的性能。

② 计算复杂度高:GNN 的计算复杂度与图的规模和深度相关,处理大规模图时可能需要较长的训练时间和更多的计算资源。

③ 信息传递路径问题:某些 GNN 模型存在信息传递路径受限的问题,即节点之间的信息传递路径较短,导致远距离的节点无法充分交互。

④ 结构不变性问题:GNN 在处理节点的排列变化时,可能对图结构的不变性不敏感,导致对节点排列变化较敏感的任务性能下降。

⑤ 超参数调整难度:GNN 中的超参数较多,如层数、学习率、正则化项等,调整这些超参数需要经验和实验。

综上所述,GNN 在处理图数据方面具有独特的优势,但也面临一些挑战和限制。在实际应用中,根据具体任务和数据情况选择合适的 GNN 模型及适当的调参策略非常重要。

6.4.2 GNN 实例

CNN 适用于规则二维矩阵数据（如图 6-25 所示，每个像素点上下左右相连）或一维序列数据（如语音，每个点左右相连）。然而很多数据类型不具备规则的结构，称其为非欧几里得数据（Non Euclidean Structure Data），如图 6-26 所示。如社交网络，对于推荐系统上抽取的图谱，每个节点可能有不一样的连接方式。图卷积中的 Graph 指的就是图论中用顶点和边建立相关关系的拓扑图。

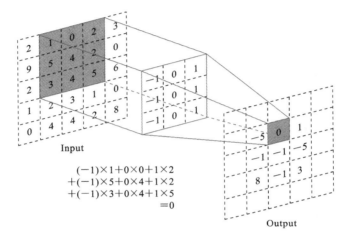

$$(-1)\times1+0\times0+1\times2$$
$$+(-1)\times5+0\times4+1\times2$$
$$+(-1)\times3+0\times4+1\times5$$
$$=0$$

图 6-25　规则卷积

图 6-26　非欧几里得数据

CNN 无法处理非欧几里得结构的数据，因为传统的卷积没法处理节点关系多变的信息（没法固定尺寸进行卷积核设置等），为了从这样的数据结构中有效地提取特征，GCN 成为研究热点。

以 GCN 为例,GCN 是一种能够直接作用于图并且利用其结构信息的卷积神经网络,图 6-27 所示的是未知节点没有标签的半监督学习。

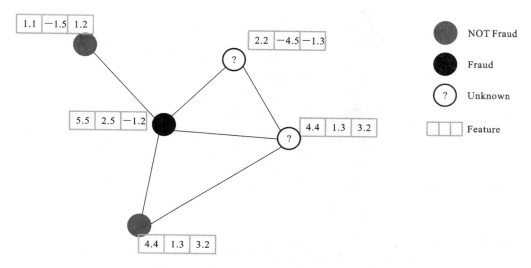

图 6-27　未知节点没有标签的半监督学习

正如 GCN 名字中的卷积所揭示的,该思想是由图像领域迁移到图领域的。然而图像通常具有固定的结构,而图的结构却更加灵活、复杂。GCN 的主要思想是,对于每个结点,我们都要考虑其所有邻居及其自身所包含的特征信息。假设我们使用 Average 函数,那对每一个结点进行上述操作后,就可以得到能够输入神经网络的平均值表示,如图 6-28 所示。

图 6-28　卷积思想从图像到图

在图 6-29 中,我们以一个简单的引用网络为例,每一个结点代表一篇文章,而边代表

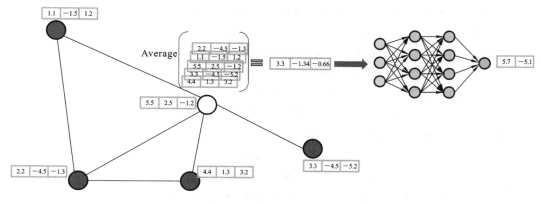

图 6-29　简单的引用网络

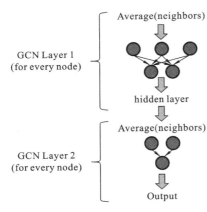

GCN Layer 1
(for every node)

GCN Layer 2
(for every node)

Average(neighbors)

hidden layer

Average(neighbors)

Output

图 6-30　两层全连接 GCN 的实例

引用情况。在这里首先有一个预处理的步骤,也就是将原始文本通过 NLP 嵌入的方法先转化为向量。

接下来考虑白色结点。首先得到包括其自身的所有节点的特征值,然后取平均,将该平均值向量输入一个神经网络,再得到一个向量。

上面的例子使用的是平均值函数,然而在实际应用当中,我们可以采用更为复杂的聚合函数,GCN 神经网络的结构也可以比上面例子中的网络结构更复杂。如图 6-30 所示的就是一个两层全连接 GCN 的例子,每一层的输出都作为下一层的输入。

拓展阅读　谷歌 TensorFlow-GNN 1.0 发布

图神经网络自诞生以来得到广泛的应用,能将世界上不同对象之间的关系表示出来。2024 年初,谷歌团队官宣发布 TensorFlow-GNN 1.0——一个用于大规模构建 GNN 的经过生产测试的库。

2005 年,划时代之作"The Graph Neural Network Model"的问世,将图神经网络带到每个人面前。在此之前,科学家处理图数据的方式是,在数据预处理阶段,将图转换为一组向量表示。而 CNN 的出现彻底解决了这种信息丢失的问题,近 20 年来,一代又一代模型不断演变,推动着 ML 领域的进步。

为了解释 TensorFlow-GNN,看一个典型的应用:预测一个庞大的数据库中,由交叉引用表定义的图中某类节点的属性。举个例子,计算机科学(CS)的引文数据库 arxiv 论文中,有一对多的引用关系和多对一的引用关系,可以预测每篇论文所在的主题领域。与大多数神经网络一样,GNN 也是在许多标记样本(约数百万个)的数据集上进行训练的,但每个训练步骤只包含一批小得多的训练样本(比如数百个)。为了扩展到数百万个样本,GNN 会在底层图中合理小的子图流上进行训练。每个子图包含足够多的原始数据,用于计算中心标记节点的 GNN 结果并训练模型。这一过程通常被称为子图采样,对于 GNN 训练是极其重要的。现有的大多数工具都以批方式完成采样,生成用于训练的静态子图。而 TF-GNN 提供了通过动态和交互采样来改进这一点的工具。

子图抽样过程,即从一个较大的图中抽取小的、可操作的子图,为 GNN 训练创建输入示例。具体来说,对存储在单个训练主机主内存中的小型数据集进行高效采样,或通过 Apache Beam 对存储在网络文件系统中的庞大数据集(多达数亿节点和数十亿条边)进行分布式采样。在这些相同的采样子图上,GNN 的任务是,计算根节点的隐藏(或潜在)状态;隐藏状态聚集和编码根节点邻域的相关信息。一种常见的方法是利用消息传递神经网络。在每一轮消息传递中,节点沿着传入边接收来自邻节点的消息,并从这些边更新自己的隐藏状态。在 n 轮之后,根节点的隐藏状态反映了 n 条边内所有节点的聚合信息。消息和新的隐藏状态由神经网络的隐藏层计算。在异构图中,对不同类型的节点和边使用单独训练的隐藏层通常是有意义的。在该网络中,每一步节点状态都会从外部节点传播到内部节点,并在内部节点汇集计算出新的节点状态。一旦到达根节点,就可以进行最终预测。训练设置是通过将输出层放置在已标记节点的 GNN 的隐藏状态之上、计算损失(以测量预测误差)并通过反向传播更新模型权重来完成的,这在任何神经网络训练中都是常见的。除了监督训练之外,GNN 也可以以无监督的方式训练。

总之,谷歌希望 TF-GNN 将有助于推动 GNN 在 TensorFlow 中的大规模应用,并推动该领域的进一步创新。

6.5　Transformer 注意力机制

6.5.1　Transformer 结构

1. 注意力机制

注意力机制(Attention Mechanism)是一种在深度学习中常用的机制,用于将模型的注意力集中在输入数据的特定部分,以便在处理数据时更有效地捕获相关信息。注意力机制最早被引入神经网络是为了解决序列到序列(Sequence-to-Sequence)任务中的对齐问题,但后来在各种任务中得到了广泛应用,尤其是在自然语言处理领域。

在注意力机制中,模型会计算一个权重向量,表示输入序列中每个位置的重要性。这些权重可以根据不同的方式得到,例如通过计算相似性、距离得到等。然后,模型使用这些权重对输入进行加权,从而更关注重要的部分,同时减弱对不重要部分的关注。

注意力机制可以分为不同类型的,常见的两种类型如下。

(1)点积注意力(Dot Product Attention):这是最基本的注意力机制类型。在点积注意力中,先计算查询向量(通常来自目标序列)和键向量(通常来自输入序列)的点积,再进行归一化处理得到权重向量。这种类型的注意力适用于相似度度量较好的任务。

(2)加权平均注意力(Weighted Average Attention):在这种类型的注意力中,权重是通过对相似性进行加权平均得到的。这种类型的注意力适用于更复杂的相似性度量。

注意力机制在许多任务中具有重要作用,特别是在机器翻译、问答系统、文本摘要、图像描述生成等自然语言处理任务中。它能够帮助模型在处理长序列时更好地捕捉上下文信息,提高模型的性能和效果。除了序列数据,注意力机制还被用于图神经网络、图像处理等领域。

2. Transformer 整体结构

首先介绍 Transformer 的整体结构,图 6-31 所示的是 Transformer 用于中英文翻译的整体结构。

可以看到,Transformer 由 Encoder 和 Decoder 两个部分组成,Encoder 和 Decoder

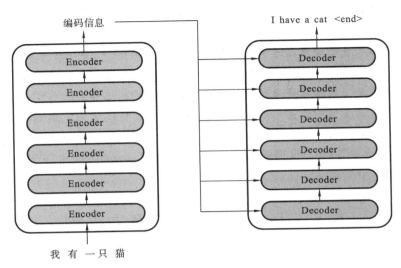

图 6-31　Transformer 的整体结构

都包含 6 个 block。Transformer 的工作流程大体如下。

第一步,获取输入句子的每一个单词的表示向量 X,X 由单词的 Embedding(Embedding 就是从原始数据提取出来的 Feature)和单词位置的 Embedding 相加得到。

第二步,将得到的单词表示向量矩阵(如图 6-32 所示,每一行是一个单词的表示)传入 Encoder 中,经过 6 个 Encoder block 后可以得到句子所有单词的编码信息矩阵 C。每一个 Encoder block 输出的矩阵维度与输入完全一致。

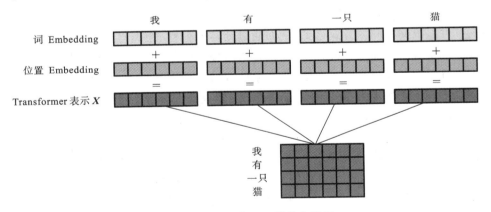

图 6-32　Transformer 的输入表示

第三步,将 Encoder 输出的编码信息矩阵 C 传递到 Decoder 中,Decoder 会依次根据当前翻译过的第 $1 \sim i$ 个单词翻译下一个单词(第 $i+1$ 个),如图 6-33 所示。在使用的过程中,翻译到第 $i+1$ 个单词的时候,需要通过 Mask 操作遮盖住第 $i+1$ 个单词之后的单词。

图 6-33 中,Decoder 接收了 Encoder 的编码矩阵 C,然后首先输入一个翻译开始符"<Begin>",预测第一个单词"I";然后输入翻译开始符"<Begin>"和单词"I",预测单

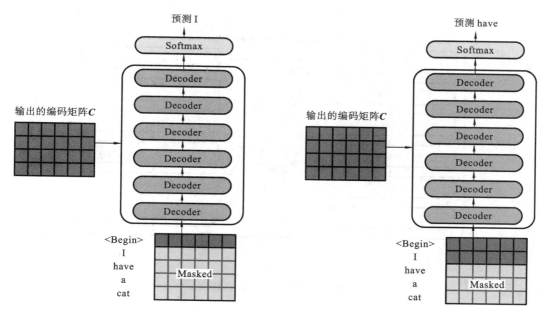

图 6-33　Transformer Decoder **预测**

词"have"，以此类推。以上便是使用 Transformer 时的大致流程。

6.5.2　Transformer 实例

Transformer 是 Google 在 2017 年提出的用于机器翻译的模型。Transformer 的内部本质上是一个 Encoder-Decoder 结构，即编码器-解码器。Transformer 中抛弃了传统的 CNN 和 RNN，整个网络结构完全由 Attention 机制组成，并且采用了 6 层 Encoder-Decoder 结构。显然，Transformer 主要分为两大部分，分别是编码器和解码器。

如图 6-34 所示，整个 Transformer 是由六个这样的结构组成的，为了方便理解，只看其中一个 Encoder-Decoder 结构。

下面以一个简单的例子进行说明（见图 6-35）。

1. 位置嵌入(Positional Encoding)

输入维度为[batch size，sequence length]的数据，比如"我们为什么工作"。

batch size 就是 batch 的大小，这里只有一句话，所以 batch size 为 1，sequence length 是句子的长度，一共有 7 个字，所以输入的数据维度是[1，7]。

不能直接将这句话输入到编码器中，因为 Tranformer 不认识，需要先进行字嵌入，即得到 $X_{embedding}$。简单点说，就是文字到字向量的转换，这种转换是将文字转换为计算机认识的数学表示，用到的方法就是 Word2Vec。得到的 $X_{embedding}$ 的维度是[batch size，sequence length，embedding dimension]，embedding dimension 的大小由 Word2Vec 算法决定，Tranformer 采用 512 长度的字向量，所以 $X_{embedding}$ 的维度是[1，7，512]。

至此，输入的"我们为什么工作"，可以用一个图 6-36 所示的矩阵来简化表示。

165

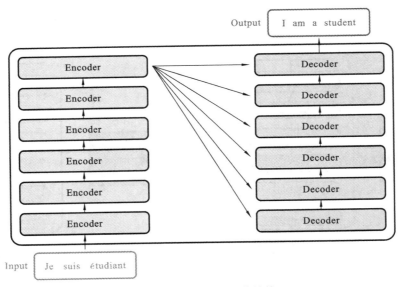

图 6-34 Transformer 的结构

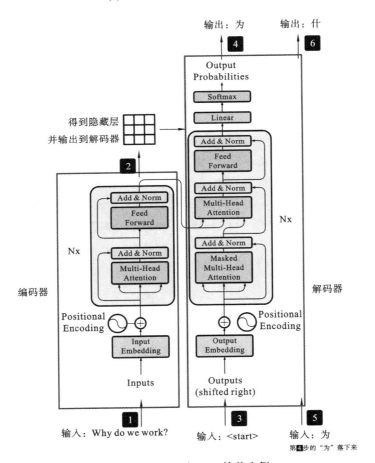

图 6-35 Transformer 简单实例

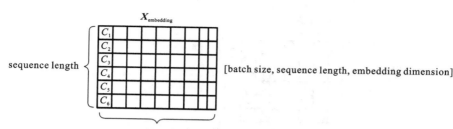

图 6-36　工作矩阵

　　文字的先后顺序很重要。比如吃饭没、没吃饭、没饭吃、饭吃没、饭没吃,同样的三个字,顺序颠倒,所表达的含义就不同了。因此文字的位置信息很重要,但 Tranformer 没有类似 RNN 的循环结构,没有捕捉顺序序列的能力。为了保留这种位置信息,Tranformer 需要进行学习,需要用到位置嵌入。加入位置信息的方式非常多,最简单的是直接将绝对坐标 0,1,2 编码。

　　Tranformer 采用的是 sin-cos 规则,使用了 sin 和 cos 函数的线性变换来提供给模型位置信息:

$$\mathrm{PE}_{(\mathrm{pos},2i)} = \sin(\mathrm{pos}/10000^{2i/d_{\mathrm{model}}})$$
$$\mathrm{PE}_{(\mathrm{pos},2i+1)} = \cos(\mathrm{pos}/10000^{2i/d_{\mathrm{model}}})$$

式中,pos 指的是句中字的位置,取值范围是 $[0, \mathrm{max\ sequence\ length})$,$i$ 指的是字嵌入的维度,取值范围是 $[0, \mathrm{embedding\ dimension})$,就是 embedding dimension 的大小。

　　上面有一组 sin 和 cos 公式,对应着 embedding dimension 维度的一组奇数和偶数的序号的维度,从而产生不同的周期性变化。

　　位置嵌入在 embedding dimension(也是 hidden dimension)维度上,随着维度序号增大,周期变化会越来越慢,从而产生一种包含位置信息的纹理。就这样,会产生独一无二的纹理位置信息,从而模型会学到位置之间的依赖关系和自然语言的时序特性。最后,将 $X_{\mathrm{embedding}}$ 和位置嵌入相加,送给下一层。

2. 自注意力层(Self Attention Mechanism)

　　用自注意力层的目的是,让每个字都含有当前这个句子中的所有字的信息。需要注意的是,在上面 self attention 的计算过程中,我们通常使用 mini batch,也就是一次计算多句话。通常每个句子的长度是不一样的,需要按照最长的句子的长度进行统一处理。对于短的句子,进行 Padding 操作,一般我们用 0 来进行填充,如图 6-37 所示。

3. 残差连接和层归一化

　　在这里加入了残差设计和层归一化操作,目的是防止梯度消失,加快收敛。

　　残差连接(Residual Connections)和层归一化(Layer Normalization)都是在深度神经网络中常用的技术,用于改善训练稳定性、加速收敛,并帮助解决深层网络训练中的梯度消失和梯度爆炸问题。它们通常应用于不同的网络层,但都有助于优化网络性能。

　　残差连接是由何凯明(Kaiming He)等人在 ResNet 中引入的一种技术。在深层网络中,梯度逐层传播可能会导致梯度消失,使得网络难以训练。残差连接通过将输入信息

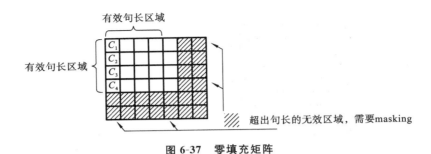

图 6-37　零填充矩阵

直接与层的输出相加,从而引入一个"跳跃"或"短路"连接。这样,即使中间层无法提取有用的特征,仍然可以通过恒等映射来传播梯度,从而缓解梯度消失问题。

层归一化是一种正则化技术,旨在解决深层神经网络中的内部协变量偏移问题。它是由 Jimmy Lei Ba 等人在 2016 年提出的。在标准正向传播中,每一层输入的分布都可能会发生变化,导致训练不稳定。层归一化对每一层的输入进行归一化,使其均值为 0,方差为 1,从而平稳化网络训练。层归一化有助于加速收敛,使得网络更容易训练。

4. 前馈网络

前馈网络在注意力机制中的作用通常是对源序列进行编码,生成上下文,然后绑定上下文与目标序列的当前时刻输入,并一起送入解码器中。

前馈神经网络(Feedforward Neural Network,FNN),也称为前向神经网络或多层感知器(Multilayer Perceptron,MLP),是一种最基本的人工神经网络架构。它由多个神经元层组成,信息在网络中只向前传递,没有反馈连接。前馈网络广泛应用于各种任务,包括分类、回归、特征提取等。

6.6　深度学习

6.6.1　深度学习的意义

人们对经验的利用靠人类自己完成。而深度学习中,经验以数据的形式存在。因此,深度学习就是关于在计算机上从数据中产生模型的算法,即深度学习算法。过去的算法模式,在数学上称为是线性的,它通过函数体现映射关系。但这种算法在海量数据面前遇到了瓶颈。过去在信息表示和特征设计方面大量依赖人工,这严重影响有效性和通用性。深度学习则彻底颠覆了"人造特征"的范式,开启了数据驱动的"表示学习"范式——由数据自提取特征,计算机自己发现规则,进行自学习。

深度学习是以海量数据为输入,基于多层神经网络的发现规则自学习方法。多层神经网络与浅层网络相比可以减少参数,因为它重复利用中间层的计算单元。以计算机认猫为例,它可以学习猫的分层特征:最底层从原始像素开始,刻画局部的边缘和纹理;中层把各种边缘进行组合,描述不同类型的猫的器官;最高层描述的是整个猫的全局特征。

　　计算机认图的能力已经超过了人,尤其是在图像和语音等复杂应用方面,深度学习技术取得了优越的性能。通常能用很多属性描述一个事物。其中有些属性可能很关键,很有用,另一些属性可能没什么用。属性被称为特征,特征辨识是一个数据处理的过程。

　　先从一个简单例子开始,从概念层面上解释究竟发生了什么事情。我们来试试看如何从多个形状中识别正方形。第一件事是检查图中是否有四条线(简单的概念),如果找到这样的四条线,则进一步检查它们是相连的、闭合的,还是相互垂直的,并且检查它们是否相等(嵌套的概念层次结构)。所以,我们完成了一个复杂的任务(识别一个正方形),并以简单、不太抽象的任务来完成它。深度学习本质上在大规模执行类似的逻辑。

　　传统算法认猫,是标注各种特征去认:大眼睛,有胡子,有花纹。但仅依靠这种特征可能分不清猫和虎,甚至无法区分猫和狗。这种方法即为人制定规则,机器学习这种规则。对于深度学习的方法,直接提供百万张有猫的图片,以及百万张无猫的图片,用它们来训练深度网络,深度网络自己去学习猫的特征,计算机就可识别猫。

　　对于国际上著名的 ImageNet 图像分类大赛,在 2010 年,获胜的系统只能正确标记 72％的图片;而到了 2012 年,多伦多大学的杰夫·辛顿利用深度学习的新技术,带领团队实现了 85％的准确率;在 2015 年的 ImageNet 竞赛上,一个深度学习系统以 96％的准确率第一次超过了人类(人类平均有 95％的准确率)。

6.6.2　深度学习的概念

　　深度学习是一种以人工神经网络为架构对数据进行表征学习的算法,即可以这样定义:"深度学习是一种特殊的机器学习方法,通过学习将现实使用嵌套的概念层次来表示并实现巨大的功能和灵活性,其中,每个概念都定义为与简单概念相关联,而更为抽象的表示则以较不抽象的方式来计算。"

　　目前已经有多种深度学习框架,如深度神经网络、卷积神经网络、深度置信网络和递归神经网络,它们被应用在计算机视觉、语音识别、自然语言处理、音频识别与生物信息学等领域并获取了极好的效果。

　　通过多层处理,逐渐将初始的"低层"特征表示转化为"高层"特征表示后,用"简单模型"即可完成复杂的分类等学习任务。由此,可将深度学习理解为进行"特征学习"或"表示学习"。

　　以往,机器学习用于现实任务时,描述样本的特征通常需由人类专家来设计,这称为"特征工程"。众所周知,特征的好坏对泛化性能有至关重要的影响,人类专家设计出好的特征也并非易事。特征学习(表征学习)则通过机器学习技术自身来产生好特征,这使机器学习向"全自动数据分析"又前进了一步。

6.6.3　深度学习的核心思路

　　假设有一个系统 S,它有 n 层 $(S_1,\cdots,S_n)$,它的输入是 I,输出是 O,形象地表示为:$I \to S_1 \to S_2 \to \cdots \to S_n \to O$,如果输出 O 等于输入 I,即输入 I 经过系统变化之后没有任何的信息损失,设处理 a 信息得到 b,再对 b 处理得到 c,那么可以证明:a 和 c 的互信息不会超过 a 和 b 的互信息。这表明信息处理不会增加信息,大部分处理会丢失信息。这意味着输入 I 经过每一层 S_i 都没有任何的信息损失,即在任何一层 S_i 中,它都是原有信息(即输入 I)的另外一种表示。

回到深度学习的主题,需要自动地学习特征,假设我们有一堆输入 I(如一堆图像或者文本),假设设计了一个系统 S(有 n 层),通过调整系统中参数,使得它的输出仍然是输入 I,那么就可以自动地获取得到输入 I 的一系列层次特征,即 $S_1,\cdots,S_n$。

对于深度学习来说,其思想就是堆叠多个层,也就是说这一层的输出作为下一层的输入。通过这种方式,实现对输入信息的分级表达。

前面是假设输出严格地等于输入,这个限制太严格,可以略微地放松这个限制,例如只要使得输入与输出的差别尽可能小即可,这个放松会导致另外一类不同的深度学习方法。这就是深度学习的基本思想。

把学习结构看作一个网络,则深度学习的核心思路如下。

(1) 将无监督学习应用于每一层网络的 pre-train(预处理);

(2) 每次只用无监督学习方法训练一层,将其训练结果作为其高一层的输入;

(3) 用自顶而下的监督算法调整所有层。

深度学习本来并不是一种独立的学习方法,它也会用到有监督和无监督的学习方法来训练深度神经网络。但由于近几年该领域发展迅猛,一些特有的学习手段相继被提出(如残差网络),因此越来越多的人将其单独看作一种学习方法。

6.6.4 深度学习的实现

最初的深度学习是利用神经网络来解决特征表达的一种学习过程。深度神经网络可大致理解为包含多个隐层的神经网络结构。神经网络的构建受到了动物大脑的生理结构——互相交叉相连的神经元的启发。但与大脑中一个神经元可以连接一定距离内的任意神经元不同,ANN 具有离散的层、连接和数据传播的方向。为了提高深层神经网络的训练效果,人们对神经元的连接方法和激活函数等方面做出了相应的调整。

如今,深度学习迅速发展,奇迹般地实现了各种任务,使得似乎所有的机器辅助功能都变为可能,无人驾驶汽车、预防性医疗保健都在一步步实现。

例 6.5 如图 6-38 所示,将一个停止标志牌图像的所有元素都打碎,然后用神经元进行"检查":八边形的外形、救火车般的红颜色、鲜明突出的字母、交通标志的典型尺寸和静止不动运动特性等。神经网络的任务就是给出结论,即得出它到底是不是一个停止标志牌。神经网络会根据所有权重给出一个经过深思熟虑的猜测——"概率向量"。

图 6-38 停止标志牌

在这个例子里,系统可能会给出这样的结

果:86%的可能是一个停止标志牌,7%的可能是一个限速标志牌,5%的可能是一个风筝挂在树上等,然后网络结构告知神经网络,它的结论是否正确。

神经网络是调制、训练出来的,还是很容易出错的。它最需要的就是训练,需要用成百上千甚至几百万张图像来训练,直到神经元的输入的权值都被调制得十分精确,无论是否有雾,晴天还是雨天,每次都能得到正确的结果。只有在这个时候,我们才可以说神经网络成功地自学习到一个停止标志牌的样子。

深度学习存在以下问题。

(1) 深度学习模型需要大量的训练数据,才能展现出神奇的效果,但在现实生活中,往往会遇到小样本问题,此时深度学习方法无法入手,用传统的机器学习方法就可以。

(2) 在有些领域,采用传统的简单的机器学习方法,可以很好地解决问题,没必要非得用复杂的深度学习方法。

(3) 深度学习的思想受人脑的启发,但绝不是人脑的模拟,举个例子,给一个三四岁的小孩看一辆自行车之后,再见到哪怕外观完全不同的自行车,小孩也大都能说出那是一辆自行车,也就是说,人类的学习过程往往不需要大规模的训练数据,而现在的深度学习方法显然不是对人脑的模拟。

▋▋ 6.6.5　深度学习与机器学习的对比

机器学习是一个更广义的概念,而深度学习是机器学习的一种特定而强大的实现方式。深度学习模拟了人脑神经网络的结构,能够处理复杂的任务和大规模的数据集。下面将从数据依赖性、硬件依赖、特征处理、问题解决方式、执行时间、可解释性、应用领域方面展开深度学习和机器学习的对比。

1. 数据依赖性

深度学习与传统的机器学习的最主要的区别在于,随着数据规模的增加,其性能也不断提升。当数据很少时,深度学习算法的性能并不好。这是因为深度学习算法需要大量的数据来完美地理解它。另一方面,在这种情况下,传统的机器学习算法使用制定的规则,性能会比较好,图 6-39 总结了这一事实。

2. 硬件依赖

深度学习算法需要进行大量的矩阵运算,GPU 主要用来高效优化矩阵运算,所以GPU 是深度学习正常工作的必需硬件。与传统的机器学习算法相比,深度学习更依赖安装 GPU 的高端机器。

3. 特征处理

特征处理是将领域知识放入特征提取器里来减少数据的复杂度并生成使学习算法工作得更好的模式的过程。特征处理过程很耗时而且需要专业知识。

在机器学习中,大多数应用的特征都需要专家确定,大多数机器学习算法的性能依赖于所提取的特征的准确度。

4. 问题解决方式

当应用传统的机器学习算法解决问题的时候,传统的机器学习通常会将问题分解为

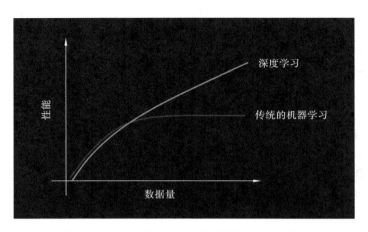

图 6-39　深度学习与传统的机器学习性能比较

多个子问题并逐个解决子问题,最后结合所有子问题的结果获得最终结论。相反,深度学习提倡直接的端到端的问题解决方式。

　　例如:假设有一个多物体检测的任务需要知道图像中物体的类型和物体在图像中的位置。

　　传统的机器学习算法会将问题分解为两步:物体检测和物体识别。首先,使用边界框检测算法扫描整张图片找到物体可能的区域;然后使用物体识别算法对上一步检测出来的物体进行识别。

　　相反,深度学习会直接对输入数据进行运算得到输出结果。例如可以直接将图片传给 YOLO 网络(一种深度学习算法),YOLO 网络会给出图片中的物体和名称。

5. 执行时间

　　通常情况下,训练一个深度学习算法需要很长的时间。这是因为深度学习算法中的参数很多,因此训练算法需要消耗更长的时间。最先进的深度学习算法 ResNet 完整地训练一次需要消耗两周的时间,而机器学习算法的训练所消耗的时间相对较少,只需要几秒钟到几小时的时间。

　　对于测试时间,深度学习算法在测试时只需要很少的时间去运行。

6. 可解释性

　　深度学习的可解释性差。假设使用深度学习算法自动为文章评分。深度学习算法可以达到接近人的标准,这是相当惊人的性能表现。但是仍然有个问题,深度学习算法不会解释结果是如何产生的,人们不知道神经元应该是什么模型,也不知道这些神经单元层要共同做什么。

　　而像决策树这样的机器学习算法给出了明确的规则,所以它们解释决策背后的推理是很容易的。

7. 应用领域

　　人工智能是最早出现的,其次是机器学习,最后是深度学习,深度学习是如今人工智能发展的核心驱动力。

习　题　6

一、填空题

1. 神经网络是指以_____和_____为模型的机器学习算法。

2. CNN 是一个多层的神经网络,其每层由多个二维平面组成,而每个平面由多个独立_____组成。C 层为_____;S 层是_____;CNN 中的每一个 C 层都紧跟着一个 S 层。

3. 图神经网络的核心思想是在图结构上进行_____和_____。

4. 注意力机制是一种在深度学习中常用的机制,用于将模型的注意力集中在_____数据的特定部分,以便_____。

5. 深度学习与传统的机器学习的最主要的区别在于_____
_____。

二、选择题

1. 深度学习中的"深度"是指(　　　)。

A. 计算机理解深度　　　　　　　　　B. 中间神经元网络的层次很多

C. 计算机的求解更加精确　　　　　　D. 计算机对问题的处理更加灵活

2. 下列哪一项在神经网络中引入了非线性?(　　　)

A. 随机梯度下降　　　　　　　　　　B. 修正线性单元(ReLU)

C. 卷积函数　　　　　　　　　　　　D. 以上都不对

3. 下列哪个神经网络结构会发生权重共享?(　　　)

A. 卷积神经网络　　　　　　　　　　B. 循环神经网络

C. 全连接神经网络　　　　　　　　　D. 选项 A 和 B

4. 与传统的机器学习相比,深度学习的优势在于(　　　)。

A. 深度学习可以自动学习特征

B. 深度学习完全不需要做数据预处理

C. 深度学习完全不提取底层特征,如图像边缘、纹理等

D. 深度学习不需要调参

5. 下列哪一项在神经网络中引入了非线性?(　　　)

A. 随机梯度下降　　　　　　　　　　B. Sigmoid 激活函数

C. 增大权重和偏置的初始化值　　　　D. 以上都不对

三、思考题

11. 想一想深度学习和机器学习有哪些区别?

12. 结合生活实际,列举生活中的深度学习实例。

第7章

计算机视觉

知识目标	思政与素养
掌握计算机视觉的基础知识,学习模式识别和图像识别的要点。	学习模式识别和图像识别的要点,增强对图像信息的敏锐感知与精准分析能力,树立正确的价值观,增强社会责任感,将所学技术用于服务社会、造福人民。
理解计算机视觉的研究内容、发展情况和研究目的,掌握计算机视觉与机器视觉的区别。	学习计算机视觉的领域知识,把握技术脉络,明确创新方向,深化专业认知,提升实践应用能力,同时培养科技报国的思政素养,将技术发展与国家需求紧密结合,实现个人价值与社会价值的统一。
掌握计算机视觉系统的应用,包括人脸识别和自动驾驶等。	掌握计算机视觉系统的应用,深入理解技术背后的社会价值与责任,培养科技为民、安全为先的思政素养,确保技术应用的合法合规,守护公共安全,促进社会和谐。

 拓展阅读　Google 猫脸识别

　　人类第一次发现猫的记录已无从查证,但机器第一次"发现"猫是在 2012 年的 6 月。

　　2012 年 6 月,Google 研究部门 Google Brain 公开了 The Cat Neurons 项目(即"谷歌猫"项目)的研究成果。这个项目简单说就是用算法在 YouTube 的视频里识别猫,它由华人科学家吴恩达发起,拉上了 Google 的传奇人物 Jeff Dean 入伙,还从 Google 创始人 Larry Page 那里要到了大笔的预算。

　　谷歌猫项目搭建了一个神经网络,从 YouTube 上下载了大量的视频,不做标记,让模型自己观察和学习猫的特征,耗资 100 万美元,集结 1000 台电脑,动用了遍布 Google 各个数据中心的 16000 个 CPU（内部以过于复杂和成本高为由拒绝使用 GPU），训练出了一个当时世界上最大的深度学习网络，最终实现了 74.8％ 的识别准确率，这一数字震惊业界。

在今天看来，这个模型的训练效率和输出结果都不值一提。但对于当时的 AI 研究领域，这是一次具有突破意义的尝试，在吴恩达和 Jeff Dean 开创性的猫脸生成模型之后，AI 科学家们开始前赴后继地投入这个新的挑战性领域里。

实例导入　火爆的 AI 生成绘画

图 7-1 所示的是一张用 Midjourney V5 画的一对中国情侣照，当时在网上引起轩然大波。画风逼真，图像质量高，令人难以分辨真假。

图 7-1　AI 生成的中国情侣照

Midjourney 是一款时兴的人工智能绘画工具，即便是没有美术基础的人也能将其掌握。用户需要做的只是在输入框中填入描述性的文字，等待数分钟，便会有对应的图片产出。Midjourney 目前需要搭载 Discord 使用，在输入框中填入描述性文字，会有对应的图片产出。最新版 Midjourney V5 的图片效果已经达到以假乱真的程度。

与之类似的 AI 图像生成器还包括 OpenAI 开发的 DALL-E，以及 StabilityAI 与慕尼黑大学(LMU)合作研发的 StableDiffusion。它们使用的训练模型略有差异,但这些工具的共同点在于,它们都能将简单的文字描述转化成图像输出。

AI 生成绘画与计算机视觉紧密相连。计算机视觉为 AI 绘画提供了关键技术支持,通过图像识别、特征提取等技术,AI 系统得以学习和模仿不同的绘画风格。同时,数字图像处理技术也助力 AI 在绘画过程中进行图像增强、变形等操作,提升作品的艺术性。而且计算机视觉还帮助 AI 实现风格的转换和创新,让 AI 绘画作品更具个性。可以说,计算机视觉的发展将深刻影响 AI 生成绘画的未来。通过更精准的图像识别与特征提取,AI 绘画将展现更逼真的细节。同时,计算机视觉技术将助力 AI 系统学习和模仿多种绘画风格,实现更自然的风格转换与创新。此外,实时反馈与优化将提升 AI 绘画的质量和效率。展望未来,计算机视觉与 AI 生成绘画的结合,将开启艺术创作的全新篇章,展现更多可能性和创造力。

AI 生成绘画虽然为艺术创作带来了新可能,但其背后也存在不少问题。首先,AI 绘画缺乏原创性,其多是基于已有数据的模仿,难以展现人类艺术家的独特视角和情感。其次,版权归属问题模糊,AI 生成的画作在权益方面引发了争议。此外,AI 绘画可能对传统艺术市场和艺术家就业造成冲击,加剧市场竞争。因此,在享受 AI 绘画带来的便利时,人们也需要正视其背后的问题,寻求合理的解决方案,确保技术创新与艺术发展能够和谐共存。

7.1 计算机视觉的基础

7.1.1 模式识别

模式识别(Pattern Recognition)原本是人类的一项基本智能,是指对表征事物或现象的不同形式(数值的、文字的和逻辑关系的)的信息做分析和处理,从而得到一个对事物或现象做出描述、辨认和分类等的过程。随着计算机技术的发展和人工智能的兴起,希望用计算机来代替或扩展人类的部分脑力劳动。计算机的模式识别就产生了,计算机图像识别技术就是模拟人类的图像识别过程。

模式识别是信息科学和人工智能的重要组成部分。模式识别又常称作模式分类,从处理问题的性质和解决问题的方法等角度,模式识别分为有监督的分类和无监督的分类两种;模式还可分成抽象的和具体的两种形式。意识、思想、议论等属于概念识别研究的范畴,是人工智能的另一研究分支。我们所指的模式识别主要是对语音波形、地震波、心电图、脑电图、图片、照片、文字、符号、生物传感器等对象的具体模式进行辨识和分类。要实现计算机视觉必须有图像处理的帮助,而图像处理依赖于模式识别的有效运用。模式识别是一门与数学紧密结合的科学,其中所用的思想方法大部分是概率与统计方法。模式识别主要分为三种:统计模式识别、句法模式识别和模糊模式识别。

模式识别的研究主要集中在两方面:一是生物体(包括人)是如何感知对象的,属于认知科学的范畴;二是在给定的任务下,如何用计算机实现模式识别的理论和方法。

▉▎ 7.1.2　图像识别

图像识别(Image Identification),是指利用计算机对图像进行处理、分析和理解,以识别各种不同模式的目标和对象的技术,是应用深度学习算法的一种实践应用。

图像识别技术一般分为人脸识别与商品识别,人脸识别主要运用在安全检查、身份核验与移动支付中;商品识别主要运用在商品流通过程中,特别是无人货架、智能零售柜等无人零售领域。另外,在地理学中,图像识别也指将遥感图像进行分类的技术。在计算机视觉识别系统中,图像内容通常用图像特征进行描述。

图像识别是人工智能的一个重要领域。为了编制模拟人类图像识别活动的计算机程序,人们提出了不同的图像识别模型,例如模板匹配模型,这种模型认为,识别某个图像,必须在过去的经验中有这个图像的记忆模式,也称为模板。当前的刺激如果能与大脑中的模板相匹配,这个图像也就被识别了。这种模型认为,在长时记忆中存储的并不是所要识别的无数个模板,而是图像的某些"相似性"。从图像中抽象出来的"相似性"就可作为原型,可用它来检验所要识别的图像。

人类和人工智能在图像识上有很大差别。人类拥有记忆,拥有"高明"的识别系统,比如告诉你面前的一只动物是"猫",以后你再看到其他猫,一样可以认出来。虽然人工智能已经具备了一定的意识,但它要通过学习非常多张图片才能认识什么是猫。

人类通过眼睛接收到反射的光,并"看"到自己眼前的事物,但是人们并不在乎很多内容元素,就像与你擦肩而过的一个人,如果你今天再次看到他,你不一定会记得他,但是人工智能会记住它见过的任何人、任何事物。

如图 7-2 所示,人工智能虽不能看出这是一条戴着墨西哥帽的吉娃娃狗(有的人也未必能认出),但是起码能识别出这是一条戴着宽边帽的狗。

图 7-2　吉娃娃狗

1. 人类的图像识别能力

图形刺激作用于感觉器官,人们辨认出它是以前见过的某一图形的过程,称为图像再认。在图像识别中,既要有当时进入感官的信息,也要有记忆中存储的信息。只有通过将存储的信息与当前的信息进行比较的加工过程,才能实现对图像的再认。

人的图像识别能力是很强的。图像距离的改变或图像在感觉器官上作用位置的改变,都会造成图像在视网膜上的大小和形状的改变。即使在这种情况下,人们仍然可以认出他们过去看见过的图像。甚至图像识别可以不受感觉通道的限制。例如,人可以用眼看字,当别人在他背上写字时,他也可以认出这个字来。

2. 图像识别的发展

图像识别的发展经历了三个阶段:文字识别、数字图像处理与识别、物体识别。

文字识别研究开始于 1950 年,一般是识别字母、数字和符号,从印刷文字识别到手写文字识别,应用非常广泛。

数字图像处理与识别研究开始于 1965 年,数字图像与模拟图像相比具有传输方便、传输过程中不易失真、处理方便等巨大优势,这些都为图像识别技术的发展提供了强大的动力。

物体识别主要是指对三维世界的客体及环境的感知和认识,属于高级的计算机视觉范畴。它以数字图像处理与识别为基础,结合了人工智能、系统学等学科的研究方向,其研究成果被广泛应用在各种工业及探测机器人上。

7.2 计算机视觉研究知识

7.2.1 计算机视觉的研究内容

计算机视觉涵盖了许多重要的研究内容,包括图像成像、图像处理、低级视觉、中级视觉、高级视觉等。这些领域的研究相互交叉,共同推动了计算机视觉技术的发展。

1. 图像成像

图像成像是计算机视觉领域中一项重要的研究内容,涉及如何从现实世界中获取图像并将其转化为数字表示,以便计算机能够理解和处理。图像成像研究图像和视频的生成过程。图像成像的几何原理为针孔模型(见图 7-3)。图像成像的物理原理涉及焦距、CCD 相机等。以下是图像成像领域可能涉及的一些研究内容。

(1) 传感器与硬件技术:研究不同类型的传感器和硬件设备,如相机、摄像头、激光扫描仪等,以获取不同类型的图像数据,研究内容包括硬件设计、传感器特性分析和优化。

(2) 图像获取与采集:研究如何有效地获取图像数据,涉及图像采集的时间与位置、分辨率、角度等参数的选择,也可以涉及多摄像头的图像融合。

(3) 图像预处理:图像成像过程可能会受到噪声、畸变、光照变化等的干扰,研究如何对图像进行预处理,包括去噪、校正、增强等,可提高图像质量。

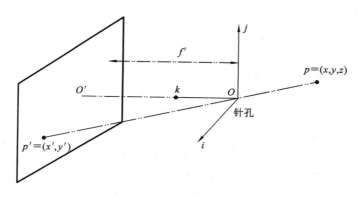

图 7-3　针孔模型

（4）多光谱成像：研究如何使用多个波段的光谱信息来获取图像，以获取更多的信息，例如在遥感图像中进行地表分类和环境监测。

（5）立体成像与深度感知：研究如何通过获取不同视角的图像来重建场景的三维结构，以及如何从图像中估计物体的深度信息。

（6）全景图像和全景视频：研究如何将多个图像或视频帧融合为全景图像或全景视频，以实现更广阔的视角。

（7）高动态范围成像：研究如何将具有不同亮度范围的图像合成为高动态范围（High Dynamic Range，HDR）图像，以在图像中保留更多的细节。

（8）医学图像成像：在医学领域，研究如何使用不同的成像技术，如 X 射线成像、磁共振成像（Magnetic Resonance Imaging，MRI）、CT 等，获取人体内部结构的图像，用于诊断和治疗。

（9）计算摄影学：研究如何使用计算方法来模拟传统摄影学中的效果，例如景深效果、运动模糊等。

（10）图像合成：研究如何使用图像生成技术生成逼真的合成图像，例如虚拟现实、游戏等领域的应用。

这些研究内容体现了图像成像在计算机视觉领域的重要性。图像成像技术在各个领域都具有重要意义，从科学研究到实际应用，都离不开高质量的图像数据。

2. 图像处理

图像处理是计算机视觉领域中的一项核心研究内容，它涉及对获取的图像数据进行处理、分析和改进，以提取有用的信息（如提取点、线、面等基本特征）、改善图像质量、实现特定的任务（如边缘检测、角检测、滤波）等。以下是图像处理领域可能涉及的一些研究内容。

（1）图像滤波与增强：研究如何应用滤波器对图像进行平滑、去噪、锐化等操作，以改善图像质量和突出图像中的特征。

（2）边缘检测与特征提取：研究如何从图像中检测和提取边缘、角点、纹理等特征，以用于后续的分析和识别。

（3）图像分割：研究如何将图像分割成不同的区域或物体，以便更好地理解图像内容和进行进一步的分析。

（4）图像压缩与编码：研究如何将图像数据进行压缩和编码，以减少存储空间和传输带宽。

（5）图像重建与修复：研究如何从损坏或不完整的图像数据中恢复出原始图像。

（6）颜色处理与色彩校正：研究如何调整图像的颜色和色彩平衡，以改善图像的视觉效果。

（7）图像合成与图像生成：研究如何使用计算方法合成新的图像，例如将不同图像元素融合在一起，或者使用生成模型生成逼真的合成图像。

（8）运动分析与跟踪：研究如何分析图像中的运动物体，包括目标跟踪、运动检测等。

（9）图像检索与相似度匹配：研究如何通过图像内容来进行图像检索和相似度匹配，以实现图像库中的搜索和排序。

（10）图像认知与分析：研究如何使用计算方法来理解图像中的内容，例如物体识别、场景理解、情感分析等。

这些研究内容体现了图像处理在计算机视觉领域的重要性。图像处理技术为图像数据的分析、理解和应用提供了基础和支持，对于实现许多计算机视觉任务都至关重要。图像处理实例如图 7-4 所示。

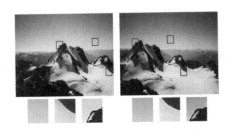

图 7-4　图像处理实例

3. 低级视觉

低级视觉任务主要关注图像的底层特征和属性，通常在图像处理的早期阶段进行。以下是低级视觉领域可能涉及的一些研究内容。

（1）边缘检测：研究如何从图像中检测出边缘，即图像中不同颜色或亮度之间的过渡区域。边缘检测有助于提取图像中的物体轮廓和形状。

（2）角点检测：研究如何检测出图像中的角点，即图像中两条边交汇的位置。角点检测对于物体匹配和跟踪等任务具有重要意义。

（3）光流估计：研究如何估计图像中物体的运动方向和速度，通常用于运动分析和跟踪。

（4）颜色空间转换与调整：研究如何将图像从一个颜色空间转换至另一个颜色空间，以及如何调整图像的色彩平衡和对比度。

（5）图像平滑与滤波：研究如何使用滤波器对图像进行平滑处理，以减少噪声和细节。

（6）图像锐化与增强：研究如何通过图像增强技术使图像更加清晰和突出。

（7）图像金字塔与尺度空间：研究如何构建图像金字塔，以多个尺度来分析图像中的特征和结构。

（8）形态学图像处理：研究如何使用形态学操作（如腐蚀、膨胀等）对图像进行形状分析和处理。

（9）直方图分析与均衡化：研究如何分析图像的直方图，并进行直方图均衡化以增强图像的对比度。

（10）小波变换与多尺度分析：研究如何使用小波变换进行多尺度分析，以提取图像中的不同频率成分。

这些研究内容在计算机视觉中属于低级视觉范畴，它们为后续的高级视觉分析和任务提供了基础。低级视觉技术可以帮助提取图像中的基本特征和信息，为图像处理和分析奠定重要基础。低级视觉实例如图 7-5 所示。

图 7-5　低级视觉实例

4. 中级视觉

中级视觉是计算机视觉领域中介于低级视觉和高级视觉之间的研究内容，它涉及对图像的更高级别的分析和理解，包括物体检测、场景分割、运动分析等任务。以下是中级视觉领域可能涉及的一些研究内容。

（1）物体检测与定位：研究如何在图像中检测出物体的位置并标注出边界框，通常涉及目标的类别识别和边界框回归。

（2）目标跟踪与运动分析：研究如何在视频序列中跟踪目标的轨迹，以及如何分析目标的运动模式和行为。

（3）图像分割与实例分割：研究如何将图像分割成不同的区域或物体，以及如何分割出图像中的不同物体实例。

（4）场景理解与语义分析：研究如何理解图像中的场景和语义信息，包括物体关系、物体功能、场景语义等。

（5）姿态估计与行为识别：研究如何估计图像中物体的姿态（如人体关节点的位置）及识别物体的行为。

（6）深度估计与三维重建：研究如何从图像中估计物体的深度信息，以及如何重建图像中物体的三维结构。

（7）同时定位与地图构建（Simultaneous Localization and Mapping，SLAM）：研究如何通过视觉信息进行同时定位与地图构建，以实现在未知环境中的定位和导航。

（8）图像理解与生成：研究如何通过图像内容来生成自然语言描述，以实现图像到文本的转换。

（9）图像检索与相似度匹配：研究如何通过图像内容来进行图像检索和相似度匹配，以实现图像库中的搜索和排序。

（10）图像分类与场景分类：研究如何将图像分类为不同的类别，或将整个场景分类为特定的类别,以实现对图像内容的整体理解。

这些研究内容属于中级视觉范畴,涵盖了对图像中更高级别特征和信息的分析与理解。中级视觉任务需要更多的语义和语境理解,可以为许多实际应用提供支持,如智能驾驶、机器人导航、视频监控等。

5. 高级视觉

高级视觉是计算机视觉领域中最复杂和最富挑战性的研究内容,涉及对图像和视频的更深层次的理解和推理,以实现更复杂的认知和决策。以下是高级视觉领域可能涉及的一些研究内容。

(1)物体识别与场景分析:研究如何从图像中识别出多个物体,并理解它们在场景中的相对关系和作用。

(2)图像描述生成与视觉问答:研究如何从图像中生成自然语言描述,以及如何回答关于图像内容的问题。

(3)图像推理与推断:研究如何在图像中进行逻辑推理和推断,以实现更高级别的认知能力。

(4)情感分析与情感识别:研究如何从图像中分析和识别出人类的情感状态,如高兴、悲伤、愤怒等。

(5)视觉注意力与目标关注:研究如何模拟人类的视觉注意力,以确定图像中的重要区域和物体。

(6)视觉推理与因果关系:研究如何从图像中推断出因果关系,以理解图像中物体之间的关联和影响。

(7)视觉推理与情节理解:研究如何从多个图像帧中推断出连续的情节和故事线。

(8)多模态融合与跨模态理解:研究如何将图像与其他类型的信息(如文本、声音)进行融合,实现跨模态的综合理解。

(9)视觉场景生成与预测:研究如何使用计算方法生成虚拟的视觉场景,并进行场景的演化和预测。

(10)自主决策与智能控制:研究如何基于图像内容进行自主决策和智能控制,如自主导航、机器人行为等。

这些研究内容涵盖了高级视觉在计算机视觉领域的核心内容,它们通常需要更深入的模型和算法,以实现对图像和视频更高级别的理解和推理。高级视觉任务具有很大的挑战性,但也具有广泛的应用前景,如智能交通、人机交互、智能助理等领域。

7.2.2　计算机视觉的发展

计算机视觉的发展历程可概括为以下几个重要阶段。

1. 早期萌芽阶段(1960s—1970s)

计算机视觉的研究始于 20 世纪 60 年代,当时主要探讨如何使计算机理解和描述二维图像。这个时期,人工智能学者 Minsky 提出让计算机告诉我们它通过摄像头看到了什么,这是计算机视觉最早的任务描述之一。

2. 基础阶段(1980s—1990s)

随着现代电子计算机的出现,计算机视觉技术开始初步萌芽。此时的研究主要集中于如何通过计算机识别和理解基本图像元素,如线条、形状、颜色等,出现了光学字符识别、数字图像识别等应用。

3. 发展阶段(1990s—2000s)

计算机视觉技术取得更大的发展,主要得益于 CPU、DSP 等图像处理硬件技术的飞速进步,以及人们开始尝试不同的算法,包括统计方法和局部特征描述符的引入。此阶段的应用实例有相机人脸检测、安防人脸识别、车牌识别等。

4. 深度学习阶段(2000s 至今)

进入 21 世纪,互联网的兴起和数码相机的出现带来了海量数据,机器学习方法广泛应用,特别是深度学习技术、计算机视觉发展迅速。深度学习模型已成为主流,通过深度神经网络,各类视觉相关任务的识别精度都得到了大幅提升。

计算机视觉技术的未来发展趋势会集中在深度学习模型的进一步发展、实时计算、多模态计算、计算机视觉与自然语言处理的结合。具体有三个可能的发展方向:第一个方向是基于自然语言的图像或者视频的生成和理解,随着大模型的出现,计算机视觉和自然语言处理的结合越来越紧密,可以通过简单的文字描述来生成或分析复杂的图像内容。第二个方向是无监督学习和自监督学习,即不依赖于人工标注数据的学习方法,它们可以利用大量的未标注数据来学习图像中的特征和结构,从而提高计算机视觉模型的泛化能力和鲁棒性。第三个方向是多模态和跨领域学习,即同时利用多种类型或来源的数据来进行计算机视觉任务的学习方法,它们可以充分利用数据之间的互补性和一致性,从而提高计算机视觉模型的性能和泛化能力。

计算机视觉的应用领域也非常广泛,包括但不限于自动驾驶、工业制造、医疗诊断、安防监控、增强现实、垃圾分类、农业领域、智能家居、智能城市等领域的应用拓展。

▓▍7.2.3　计算机视觉的目的

计算机视觉要达到的基本目的有以下几个。

(1)根据一幅或多幅二维投影图像计算出观察点到目标物体的距离。

(2)根据一幅或多幅二维投影图像计算出目标物体的运动参数。

(3)根据一幅或多幅二维投影图像计算出目标物体的表面物理特性。

(4)根据多幅二维投影图像恢复出更大空间区域的投影图像。

计算机视觉要达到的最终目的是实现利用计算机对于三维景物世界的理解,即实现人的视觉系统的某些功能。在计算机视觉领域里,医学图像分析、光学文字识别对模式识别的要求需要提到一定高度。在计算机视觉的大多数实际应用当中,计算机被预设为解决特定的任务,然而基于机器学习的方法正日渐普及,一旦机器学习的研究进一步发展,未来"泛用型"的电脑视觉应用或许可以成真。

为了达到计算机视觉的目的,有两种技术途径可以考虑。一是仿生学方法,即从分析人类视觉的过程入手,利用大自然提供给我们的最好参考系——人类视觉系统,建立起视觉过程的计算模型,然后用计算机系统实现之。二是工程方法,即脱离人类视觉系统框架的约束,利用一切可行和实用的技术手段实现视觉功能。此方法的一般做法是,将人类视觉系统作为一个黑盒子对待,实现时只关心对于某种输入,视觉系统将给出何种输出。

这两种方法在理论上都是可以使用的,但面临的困难是,人类视觉系统对应某种输入的输出到底是什么,这是无法直接测得的。而且由于人的智能活动是一个多功能系统综合作用的结果,即使是得到了一个输入输出对,也很难肯定它是仅由当前的输入视觉刺激所产生的响应,而不是一个与历史状态综合作用的结果。

人工智能所研究的一个主要问题是:如何让系统具备"计划"和"决策能力",从而使之完成特定的技术动作(例如:移动一个机器人通过某种特定环境)。

这一问题便与计算机视觉问题息息相关。在这里,计算机视觉系统作为一个感知器,为决策提供信息。另外一些研究方向包括模式识别和机器学习(这也隶属于人工智能领域,但与计算机视觉有着重要联系),也由此,计算机视觉时常被看作人工智能与计算机科学的一个分支。

计算机视觉的研究具有双重意义。其一,可满足人工智能应用的需要,即用计算机实现人工的视觉系统的需要。这些成果可以安装在计算机和各种机器上,使计算机和机器人能够具有"看"的能力。其二,视觉计算模型的研究结果反过来对于我们进一步认识和研究人类视觉系统本身的机理,甚至人脑的机理,也同样具有相当大的参考意义。

■■ 7.2.4 计算机视觉与机器视觉的区别

计算机视觉(Computer Vision)和机器视觉(Machine Vision)这两个领域的界限有时会交叉,但它们在定义和原理上确实存在一些差异,以下是它们的一些主要区别。

1. 定义不同

计算机视觉是一门研究如何使机器"看"的科学,更进一步地说,就是指用摄影机和电脑代替人眼对目标进行识别、跟踪和测量等,并进一步做图形处理,用电脑将目标处理成为更适合人眼观察或传送给仪器检测的图像。因此,用计算机信息处理的方法研究人类视觉的机理,建立人类视觉的计算理论,也是一个非常重要和令人感兴趣的研究领域。这方面的研究被称为计算视觉。计算视觉可被认为是计算机视觉中的一个研究领域。

机器视觉是用机器代替人眼来做测量和判断。机器视觉系统通过机器视觉产品(即图像摄取装置,分 CMOS 和 CCD 两种)将被摄取目标转换成图像信号,传送给专用的图像处理系统,得到被摄目标的形态信息,根据像素分布和亮度、颜色等信息,转变成数字化信号;图像系统对这些信号进行各种运算来抽取目标的特征,进而根据判别的结果来控制现场的设备动作。人工智能、机器视觉和智能图像处理之间的关系如图 7-6 所示。

2. 原理不同

计算机视觉用各种成像系统代替视觉器官作为输入敏感手段,由计算机来代替大脑完成处理和解释。计算机视觉的最终研究目标就是使计算机能像人那样通过视觉观察和理解世界,具有自主适应环境的能力。要经过长期的努力才能达到目标。

计算机视觉可以而且应该根据计算机系统的特点来进行视觉信息的处理。人类视觉系统是迄今为止,人们所知道的功能最强大和完善的视觉系统。对人类视觉处理机制的研究将给计算机视觉的研究提供启发和指导。

对于机器视觉,检测系统采用 CCD 照相机将被检测的目标转换成图像信号,并传送给专用的图像处理系统,根据像素分布和亮度、颜色等信息,将图像信号转变成数字化信号,图像处理系统对这些信号进

图 7-6　人工智能、机器视觉和智能图像处理之间的关系

行各种运算来抽取目标的特征,如面积、数量、位置、长度,再根据预设的允许度和其他条件输出结果,包括尺寸、角度、个数、合格/不合格、有/无等,实现自动识别功能。

3. 应用不同

两者在硬件方面几乎相同,但是在应用场景和目标上有所不同。计算机视觉系统的应用更加广泛,涵盖多个领域和应用,例如自动驾驶、医疗图像分析、安防监控、人脸识别等。而机器视觉系统则更专注于工业自动化和生产流程中的图像检测和分析。

机器视觉的应用主要体现在检测和机器人视觉两个方面。检测方面,又可分为高精度定量检测(例如显微照片的细胞分类、机械零部件的尺寸和位置测量)和不用量器的定性或半定量检测(例如产品的外观检查、装配线上的零部件识别定位缺陷性检测与装配完全性检测)。机器人视觉方面,用于指引机器人在大范围内的操作和行动,如从料斗送出的杂乱工件堆中拣取工件并将它们按一定的方位放在传输带或其他设备上。

随着经济水平的提高,3D 机器视觉也开始进入人们的视野。3D 机器视觉大多用于水果和蔬菜、木材、化妆品、烘焙食品、电子组件和医药产品的评级。它可以提高生产合格产品的能力,在生产过程的早期就报废劣质产品,从而节约成本。这种功能非常适用于高度、形状、数量甚至色彩等产品属性的成像。在行业应用方面,主要涉及制药、包装、电子、汽车制造、半导体、纺织、烟草、交通、物流等行业。用机器视觉技术取代人工可以提高生产效率和产品质量。例如在物流行业可以使用机器视觉技术进行快递的分拣分类,降低物品的损坏率,提高分拣效率,减少人工劳动。

拓展阅读　计算机视觉中的手语研究

在科技日新月异的今天,手语识别作为一种新兴的跨学科研究领域,正逐渐走进公众视野。简单来说,计算机视觉和手语的结合,形成了"手语识别"这一研究方向。手语识别的目的就是通过计算机提供一种有效的、准确的机制将聋哑人常用的手语手势识别出来,使得他们与健全人之间的交互变得更方便、快捷。同时,手语识别的应用还可以提供更自然的人机交互方式,方便聋哑人对计算机等常用信息设备进行使用。

手语(手势)识别研究是数据驱动的,而手语数据的获取和标注相对复杂。目前手语识别可以分为基于视觉(图像)的识别系统和基于数据手套(佩戴式设备)的识别系统。基于视觉的手势识别系统采用常见的视频采集设备作为手势感知输入设备,价格便宜、便于安装。穿戴式设备(如数据手套)也曾是主流手语识别研究方向,但是鉴于基于视觉的手势识别方法交互自然便利,适于普及应用,且更能反映机器模拟人类视觉的功能,所以目前其是手势识别的研究重点。随着深度学习在人脸识别应用上的成功,手语识别研究也逐渐向机器学习和计算机视觉结合的方向发展。

在探讨手语识别研究时,一个不可忽视的问题是数据的获取和处理。对于上海大学方昱春教授来说,数据是手语识别研究的最大瓶颈。她深知,无论是使用美国手语还是中国手语,缺乏充足的和多样化的数据都会严重限制研究的进展。目前,中国科学技术大学、西安电子科技大学、中国科学院计算所和自动化所,是国内开展手语识别非常有代表性的研究机构。团队之间的合作沟通如推动数据库共享等一定是有益的。

手语识别是一个富有挑战和机遇的研究领域。通过进一步的研究和技术突破,有望实现更加准确、高效的手语识别系统,为聋哑人的交流和生活带来更大的便利。这一领域的研究不仅具有重要的理论价值,也具有广泛的应用前景。例如,手语识别技术可以应用于虚拟现实、智能家居、机器人等领域,为聋哑人提供更加便捷、智能的服务。同时,手语识别的研究成果也可以促进计算机视觉和人工智能技术的进一步发展,推动相关领域的创新和应用。

7.3　计算机视觉系统

7.3.1　计算机视觉系统概述

计算机视觉系统是一种使计算机和机器模拟人类视觉功能的技术,它主要通过摄像头捕捉图像,然后利用计算机和软件算法对图像进行处理和分析,以便理解和解释图像中的内容。计算机视觉系统的核心目标通常包括图像识别、物体检测与跟踪、图像分割和场景理解等。计算机视觉系统的基本组成包括以下几方面。

1. 数据采集

通过摄像头和相关硬件设备获取图像或视频等视觉数据。

2. 预处理

对原始数据进行处理,如去噪、调整亮度/对比度、滤波等,以改善图像质量和提高特征的可检测性。

3. 特征提取

使用特定的算法和技术检测和提取图像中的重要元素或特征,如边缘、角落、颜色和纹理等。

4. 后处理和后置滤波

在特征提取之后,可能需要进行后处理和后置滤波以改善或强调所需特征。

5. 识别与检测

利用机器学习和深度学习模型,对图像中的目标进行分类、识别、定位或检测。

6. 触发动作

根据识别和检测的结果,系统可能需要进行特定的响应或动作,如控制机器人手臂抓取物体。

计算机视觉系统的应用非常广泛,包括但不限于自动驾驶、医疗图像分析、安全监控、人脸识别、指纹识别(见图 7-7)、质量检测、零件识别、机器人视觉导航、农作物监测、商品识别、库存管理、顾客行为分析等。

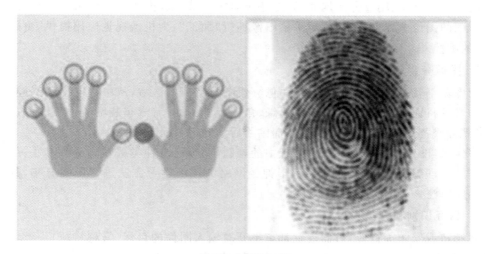

图 7-7 指纹识别

7.3.2 计算机视觉的应用——工作流程

计算机视觉的图像处理系统对现场的数字图像信号按照具体的应用要求进行运算和分析,根据获得的处理结果来控制现场设备的动作。一般工作流程如下:图像采集、图像预处理、图像分割、目标识别和分类、目标定位和测量、目标检测和跟踪。

1. 图像采集

图像采集就是从工作现场获取场景图像的过程,这是机器视觉的第一步,采集工具大多为 CCD 或 CMOS 照相机或摄像机。照相机采集的是单幅的图像,摄像机可以采集连续的现场图像。就一幅图像而言,它实际上是三维场景在二维图像平面上的投影,图像中某一点的彩色(亮度和色度)是场景中对应点彩色的反映。这就是我们可以用采集图像来替代真实场景的根本依据所在。

如果相机是模拟信号输出,需要将模拟图像信号数字化后送给计算机(包括嵌入式系统)处理。现在大部分相机都可直接输出数字图像信号,可以免除模数转换这一步骤。不仅如此,现在相机的数字输出接口也是标准化的,如 USB、VGA、1394、HDMI、WiFi、Blue Tooth 接口等,可以直接将信号送入计算机进行处理,以免除在图像输出和计算机之间加接一块图像采集卡的麻烦。后续的图像处理工作往往由计算机或嵌入式系统借助软件进行。

2. 图像预处理

对于采集到的数字化的现场图像,由于受到设备和环境因素的影响,往往会受到不同程度的干扰,如噪声、几何形变、彩色失调等,都会妨碍接下来的处理环节。为此,必须对采集图像进行预处理。常见的预处理操作包括噪声消除、几何校正、直方图均衡等。

通常使用时域或频域滤波的方法来去除图像中的噪声;采用几何变换的方法来校正图像的几何失真;采用直方图均衡、同态滤波等方法来减轻图像的彩色偏离。总之,通过这一系列的图像预处理技术,可对采集图像进行"加工",为机器视觉应用提供"更好""更有用"的图像。

3. 图像分割

图像分割就是按照应用要求,把图像分成各具特征的区域,从中提取出感兴趣目标。图像的常见特征有灰度、彩色、纹理、边缘、角点等。例如,对汽车装配流水线图像进行分割,将其分成背景区域和工件区域,并提供给后续处理单元。

多年来,图像分割一直是图像处理中的难题,至今已有种类繁多的分割算法,但是效果往往并不理想。近来,人们利用基于神经网络的深度学习方法进行图像分割,其性能胜过传统算法。

4. 目标识别和分类

在制造或安防等行业,机器视觉都离不开对输入图像的目标(又称特征)进行识别和分类处理,以便在此基础上完成后续的判断和操作。识别和分类技术有很多相同的地方,常常在目标识别完成后,目标的类别也就明确了。近来的图像识别技术正在跨越传统方法,形成了以神经网络为主流的智能化图像识别方法,如卷积神经网络(CNN)、回归神经网络(RNN)等一类性能优越的方法。目标识别和分类实例如图 7-8 所示。

5. 目标定位和测量

在智能制造中,最常见的工作就是对目标工件进行安装,从而快速精准地完成定位和测量任务。但是在安装前往往需要先对目标进行定位,安装后还需要对目标进行测量。安装和测量都需要保持较高的精度和速度,如毫米级精度(甚至更高精度),毫秒级速度。这种高精度、高速度的定位和测量,依靠通常的机械或人工的方法是难以办到的。在机器视觉中,采用图像处理的办法,对安装现场图像进行处理,按照目标和图像之间的复杂映射关系进行处理。

6. 目标检测和跟踪

图像处理中的运动目标检测和跟踪,就是实时检测摄像机捕获的场景图像中是否有运动目标,并预测它下一步的运动方向和趋势,即跟踪。再及时将这些运动数据提交给后续的分析和控制系统处理,形成相应的控制动作。图像采集一般使用单个摄像机,如

图 7-8　目标识别和分类实例

果有必要也可以使用两个摄像机,以模仿人的双目视觉而获得场景的立体信息,这样更加有利于目标检测和跟踪处理。

▉▉ 7.3.3　应用举例

1. 汽车车身检测系统

如图 7-9 所示,ROVER 汽车公司 800 系列汽车车身轮廓尺寸精度的 100％在线检测是机器视觉系统用于工业检测中的一个较为典型的例子,该系统由 62 个测量单元组成,每个测量单元包括一台激光器和一个 CCD 摄像机,用以检测车身外壳上 288 个测量点。汽车车身置于测量框架下,通过软件校准车身的精确位置。

图 7-9　检测车身

测量单元的校准将会影响检测精度,每个激光器/摄像机单元均在离线状态下经过校准。同时还有一个在离线状态下用三坐标测量机校准过的校准装置,对摄像机进行在线校准。

检测系统以每 40 秒检测一个车身的速度,检测三种类型的车身。系统将检测结果与从 CAD 模型中提取出来的合格尺寸相比较,测量精度为 ± 0.1 mm。ROVER 的质量检测人员用该系统来判别关键部分的尺寸一致性,如车身整体外型、门、玻璃窗口等。

2. 质量检测系统

纸币印刷质量检测系统利用图像处理技术,通过对生产流水线上的纸币的 20 多项特征(号码、盲文、颜色、图案等)进行比较分析,检测纸币的质量,这替代了传统的人眼辨别的方法。

瓶装啤酒生产流水线检测系统可以检测啤酒是否达到标准的容量、啤酒标签是否完整。

3. 智能交通管理系统

在交通要道放置摄像头,当有车辆违章(如闯红灯)时,摄像头会将车辆的牌照拍摄下来,传输给中央管理系统,系统利用图像处理技术,对拍摄的图片进行分析,提取出车牌号并存储在数据库中,这些信息可以供管理人员进行检索。

4. 图像分析

金相图像分析系统能对金属或其他材料的基体组织、杂质含量、组织成分等进行精确客观地分析,为产品质量提供可靠的依据。例如金属表面的裂纹测量:微波作为信号源,微波发生器发出不同频率的方波,测量金属表面的裂纹,微波的频率越高,可测的裂纹越狭小。

也可用于医疗图像分析,包括血液细胞自动分类计数、染色体分析、癌细胞识别等。

7.3.4 人脸识别

1. 人脸识别简介

人脸识别是一种基于人脸图像的生物特征识别技术,旨在通过分析和比较人脸图像中的特征来识别或验证一个人的身份。这项技术利用人类面部的独特性来实现个体的身份识别。人脸识别已经在各种领域得到广泛应用,包括安全访问控制、移动设备解锁、法律认证等。

人脸识别通常包括以下几个步骤。

步骤一:数据采集。首先采集需要识别或验证的人脸图像,这些图像可以来自照片、摄像头拍摄的实时图像等。

步骤二:特征提取。从采集到的人脸图像中提取有用的特征,这些特征可以是关键点的位置、纹理信息、颜色分布等。

步骤三:特征匹配。将提取的人脸特征与数据库中已注册的特征进行比对,这可以通过计算特征之间的相似度或距离来实现。

步骤四:身份识别或验证。如果是身份识别任务,系统会将输入的人脸与数据库中的多个特征进行比对,找到最相似的特征,从而确定身份;如果是身份验证任务,系统会将输入的人脸与已注册的特定特征进行比对,通过比对的相似度来验证身份。

步骤五:决策。根据特征匹配的结果和预设的阈值,判断识别或验证是否通过,如果相似度超过阈值,则认为识别或验证通过。

人脸识别技术涵盖了多个方面,包括特征提取、特征匹配、机器学习、深度学习等。近年来,随着深度学习技术的发展,人脸识别在准确性和鲁棒性方面取得了显著的进展,克服了许多光照、姿态和遮挡等问题。

然而,人脸识别也引发了一些隐私和伦理问题,需要进行慎重考虑和监管。

2. 人脸识别的特点

(1)优点。

① 可以隐蔽操作,特别适用于安全问题、罪犯监控与抓捕应用。

② 非接触式采集,没有侵犯性,容易接受。

③ 具有方便、快捷、强大的事后追踪能力。

④ 符合我们人类的识别习惯,可交互性强,无须专家评判。

(2)缺点。

① 不同人脸的相似性大。

② 安全性低,识别性能受外界条件的影响非常大。

尽管人脸识别具有许多优点,但也有一些挑战。在实际应用中,需要综合考虑这些特点和挑战,选择合适的算法和方法,以达到预期的识别效果。

3. 人脸图像的生成要素

人脸图像实际上是三大类关键要素共同作用的结果:$I = f(F;L;C)$,即人脸图像(I)是由人脸内部属性(F)、外部成像条件(L)和摄像机成像参数(C)三大类因素共同作用的结果。

(1)人脸内部属性:人脸 3D 形状(表面法向量方向)包括人脸表面的反射属性(包括反射系数等,通常简称为纹理),以及人脸表情、胡须等属性。这些特征形成了人脸的结构和独特性,它们决定了一个人的面部外观。

(2)外部成像条件:包括光源(位置和强度等)、其他物体或者人体其他部件对人脸的遮挡(比如眼镜、帽子、头发)等。例如,不同光照条件会导致面部特征在图像中的表现不同,影响图像的亮度、阴影和颜色等。

(3)摄像机成像参数:包括摄像机位置(视点)、摄像机的焦距、光圈、快门速度等内外部参数。这些因素影响了人脸在图像中的投影和表现方式。

这些要素对于人脸识别、图像增强、人脸合成等领域都非常重要,因为这些要素会影响图像的质量、可靠性和适用性。在实际应用中,理解和控制这些因素可以帮助改进人脸相关的技术和系统。

4. 影响人脸图像表观的因素

人脸图像的表观受到许多因素的影响,这些因素可以影响人脸图像的外观、特征和质量,比如人与摄像设备的位置关系(距离、角度等)、光照环境条件、摄像设备、年龄变化、妆容等。综合考虑这些因素,人脸识别技术需要具备一定的鲁棒性,能够在不同的表观变化下实现准确的识别。一些高级的人脸识别方法使用深度学习等技术来学习多样性的表观特征,以提高识别的鲁棒性。

5. 人类视觉识别系统的特性及其借鉴意义

(1)特性。

人脸识别是一个特定的过程。世界上有"人脸识别能力缺失症(Prosopagnosia)"患者的存在,患有此症的人可以正常地识别其他物体,甚至可以正确地识别鼻子、眼睛和嘴巴等面部器官,但是就是不能认出熟悉的人脸,因此有理由怀疑他们的人脸识别功能区遭到了破坏。

人脸识别中的局部特征和全局特征是两种不同的特征表示方法,用于描述人脸图像的不同方面。全局特征主要包括人脸的肤色特征(比如白皙、黝黑)、总体轮廓(比如圆脸、鸭蛋脸、方脸、长脸等),以及面部五官的分布特征(比如,在绘画界有"国田由用,目甲风申"8种脸形之说),中医也将人脸按照总体结构特征划分为"金木水火土"五行(侧重人脸3D结构和肌肉凸凹情况)。而局部特征则主要指面部五官的特点,比如浓眉毛、八字胡须、尖下巴等,以及面部的一些奇异特征,比如黑痣、伤痕、酒窝等。二者对识别都是必要的,一般全局特征用来进行粗略的匹配,局部特征则用于更为精细的确认。

(2)借鉴意义。

人类视觉识别系统的复杂性和高效性为设计和改进人脸识别系统提供了许多有价值的思路。通过借鉴人类视觉识别系统的原理和特点,可以进一步提高人脸识别技术的准确性、鲁棒性和实用性。下面简单列举一些人类视觉识别系统为人脸识别技术提供的借鉴意义。

面部特征对识别的重要性分析。不同的面部区域对人脸识别的重要性是不同的,一般认为面部轮廓、眼睛和嘴巴等特征对人脸识别是更重要的,人脸的上半区域对识别的意义明显比下半区域重要;鼻子在侧面人脸识别中的重要性要高于其他特征的。

异族人脸识别困难现象。这涉及识别算法的适应性和泛化能力问题,一方面可能需要尽可能大的学习集,另一方面也需要学习集必须具有较大的覆盖能力。

性别和年龄阶段对于识别性能的影响。女性比男性更难识别;年轻人比老年人更难识别。

频域特性与人脸识别的关系。低频分量其实更多地是对人脸图像外观总体分布特性的描述,而高频分量则对应局部的细节变化;要想保留某人面部的一颗黑痣的信息,低频分量是无能为力的,必须保留足够的高频分量才可以。

特异度对人脸识别的影响。最"漂亮的"、最"丑陋的"、最"奇异的"的人脸都是最容易被记住的,而大众化的人脸则不太容易被记住,"大众脸"并不等于"平均脸",大众脸是指经常可以见到的"脸",而"平均脸"并不多见。

6. 理想的人脸识别模型

理想的人脸识别模型应该具备多个特点,以在不同场景中实现高性能、稳定性和安全性。以下是一些理想的人脸识别模型具有的特点和性能。

(1)高准确率:理想的人脸识别模型应该具备高准确率,能够在不同光照、姿态、遮挡等情况下实现准确的人脸识别。

(2)鲁棒性:模型对于光照、表情、姿态、年龄等因素的变化具有鲁棒性,能够识别多样的人脸。

（3）快速响应：在实时应用中，模型应该能够在短时间内进行识别，以满足快速响应的需求。

（4）可辨识多人：理想的模型可以识别多个人脸，适用于群体场景。

（5）能进行适应性学习：模型应该能够在使用过程中进行适应性学习，提高在不同环境下的性能。

（6）安全性：模型应该具有隐私保护机制，以确保用户的人脸数据不被滥用。同时，模型应防止受到攻击，例如针对性的攻击或对抗性攻击。

（7）数据效率高：理想的模型应该能够在相对较少的训练数据下取得良好的性能，以减少数据收集的负担。

（8）可解释性：模型的工作原理应该具备一定程度的可解释性，能够帮助用户理解识别结果的依据。

（9）跨平台支持：模型应该能够在不同硬件平台上运行，以适应不同的部署环境。

（10）持续改进能力：模型应该具备持续改进的能力，能够从用户的反馈和新的数据中不断学习，提高性能。

需要注意的是，没有一个单一的模型可以在所有方面都达到完美。在实际应用中，需要根据具体的需求权衡不同的特点，并选择适合的人脸识别模型或进行定制化的模型开发。

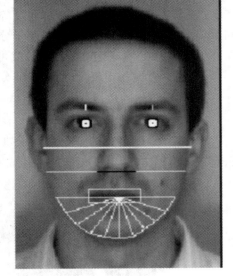

图 7-10　基于几何特征的人脸识别实例

7. 基于几何特征的例子

图 7-10 所示的是基于几何特征的人脸识别实例，人脸识别步骤如下。

步骤一：建模，用面部关键特征的相对位置、大小、形状、面积等参数来描述人脸。

步骤二：人脸图像的特征向量 v 为

$$v = (x_1, x_2, \cdots, x_n)$$

步骤三：对所有已知人脸提取同样描述的几何特征：

$$D = \{v_1, v_2, \cdots, v_p\}$$

步骤四：待识别的人脸 f 提取的几何特征为 v_f。

步骤五：计算 v_f 与 D 中所有 v_i 的相似度 $s(v_f, v_i)$，并进行排序。

步骤六：根据相似度最大的已知人脸的身份即可判断待识别人脸的身份信息。

8. 基于 AdaBoost 的快速人脸检测

基于 AdaBoost 的快速人脸检测是一种经典的人脸检测方法，其中，AdaBoost 是一种用于训练弱分类器的机器学习算法。这种方法被广泛用于人脸检测任务中，因为它能够高效地检测出图像中的人脸区域。以下是基于 AdaBoost 的快速人脸检测的工作原理和步骤。

步骤一：特征提取。首先从训练数据中提取出一组特征,这些特征可以是图像中的局部区域的像素值或纹理信息。

步骤二：弱分类器训练。对每个特征,使用 AdaBoost 算法训练一个弱分类器。弱分类器是一个简单的分类器,例如一个单层决策树,它可以根据某个特征的阈值来进行分类。

步骤三：样本权重更新。对于每个弱分类器,根据分类错误率调整训练样本的权重,使得分类错误的样本在下一轮训练中更受关注。

步骤四：强分类器组合。AdaBoost 算法通过加权组合多个弱分类器,形成一个强分类器。这些权重表示了每个弱分类器的相对重要性。

步骤五：人脸检测。使用训练好的强分类器对输入图像进行滑动窗口扫描,检测图像中的可能人脸区域。滑动窗口从图像的左上角开始,不断在图像上滑动,同时在每个窗口上应用强分类器进行分类判断。

步骤六：阈值判定。强分类器对每个窗口进行分类,并与预先设定的阈值进行比较。如果分类结果超过阈值,则认为这个窗口可能包含人脸。

基于 AdaBoost 的快速人脸检测方法的优势在于其高效性和较好的检测性能。然而,这种方法可能对光照、尺度和角度等的变化较为敏感,对于复杂场景和多人脸的情况可能需要进一步地优化和扩展。基于分级分类器的加速策略,大量候选窗口可以利用非常少量的特征(简单快速的分类器)就可以排除是人脸的可能性。只有极少数候选窗口需要大量的特征(用更复杂的、更慢的分类器来判别是否是人脸)。

9. 人脸识别的应用

人脸识别技术在各个领域中有广泛的应用,以下是一些常见的人脸识别应用。

(1)安全与访问控制:人脸识别被广泛用于门禁系统(见图 7-11),如建筑物入口、办公室门口等地方,以替代传统的卡片或密码验证,提高安全性和便捷性。

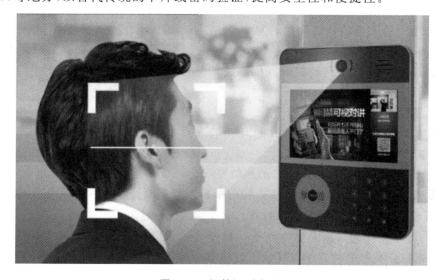

图 7-11　门禁识别人脸

（2）手机解锁与支付：如图 7-12 所示，许多智能手机已经配备了人脸解锁功能，使用户能够通过扫描面部来解锁手机。此外，人脸识别还用于支付验证，可提高支付的安全性。

图 7-12　人脸解锁智能手机

（3）刑侦和安全：警方和执法机构使用人脸识别技术来识别和追踪犯罪嫌疑人，帮助调查和预防犯罪。

（4）智能城市和交通：人脸识别用于城市交通管理，例如自动识别违章行为、人流监测和管理等。图 7-13 所示的为闯红灯人脸识别系统。

图 7-13　闯红灯人脸识别系统

以上只是人脸识别技术应用的一部分，随着技术的不断发展，人脸识别还将在更多领域得到应用，并且可能带来更多创新和便利。然而，同时也需要注意隐私和安全问题，并确保适当的使用和管理。

7.3.5 自动驾驶

自动驾驶是一项先进的技术,旨在使车辆能够在没有人类操控的情况下进行导航和操作。这涉及使用各种传感器、计算机、视觉机器学习和人工智能技术来识别和理解车辆周围的环境情况,便于做出安全的驾驶决策。

与有人驾驶汽车系统类似,如图 7-14 所示,自动驾驶核心系统由三部分构成:感知系统、决策系统与执行系统。其中,感知系统相当于人类的眼睛,通过传感器来感知车所处的周身环境和往来车辆的信息;决策系统相当于人类的大脑,通过给计算机喂数据,利用芯片与不断进化的算法来进行决策;执行系统相当于人类的四肢,通过操作系统软件执行车身控制。对于计算机而言,这三个系统中相对最难实现的是感知系统,感知系统也是自动驾驶的重要基础与先决条件。只有确保在感知环节中提供了准确的信息和数据,后续的决策与执行才有意义。人类驾驶员是运用五感中的视觉和听觉去感知周身环境的(主要是视觉),汽车则是通过传感器来感知的,包括摄像头、毫米波雷达、超声波雷达和激光雷达等,其中,摄像头与人类视觉的原理最为相似。

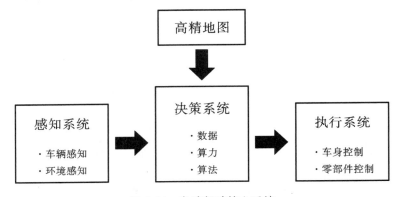

图 7-14　自动驾驶核心系统

目前,自动驾驶感知技术大致存在两种路径:一种是以高精地图＋激光雷达为核心的传感器路线,代表企业为 Waymo、华为等;另一种则是以机器视觉为核心的毫米波雷达＋摄像头解决方案,其主要借助摄像头对周边物体建立模型,并把数据添加至神经网络进行纯视觉计算,在自动驾驶中承担"识别"作用,代表企业为特斯拉、Mobileye、百度(Apollo)等。

纯视觉方案是一种自动驾驶的感知方案,它只依靠摄像头来捕捉周围的环境信息,然后通过图像处理和深度学习的算法来分析和理解场景,实现车辆的定位、规划和控制。优点是成本低、数据丰富、符合人类驾驶习惯,但也存在一些缺点,如受光照、天气、遮挡等因素的影响较大,难以获取精确的距离和速度信息,需要强大的计算能力和算法优化。特斯拉是纯视觉方案的代表和坚定支持者,它认为激光雷达等其他传感器是多余的和不可靠的,而纯视觉方案可以通过海量的数据训练和"伪激光雷达"的技术来实现高级别的自动驾驶。

从 Autopilot 到现在的完全无人驾驶系统（Full Self-driving，FSD），特斯拉的汽车一直坚持使用多个摄像头，并利用人工智能和深度学习来构建神经网络。换言之，摄像头是特斯拉辅助驾驶系统中最重要的"眼睛"。以特斯拉 Model 3 车型为例，其车身共配了 8 个摄像头、1 个毫米波雷达与 12 个超声波传感器，视野覆盖 360°，对周围环境的监测距离（探测范围）最远可达 250 米，如图 7-15 所示。依靠特斯拉的算法来判断周围的状况，为 Autopilot 自动驾驶系统提供环境信息。

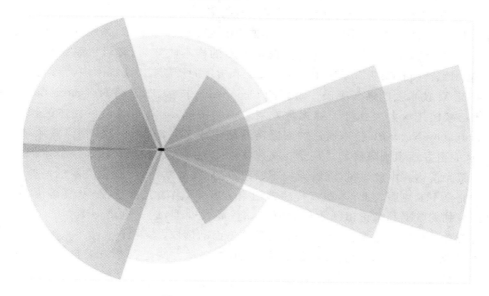

图 7-15　特斯拉汽车的探测范围

那么，纯视觉路线有什么优势和劣势呢？

先说劣势，虽然摄像头很好地模拟了人类的眼睛，但同时也将人眼识别的缺点复刻过来。首先是测距。就如人类用双眼视物一样，目能所及的距离是有限的。此外，人眼观测时对物体的远近有基本的判断，但无法精准确认物体的距离究竟有多远，而在这点上，超声波雷达、激光雷达等可发挥优势。其次，摄像头对识别时的光照环境有一定的要求，例如，在暴风雪等极端天气下，人眼识别的准确度会大大下降，容易出车祸，这一点在摄像头上也有所体现，特斯拉的自动驾驶系统对静态的白色物体缺乏识别能力，这是因为，摄像头捕捉的是 2D 图像，再通过自身强大的融合算法还原车辆所处的 3D 环境，然而，2D 图像在车身长度的判断上有天然缺陷，加上大部分自然界物体的颜色都是 18 度灰，在强阳光照射的情况下，白色静态物体就很容易被摄像头判定为自然环境的一部分，从而被自动驾驶系统忽视。

虽然有上述种种缺陷，但纯视觉路线也具有无可比拟的优势。首先，最重要的一点是成本优势。早在 2010 年谷歌测试自动驾驶的时候，顶棚安装的激光雷达价值高达 8 万美元。近年来激光雷达的价格不断下降，但单颗激光雷达的价格仍然在 600～2000 美元。反观摄像头，特斯拉可以将其单车成本控制在 200 美元左右，这为特斯拉产品定价腾挪了巨大的空间。其次，特斯拉在数据和算法上的优势可以在最大程度上弥补摄像头的缺陷。先看数据优势。特斯拉已拥有庞大销量,据统计,截至 2021 年,特斯拉通过其 Autopliot 采集的用户行驶累计里程已达 22 亿英里,相比之下,排名第二的 Waymoo 仅有 1000 万英里。要知道,在高级别的自动驾驶中,真实的驾驶数据是无法用模拟驾驶来替代的,这也部分解释了为什么百度等互联网企业后来放弃纯视觉路线的原因。再来看特斯拉在算法上的优势。特斯拉的算力并不突出,低算力意味着低成本,但并不意味着低效能。算力的劣势完全可以用数据和算法弥补。特斯拉早在 2019 年就推出了"影子模式"。在"影子模式"下,车身传感器不仅实时收集路况信息,系统还会根据信息对驾驶员的行为作出预判。如果系统的预判与驾驶员的实际操作不一致,系统就会将数据上传到服务器,并对算法进行训练修正。完成足够多的样本收集后,就可以系统性地升级算法,并运用到特斯拉的所有车辆中。在 2022 年 9 月的特斯拉 AI Day 中,特斯拉分享了近一年在 AI 技术上的最新突破。最新的 Occupancy 技术、车道感知 Vector Lane、决策树生成与减枝技术大大弥补了纯视觉方案之前的缺陷,尤其是对白色物体的识别。例如,Occupancy Network 技术通过加入栅格网络生成 3D 空间,可以将物体按照动、静态分类,从而更好地识别障碍物。甚至在高速移动的某些情景下,Occupancy 技术的表现已超过了激光雷达。由此可见,在特斯拉不断改进的 AI 算法下,纯视觉方案的一些安全隐患并非完全不能克服。此外,在多传感器组合方案下,当激光雷达、毫米波雷达、超声波雷达接收到的数据和结论出现矛盾时应当如何高效处理,这一直是一个算法上的难题。而在纯视觉的摄像头方案下,就轻松免去了这方面的烦恼。

目前来说,特斯拉是自动驾驶的领头羊,但纯视觉方案是否是未来自动驾驶的趋势还需进一步观望。

拓展阅读　AI 换脸诈骗防不胜防

在数字化浪潮中,AI 技术的迅速发展给我们的生活带来了前所未有的便利,然而,也伴随着一系列新的挑战。近期,多起利用 AI 技术进行诈骗的案件频发,引起了广泛关注。不法分子利用 Deepfake 等深度伪造技术,通过换脸、伪造语音等手段,冒充公司高管、亲朋好友等进行电信诈骗。这种看似可信度极高的视频通话方式,让受害人放松了警惕,进而遭受巨大的经济损失。这些案例警示人们,在享受科技带来的便利时,也要提高警惕,防范 AI 诈骗等新型犯罪手段。

AI 换脸主要依赖于深度合成技术。通过大量人脸数据的深度学习,模型能识别并理解人脸的关键特征,如五官位置、表情及光照等。在换脸过程中,模型提取原始人脸特征,并与目标人脸相匹配,实现特征的转移。虽然过去 AI 换脸存在一定门槛,但如今已有众多成熟的开源项目和工具,使得换脸成本降低,速度和拟真度大幅提升,几乎肉眼难辨。然而,AI 换脸仍存在技术弱点,如光照和表情的自然度、帧间连贯性等问题。尽管如此,专用的检测算法已能够辨别换脸视频。这些算法通过大量学习伪造特征的方式,逐帧提取特征,从而判断视频是否经过换脸。目前,这些技术已应用于金融场景,助力识别诈骗行为。

　　然而,鉴别技术在反诈领域的应用仍面临挑战。网络信号与算力是待解决的难题,检测模型通常需要部署大量计算资源在服务器中。若要实现手机、个人电脑、社交/会议软件的嵌入,需要不断优化模型,探索端侧部署的可能性。

　　不法分子之所以能够实施AI换脸诈骗,其背后隐藏的是公民隐私信息的严重泄露问题。这引发了人们对于个人面部特征、家庭身份信息及财产信息等隐私安全的担忧。AI换脸新型骗局因其难以识别的特点,对普通消费者构成了潜在威胁。为了有效甄别并防范此类骗局,人们可以采取以下策略:在视频对话中,不妨要求对方进行一些简单的面部动作,如挥手或轻捏鼻子。实时伪造的视频往往在这些动作中露出破绽,而AI生成的面部特征在受到外力时不会发生自然变形,这可以作为判断真伪的重要依据。同时,仔细观察视频中的光线和阴影分布,以及人像边缘的清晰度,如果这些细节显得不自然或模糊,则视频很可能是伪造的。除此之外,可通过点对点的沟通方式,提出只有对方才能回答的问题,来验证对方的身份真实性,这种方法能够更直接揭示对方的真实身份。然而,最重要的仍然是提高我们自身的网络安全意识,我们应当谨慎对待个人隐私信息的授权和分享,避免点击不明链接或扫描陌生二维码。同时,务必保管好个人银行卡账户、密码、验证码等关键信息,防止被不法分子利用。

习　题　7

一、填空题

　　1. 卷积神经网络是一种深度学习模型,其在计算机视觉中被广泛用于图像的特征_____和_____。

　　2. 图像生成技术,如生成对抗网络,可以用来生成逼真的合成图像,其中,生成器和判别器之间进行_____训练。

　　3. 目标跟踪在视频序列中_____地跟踪目标的轨迹,确保目标在不同帧中的一致性。

　　4. 人脸识别是一种常见的计算机视觉应用,用于从图像中识别和验证_____身份。

二、选择题

　　5. 计算机视觉是一门研究如何让计算机能够理解和处理图像的学科。它涉及以下哪些方面?(　　)

　　A. 图像获取和存储　　　　　　　B. 图像处理和分析

　　C. 图像生成和识别　　　　　　　D. 以上所有选项

　　6. 计算机视觉的主要目标是(　　)。

　　A. 识别计算机屏幕上的图像　　　B. 从图像中提取有关信息

　　C. 生成图像并传送到其他设备　　D. 控制计算机显示器的亮度

　　7. 卷积神经网络在计算机视觉中的主要应用是(　　)。

　　A. 语音识别　　　　　　　　　　B. 机器翻译

　　C. 图像分类和物体识别　　　　　D. 行为生成

　　8. 在计算机视觉中,GANs代表(　　)。

A. 图像分割和分析网络   B. 目标检测和定位网络

C. 生成对抗网络   D. 深度学习网络

9. 卷积神经网络在图像处理中的主要作用是(   )。

A. 降低图像分辨率   B. 去除图像噪声

C. 提取图像特征   D. 改变图像色彩

三、思考题

10. 除了医学和安全领域外,图像处理在哪些其他领域具有重要应用? 举例说明其中一个领域并解释图像处理在该领域中的作用。

11. 深度学习在计算机视觉领域取得了显著的成就。请列举并简要描述至少两个使用深度学习的计算机视觉应用,以及深度学习在这些应用中的作用和优势。

第8章

自然语言处理

知识目标	思政与素养
掌握自然语言处理的目标、难点及各种要点，明确自然语言处理的研究内容。	学习自然语言处理领域的知识，激发深入探究科技前沿的科研兴趣，培养解决问题的创新思维，同时增强科技服务于社会的责任感，为推动我国自然语言处理领域的发展贡献力量。
理解机器翻译、智能问答和语音处理的应用，把握自然语言处理的未来方向。	学习机器翻译、智能问答和语音处理等自然语言处理的应用，积极拥抱科技变革，提升创新意识与实践能力，同时增强服务社会的使命感，为构建智能化社会贡献力量。

 实例导入 **OpenAI 发布多模态大模型 GPT-4**

在 ChatGPT 引爆科技领域之后，人们一直在讨论 AI 的下一步发展会是什么。2023 年 3 月 14 日，ChatGPT 的开发机构 OpenAI 正式发布其里程碑之作——多模态预训练大模型 GPT-4。

GPT-4 是一个多模态大模型（接受图像和文本输入，生成文本）。相比上一代的 GPT-3，GPT-4 可以更准确地解决难题，其具有更广泛的常识和解决问题的能力，更具创造性和协作性，能够处理超过 25000 个单词的文本，允许创建长文内容、扩展对话。此外，GPT-4 的高级推理能力超越了 ChatGPT。在 SAT 等绝大多数专业测试及相关学术基准评测中，GPT-4 的分数高于 ChatGPT。

OpenAI 花了 6 个月的时间使 GPT-4 更安全、更具一致性。在内部评估中，与 GPT-3.5 相比，GPT-4 对不允许内容做出回应的可能性降低 82%，给出事实性回应的可能性高达 40%。GPT-4 引入了更多人类反馈数据进行训练，不断吸取现实世界使用的经验教训进行改进。不过,OpenAI 表示,GPT-4 仍然有许多正在解决的局限性,例如社会偏见、幻觉和对抗性 prompt(提示)。目前,OpenAI 在付费版的 ChatGPT Plus 上提供 GPT-4,并为开发人员提供 API(应用程序编程接口)以构建应用和服务。OpenAI 还开源了 Evals 框架,以自动评估 AI 模型性能,允许用户报告模型中的缺点,帮助其改进。

目前,我们正迎来 GPT 模型时代的崭新篇章,OpenAI 作为这一领域的引领者,其未来发展令人翘首以盼。期待着看到 OpenAI 持续深化 GPT 模型的研究与应用,引领技术前沿,为全球用户带来更智能、更便捷的服务。同时,我们也满怀信心地期待中国本土的 GPT 模型研究能够迅速崛起,涌现出一批具有国际影响力的创新成果。相信在不久的将来,中国的 GPT 模型将在各个领域展现出强大的应用潜力,推动社会的智能化进程。我们期待着中国能够在这场人工智能的浪潮中,与 OpenAI 等全球领先企业共同书写人工智能发展的新篇章,为人类社会的进步贡献更多智慧和力量。

8.1　自然语言处理的概念

自然语言处理(Natural Language Processing,NLP)通过建立形式化的计算模型来分析、理解和处理自然语言。

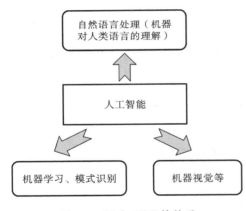

图 8-1　AI 和 NLP 的关系

自然语言处理就是利用计算机对人类特有的书面形式和口头形式的自然语言的信息进行各种类型的处理和加工的技术。[①]

AI 和 NLP 的关系如图 8-1 所示。

自然语言处理是计算机科学与人工智能领域的一个重要的研究与应用方向,是一门融语言学、计算机科学、数学于一体的科学,它研究能实现人与计算机之间用自然语言进行有效通信的各种理论和方法。这一领域的研究涉及自然语言,与语言学的研究有密切联系又有重要区别。

自然语言是指人类使用的语言,如汉语、英语等。语言是思维的载体,是人际交流的工具,语言的两种属性是文字和声音。

■■ 8.1.1　自然语言处理的目标

自然语言处理的目标有两个,一个是终极目标,另一个是当前目标。需要达成的终极目标分别是实现强人工智能、实现强自然语言处理和使计算机能理解并生成人类语言(人工智能的最高境界)。眼下要攻克的目标分别是实现弱人工智能、实现弱自然语言处

---

① 冯志伟.自然语言的计算机处理[M].上海:上海外语教育出版社,1997.

理和研制具有一定人类语言能力的计算机文本或语音处理系统(目前阶段切实可行的做法)。

使用自然语言与计算机进行通信,这是人们长期以来所追求的。因为它既有明显的实际意义,同时也有重要的理论意义。人们可以用自己最习惯的语言来使用计算机,而无须再花大量的时间和精力去学习不很自然和不习惯的各种计算机语言;人们也可通过它进一步了解人类的语言能力和智能的机制。

实现人机间自然语言通信意味着要使计算机既能理解自然语言文本的意义,也能用自然语言文本来表达给定的意图、思想等。前者称为自然语言理解,后者称为自然语言生成,自然语言处理大体包括了这两个部分。历史上对自然语言理解研究得较多,而对自然语言生成研究得较少。但目前,这种状况已有所改变。

无论是实现人机间自然语言通信还是实现自然语言理解和自然语言生成,自然语言处理都是十分困难的。从现有的理论和技术现状看,通用的、高质量的自然语言处理系统,仍然是较长期的努力目标,但是针对一定的应用,具有相当自然语言处理能力的实用系统已经出现,有些已商品化,甚至开始产业化。典型的例子有多语种数据库和专家系统的自然语言接口、各种机器翻译系统、全文信息检索系统、自动文摘系统等。

■■ 8.1.2　自然语言处理的难点

自然语言处理存在很多难点。从表面上来看,自然语言中有大量的歧义现象,即无法像处理人工语言那样,写出一个完备的、有限的规则系统来进行定义和描述。自然语言文本和对话的各个层次上广泛存在着各种各样的歧义性或多义性。而自然语言处理的实质难点在于将人类语言的复杂性转化为计算机可以理解和处理的形式,涵盖了语义理解、上下文处理、情感识别、实体链接等多个方面的挑战。

此外,还有大量的噪音甚至错误表达。比如,对于"小王租小周两间房子"这句话,可能会解释为小王租房给小周或小王向小周租房,造成这种现象的本质原因有以下几点。①缺乏知识;②自然语言的理解不仅和语言本身的规律有关,还和语言之外的知识(例如常识)有关;③语言处理涉及的常是海量知识,知识库的建造维护难以进行;④存在场景/背景的建立问题。

自然语言的形式(字符串)与其意义之间是一种多对多的关系,其实这也正是自然语言的魅力所在。但从计算机处理的角度看,我们必须消除歧义,把带有潜在歧义的自然语言输入转换成某种无歧义的计算机内部表示。

主流的自然语言处理研究所存在的问题主要体现在两个方面。

一方面,迄今为止的语法都限于分析一个孤立的句子,对上下文关系和谈话环境对句子的约束和影响还缺乏系统的研究,因此,分析歧义、词语省略、代词所指、同一句话在不同场合或由不同的人说出来所具有的不同含义等问题,尚无明确规律可循,需要加强对语言学的研究才能逐步解决。

另一方面,人理解一个句子不是单凭语法,还运用了大量的有关知识,包括生活知识和专门知识,这些知识无法全部储存在计算机里。因此,一个书面理解系统只能建立在有限的词汇、句型和特定的主题范围内,计算机的储存量和运转速度大大提高之后,才有可能适当扩大范围。

随着技术的发展,研究人员在不断努力解决这些难题,这推动了 NLP 领域的进步。

■■ 8.1.3 语法分析与语义分析

自然语言处理涉及两个关键方面:语法分析和语义分析。

1. 语法分析

语法分析也称为句法分析,它关注于句子的结构和单词之间的语法关系,以建立词与词之间的层次结构。句法分析有助于捕捉句子的语法规则,从而能够理解句子的组织方式和语法结构。在句法分析中,通常使用短语结构文法(如上下文无关文法)和依存文法两种主要方法。

(1)短语结构文法。这种文法使用产生式规则来描述句子成分(例如主语、谓语、宾语等)之间的层次结构。短语结构分析生成短语结构树,显示了短语的组成和语法关系。

(2)依存文法。依存文法关注单词之间的依存关系,通过构建依存关系树来表示单词之间的语法关系。每个单词都有一个中心单词,它决定了其他单词与之的依赖关系。

学习语法是学习语言和教授计算机语言的一种好方法。语言的语法定义为"指定在语言中所允许语句的格式,指出将单词组合成形式完整的短语和子句的句法规则"。

麻省理工学院的语言学家诺姆·乔姆斯基在对语言语法进行数学式的系统研究中做出了开创性的工作,为计算语言学领域的诞生奠定了基础。他将形式语言定义为一组由符号词汇组成的字符串,这些字符串符合语法规则。

基于此,研究人员提出增加更多的知识,如关于句子的更深层结构的知识、关于句子目的的知识、关于词语的知识,甚至详尽地列举句子或短语的所有可能含义的知识。在过去几十年中,随着计算机速度和内存的成倍增长,这种完全枚举的可能性变得更加现实。

2. 语义分析

语义分析关注的是句子的意义和语义关系,即单词和短语之间的含义及它们在句子中的逻辑关系。语义分析的目标是理解文本的实际含义,从而更深入地处理和分析文本。

(1)词义消歧(Word Sense Disambiguation)是语义分析的一部分,旨在解决单词的多义性问题,确定在特定上下文中单词的实际含义。

(2)情感分析(Sentiment Analysis)是语义分析的一个应用,旨在分析文本中的情感和情绪,判断文本是积极的、消极的还是中性的。

(3)语义角色标注(Semantic Role Labeling)是指将句子中的单词标注为不同的语义角色,如谓语、施事、受事等,以捕捉句子中的语义关系。

3. 关键术语

在自然语言处理中,我们可以从不同结构层次上对语言进行分析,如句法、词法和语义等,所涉及的一些关键术语简单介绍如下。

句法,将单词放在一起形成短语和句子的方式,通常关注句子结构的形成。

词法,对单词的形式和结构的研究,还研究词与词根及词的衍生形式之间的关系。

语义,语言中对意义进行研究的科学。

解析,将句子分解成语言组成部分,并对每个部分的形式、功能和语法关系进行解释。语法规则决定了解析方式。

词汇,与语言的词汇、单词或语素(原子)有关。词汇源自词典。

语用学,在语境中运用语言的研究。

省略,省略了在句法上所需的句子部分,但是,结合上下文后,句子在语义上是清晰的。

在自然语言处理中,语法分析和语义分析通常相互补充,帮助计算机更好地理解和处理人类语言。这些分析方法在问答系统、机器翻译、文本生成等任务中都具有重要作用。

■■ 8.1.4 自然语言处理的研究内容

随着计算机的速度和内存的不断增加,可用的高性能计算系统加速了自然语言处理的发展。语音和语言处理技术可以应用于商业领域,特别是在各种环境中,具有拼写/语法校正工具的语音识别变得更加常用。由于信息检索和信息提取成了 Web 应用的关键部分,因此 Web 是这些应用的另一个主要推动力。监督机器学习成为解决诸如解析和语义分析等传统问题的主要部分。

自然语言处理的前沿研究有图像描述生成、问答系统/阅读理解、序列到序列模型、自然语言生成等。自然语言处理的应用研究有机器翻译(包括自动翻译、辅助翻译)、人机对话(包括语音处理和聊天机器人)、信息检索(包括在线广告和商品推荐)、知识抽取(包括情感分析和知识发现)。

 拓展阅读　自然语言处理的诞生到繁荣

20 世纪 50 年代,图灵提出著名的"图灵测试",引出了自然语言处理的思想,而后,经过半个多世纪的跌宕起伏,历经专家规则系统、统计机器学习、深度学习等一系列基础技术体系的迭代,如今的自然语言处理技术在各个方向都有了显著的进步和提升。

自然语言是指汉语、英语、法语等人们日常使用的语言,是人类社会发展演变而来的语言,而不是人造的语言,自然语言是人类学习生活的重要工具。自然语言在整个人类历史上以语言文字的形式记载和流传的知识占到知识总量的 80% 以上。就计算机应用而言,据统计,用于数学计算的仅占 10%,用于过程控制的不到 5%,其余 85% 左右则都是用于语言文字的信息处理。

自然语言处理将人类沟通交流所用的语言经过处理转化为机器所能理解的机器语言,是一种研究语言能力的模型和算法框架,是语言学和计算机科学的交叉学科,是人工智能、计算机科学和语言学所共同关注的重要方向。

自然语言的处理流程大致可分为五步。

第一步,获取语料。

第二步,对语料进行预处理,其中包括语料清理、分词、词性标注和去停用词等步骤。

第三步,特征化,也就是向量化,主要把分词后的字和词表示成计算机可计算的类型(向量),这样有助于较好地表达不同词之间的相似关系。

第四步,模型训练,包括传统的有监督、半监督和无监督学习模型等,可根据应用需求进行选择。

第五步,对建模后的效果进行评价,常用的评测指标有准确率(Precision)、召回率(Recall)、F 值(F-Measure)等。准确率用于衡量检索系统的查准率;召回率用于衡量检索系统的查全率;而 F 值是综合了准确率和召回率的用于反映整体的指标,F 值较高则说明试验方法有效。

比尔·盖茨曾说:"语言理解是人工智能皇冠上的明珠"。可以说,谁掌握了更高级的自然语言处理技术,谁就能在自然语言处理的技术研发中取得实质突破,谁就将在日益激烈的人工智能军备竞赛中占得先机。作为一门包含着计算机科学、人工智能及语言学的交叉学科,自然语言处理也经历了在曲折中发展的过程。

1950 年,图灵提出的著名的"图灵测试",被认为是自然语言处理思想的开端。20 世纪 50 年代到 70 年代,自然语言处理主要采用基于规则的方法,即认为自然语言处理的过程和人类学习一门语言的过程是类似的,彼时,自然语言处理还停留在理性主义思潮阶段,以基于规则的方法为代表。然而,基于规则的方法具有不可避免的缺点,首先,规则不可能覆盖所有语句,其次,这种方法对开发者的要求极高,开发者不仅要精通计算机,还要精通语言学,因此,这一阶段虽然解决了一些简单的问题,但是无法从根本上将自然语言理解实用化。

70 年代以后,随着互联网的高速发展,丰富的语料库成为现实,以及硬件不断更新完善,自然语言处理思潮由理性主义向经验主义过渡,基于统计的方法逐渐代替了基于规则的方法。

贾里尼克和其领导的 IBM 华生实验室是推动这一转变的关键,他们采用基于统计的方法,将当时的语音识别率从 70% 提升到 90%。在这一阶段,自然语言处理基于数学模型和统计的方法取得了实质性的突破,从实验室走向实际应用。

从 20 世纪 90 年代开始,自然语言处理进入了繁荣期。1993 年 7 月,在日本神户召开的第四届机器翻译高层会议(MT Summit Ⅳ)上,英国著名学者 William John Hutchins 教授在他的特约报告中指出,自 1989 年以来,机器翻译的发展进入了一个新纪元。这个新纪元的重要标志是在基于规则的技术中引入了语料库方法,其中包括统计方法、基于实例的方法、通过语料加工手段使语料库转化为语言知识库的方法等。这种建立在大规模真实文本处理基础上的机器翻译,是机器翻译研究史上的一场革命,它将会把自然语言处理推向一个崭新的阶段。随着机器翻译新纪元的开始,自然语言处理进入了它的繁荣期。

尤其是 20 世纪 90 年代的最后 5 年(1994—1999 年)及 21 世纪初期,自然语言处理的研究发生了很大的变化,出现了空前繁荣的局面。这主要表现在三个方面。首先,概率和数据驱动的方法几乎成了自然语言处理的标准方法。句法剖析、词类标注、参照消解和话语处理的算法全都开始引入概率,并且采用从语音识别和信息检索中借过来的评测方法。其次,计算机的速度和存储量的提高,使得在语音和语言处理的一些子领域,特别是在语音识别、拼写检查、语法检查这些子领域,有可能进行商品化的开发。语音和语言处理的算法开始被应用于增强交替通信中。最后,网络技术的发展对于自然语言处理产生了的巨大推动力。万维网(World Wide Web,WWW)的发展使得网络上的信息检索和信息抽取的需要变得更加突出,数据挖掘的技术日渐成熟。而 WWW 正是由自然语言构成的,因此,随着 WWW 的发展,自然语言处理的研究变得越发重要。

进入 21 世纪之后,在图像识别和语音识别领域的成果激励下,人们也逐渐开始引入深度学习来做自然语言处理研究。作为多层的神经网络,深度学习从输入层开始经过逐层非线性的变化得到输出。从输入到输出做端到端的训练。把输入到输出对的数据准备好,设计并训练一个神经网络,即可执行预想的任务。RNN 已经成为自然语言处理最常用的方法之一,GRU、LSTM 等模型则相继引发了一轮又一轮的自然语言识别热潮。

ChatGPT 的开发机构 OpenAI 在 2023 年正式发布其里程碑之作——多模态预训练大模型 GPT-4,将深度学习与自然语言处理的结合推向了新高潮,其也必将在机器翻译、问答系统、阅读理解等领域取得更大的成功。

8.2　机 器 翻 译

机器翻译(Machine Translation)的目标为研制出能把一种自然语言(源语言)的文本翻译为另外一种自然语言(目标语言)的文本的计算机软件系统。机器翻译是自然语言处理的一个典型应用,已被广泛应用于文档翻译、网页翻译、电子邮件翻译等领域,有助于打破语言障碍。随着技术的不断进步,机器翻译将在多语种翻译、即时通信和国际化业务中扮演更加重要的角色。机器翻译实例如图 8-2 所示。

制造一种机器,让使用不同语言的人无障碍地自由交流,一直是人类的一个梦想,随着国际互联网络的日益普及,网上出现了以各种语言为载体的大量信息,语言障碍问题在新的时代又一次凸显出来,人们比以往任何时候都更迫切需要语言的自动翻译系统。

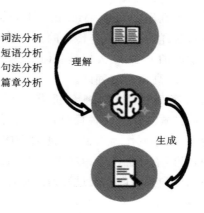

图 8-2　机器翻译实例

1. 机器翻译的难点

(1) 一个词具有多种语义。

(2) 不同的语言词序非常不一样;词还有形态、时态等变化。

（3）句子具有复杂结构,比如句法结构。

（4）还没有建立起完善的、计算机能够有效理解的知识库。

该怎么解决这些问题呢？目前一般采用统计方法,使用平行语料。

2. 机器翻译的基本方法

目前主要有四种机器翻译方法,分别是非统计学方法、统计机器翻译、神经（网络）机器翻译和混合式机器翻译方法。

（1）非统计学方法。

非统计学方法包括基于规则的机器翻译方法等。在早些时候,机器翻译主要是通过非统计学方法进行的,主要的三种方法如下。

① 直接翻译,即对源文本进行逐字翻译。

② 基于结构知识和句法解析的转换法。

③ 中间语言方法,即将源语句翻译成一般的意义表示,然后将这种表示翻译成目标语言。

（2）统计机器翻译。

统计机器翻译（Statistical Machine Translation,SMT）是基于统计学习的机器翻译方法。统计机器翻译的基本思想是通过对大量的平行语料进行统计分析,构建统计翻译模型,进而使用此模型进行翻译。其翻译过程分为如下两步。

第一步:对齐。该技术依赖于一个核心概念——词对齐,简而言之就是知道源语言句子中某个词是由目标语言中哪个词翻译而来的。不只是单个词的对齐,还可以有短语、语法的对齐,然后考虑翻译后短语的重排序。

第二步:寻找最优的序列。一个困难的搜索问题,也包含语言模型。源语言中的每个短语都有很多种可能的翻译,这会形成一个很大的搜索空间。统计方法需要大量数据才能训练概率模型。出于这个目的,在语言处理应用中,使用了大量的文本和口语集。这些集由大量句子组成,人类注释者对这些句子进行了语法和语义信息的标记。

（3）神经机器翻译。

神经机器翻译（Neural Machine Translation,NMT）是一种利用深度神经网络来进行自然语言翻译的技术。与传统的基于规则或统计的机器翻译方法不同,神经机器翻译借助深度学习的方法,在大规模双语语料库的基础上学习源语言和目标语言之间的映射关系,从而实现高质量的翻译。

序列到序列模型中,神经机器翻译模型以序列到序列（Sequence-to-Sequence,Seq2Seq）的方式工作。这种模型的主要思想是将一个序列作为输入,经过编码器处理后,生成另一个序列作为输出,实现输入序列到输出序列的映射关系。源语言句子作为输入序列,目标语言翻译作为输出序列。图 8-3 所示的是一个序列到序列的模型。

序列到序列模型的发展过程是从循环神经网络到注意力机制再演进到 Transformer 架构。

① 循环神经网络存在的问题:早期的序列到序列模型主要使用 RNN 来建模序列数据,例如用于机器翻译的编码器和解码器都使用 RNN,然而,RNN 在处理长序列时,存在梯度消失和梯度爆炸问题,导致模型难以捕获长距离依赖关系,限制了其对序列中远

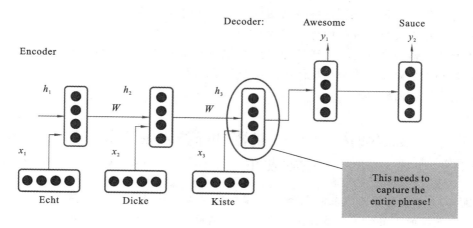

图 8-3　序列到序列的模型

距离信息的建模能力。

② 注意力机制的引入：为了解决 RNN 在处理长序列时的信息传递问题，引入了注意力机制。注意力机制允许模型在生成每个目标单词时，根据输入序列的不同位置分配不同的注意力权重，从而更有针对性地利用编码器的中间表示。它在编码器-解码器结构中的应用，如 Bahdanau 注意力和 Luong 注意力，显著提高了模型的翻译质量和长距离依赖建模能力。

③ Transformer 架构：Transformer 是一个革命性的架构，它摒弃了传统的 RNN，完全基于自注意力机制。Transformer 引入了编码器和解码器中的多头自注意力和前馈神经网络，实现了更好的序列建模能力和并行计算能力。它在自然语言处理中取得了巨大的成功，被广泛应用于机器翻译、文本生成等任务。

总之，注意力机制的引入及 Transformer 架构的出现，确实解决了循环神经网络在序列到序列模型中的一些限制和问题。它们在提升模型性能、准确性和效率方面都取得了显著的进展，使得序列到序列模型在自然语言处理领域发挥出重要作用。

（4）混合式机器翻译方法。

混合式机器翻译（Hybrid Machine Translation，HMT）方法能够将不同类型的机器翻译技术结合在一起，以实现更高质量的翻译结果。这种方法的目标是利用不同技术的优势，弥补各种方法的缺陷，从而提高翻译性能。以下是一些常见的混合式机器翻译方法。

① 规则翻译＋统计翻译：这种方法将传统的规则翻译系统与统计翻译系统相结合。规则翻译系统可以处理一些特定的语法和结构规则，而统计翻译系统则通过学习大量双语平行语料库来建模。基于规则的机器翻译（Rule Based-Statistics Machine Translation，RB-SMT）方法可以利用规则系统的精确性和统计系统的灵活性。

② 统计翻译＋神经机器翻译：在这种方法中，统计翻译系统和神经机器翻译系统被串联或并联起来。首先，统计翻译系统生成初始翻译结果，然后神经机器翻译系统对此进行后处理或者调整，从而提高翻译质量。

③ 基于规则的前处理＋神经机器翻译：这种方法先将规则翻译，或利用基于规则的

前处理评估源语言句子,然后将处理后的句子输入神经机器翻译系统中进行翻译。这样可以在保留规则翻译系统的优势的同时,利用好神经机器翻译系统的上下文建模能力。

混合式机器翻译方法的灵活性使得混合式机器翻译能够在特定的任务和语种情况下获得良好的翻译效果。根据具体应用场景和需求,可以选择不同的混合式机器翻译策略,寻求最佳的翻译性能。

拓展阅读 《2023 机器翻译技术及产业应用蓝皮书》重磅发布

当前,以机器翻译为代表的翻译技术深刻改变着传统行业的翻译模式和流程,在翻译实践中发挥的重要作用日益凸显。随着新一代预训练模型技术的发展与应用,机器翻译事业发展蓝图愿景悄然升级。

图 8-4 《2023 机器翻译技术及产业应用蓝皮书》

党的二十大报告着力强调,"必须坚持科技是第一生产力""创新是第一动力",要深入实施"创新驱动发展战略","开辟发展新领域新赛道,不断塑造发展新动能新优势"。新时代,新征程,新使命,机器翻译技术迎来全新的发展机遇期。为进一步推动语言服务行业和产业各方对机器翻译技术的研究应用,为机器翻译技术产业化发展提供更加全面、系统、科学的理论支持,百度翻译和中国外文局翻译院智能翻译实验室经充分调研,联合编写了《2023 机器翻译技术及产业应用蓝皮书》(以下简称"《蓝皮书》",如图 8-4 所示)。《蓝皮书》在 2023 中国翻译协会年会"未来已来:翻译技术主题论坛"上,由中国外文局翻译院、中国翻译协会翻译技术委员会、百度翻译联合发布。

《蓝皮书》系统阐述了机器翻译的发展历程和方向,介绍了产业级机器翻译系统和产品形式,并通过实际案例展示了机器翻译产业应用现状,对机器翻译未来发展提出建议。

《蓝皮书》共分五章。

第一章阐述了在国际传播能力建设及国家翻译能力建设中,使用以机器翻译为代表的翻译技术的必要性。习近平总书记多次在国际国内重要场合讲述翻译故事,充分肯定翻译工作对中国走向世界、世界读懂中国的积极贡献。机器翻译等翻译技术的发展对翻译行业起到了巨大推动作用,在许多场景应用中表现出强大能力和发展潜力。翻译行业各方应积极探索和推进人工智能、大数据、虚拟现实等技术在习近平新时代中国特色社会主义思想对外宣介、对外翻译出版中的应用。

第二章系统介绍了机器翻译的发展历程、发展态势及面临的挑战。自 1947 年机器翻译的设想被提出以来，出现了基于规则的机器翻译、统计机器翻译及神经网络机器翻译三种机器翻译方式。目前，神经网络机器翻译是主流的机器翻译方式。受技术革新与社会发展等诸多因素影响，机器翻译逐渐呈现规模化、多领域化、多语言化及跨模态化的趋势，其应用场景不断扩大。在现阶段，机器翻译技术在译文质量、鲁棒性和容错能力、低资源语种翻译能力、多模态融合技术能力及标准建设等五方面仍需继续加强。

第三章介绍了产业级机器翻译系统和产品形式。产业级机器翻译系统通常具有多领域、多语言、跨模态的全面翻译能力、基于飞轮效应的持续进化能力、核心技术自主研发能力及全生命周期安全保障能力等技术特征。在形成成熟的产品和应用前，面向产业的机器翻译系统应经过模型训练、部署发布等环节，同时应始终保证数据和系统安全。机器翻译产品有三种划分方式，即按照模态划分、按照载体划分及按照系统部署划分。按照模态划分，主要有文本翻译、语音翻译、图像翻译等；按照载体划分，主要有电脑端、移动端及多种形式的智能硬件产品；按照系统部署划分，主要有在线部署和离线部署。

第四章通过实际应用案例展示了现阶段机器翻译产业现状。目前，机器翻译的产业应用呈现出高质量、多语言、跨模态、定制化等特点。《蓝皮书》通过列举机构与企业使用机器翻译的实例，阐述了机器翻译在赋能企业全球化发展、助力行业数字化建设、助力中华文化"走出去"及赋能跨语言国际交流等方面发挥的积极作用。

第五章展望机器翻译的发展趋势，并对机器翻译未来发展提出建议。在新技术发展浪潮下，机器翻译将在跨语言理解及生成能力提升、低资源语言翻译能力加强、机器翻译系统的灵活性及智能交互能力提升，以及机器翻译应用场景和领域拓展等方面取得新突破。为推动机器翻译产业良性发展，应尽快建设我国自主研发的机器翻译系统，加快高质量、大规模语料库搭建，加强翻译技术标准建设，加大翻译技术普及力度，培养复合型翻译人才，通过跨学科融合协作不断推动翻译技术迭代升级。

《蓝皮书》得到了来自政产学研各界专家学者的指导关注，希望能对机器翻译技术研究和行业应用有所启发和借鉴。

8.3　智能问答

问答是人类获取知识的基本方式之一，日常语言交流大多也属于问答范畴。在 NLP 中，指一个自动化的系统，以自然语言回答以自然语言形式提出的问题，问答系统通过搜索文档集合找到用户查询的最佳答案。通常，文档集合可以与 Web 一样大，也可以是特定公司拥有的一组相关文档。因为文件数量可能很大，所以必须找到最相关的文件，并进行排列，将这些文件分解成最相关的段落，并搜索这些段落来找到正确的答案。

OpenAI 团队基于 Transformer 模型打造的先进聊天机器人 ChatGPT 于 2022 年 11 月 30 日上线，马上引起了全球用户的热议。它结合了深度学习和自然语言处理技术，能够理解用户的输入并生成准确、连贯的回复。ChatGPT 表现出各种惊人的能力，它支持多轮对话，能够与用户进行更加智能、自然的交流。用户与 ChatGPT 之间的对话互动包括普通聊天、信息咨询、撰写诗词作文、修改代码等。图 8-5 所示的是 ChatGPT 给出的自然语言处理的回答。

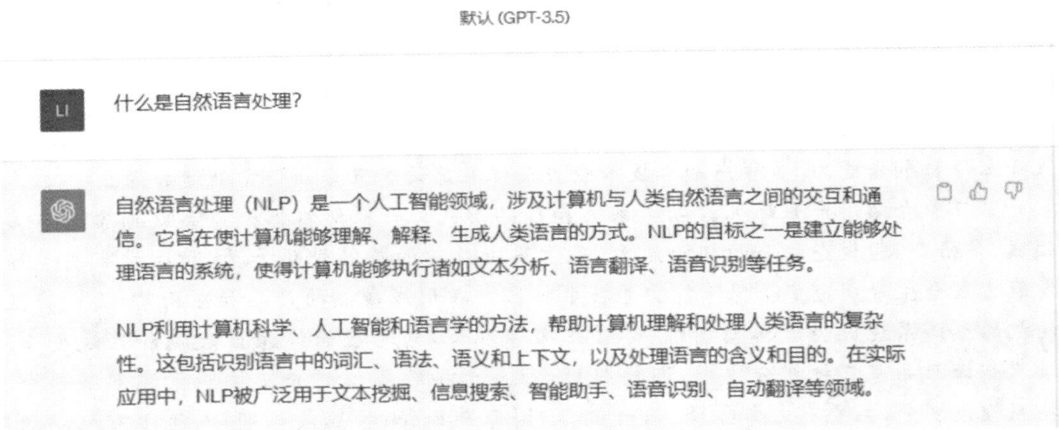

默认 (GPT-3.5)

LI　什么是自然语言处理?

自然语言处理 (NLP) 是一个人工智能领域,涉及计算机与人类自然语言之间的交互和通信。它旨在使计算机能够理解、解释、生成人类语言的方式。NLP的目标之一是建立能够处理语言的系统,使得计算机能够执行诸如文本分析、语言翻译、语音识别等任务。

NLP利用计算机科学、人工智能和语言学的方法,帮助计算机理解和处理人类语言的复杂性。这包括识别语言中的词汇、语法、语义和上下文,以及处理语言的含义和目的。在实际应用中,NLP被广泛用于文本挖掘、信息搜索、智能助手、语音识别、自动翻译等领域。

图 8-5　ChatGPT 解释自然语言处理

下面开始介绍智能问答(Smart Q&A)系统的分类和任务。

1. 智能问答系统的分类

智能问答系统是一种基于人工智能技术的应用,旨在回答用户提出的问题。根据不同的标准和功能,智能问答系统可以分为多个类型。以下是一些常见的智能问答系统类型。

(1) 基于知识库的问答系统。

这种系统利用预先构建的知识库,如百科全书、图书馆目录等,来回答用户的问题。用户的问题会与知识库中的信息进行匹配,从中提取相关答案。例如维基百科的问答系统、百度百科等。

(2) 检索式问答系统。

这类系统通过检索大规模文本语料库来寻找与用户问题相关的信息,然后从中提取答案。通常会利用信息检索和文本匹配技术。例如搜索引擎中的问题回答功能、Stack Overflow 等。

(3) 基于推理的问答系统。

这种系统不仅仅从文本中提取答案,还需要进行推理和逻辑推断,以便从已有知识中得出新的答案。例如用于需要逻辑推理的数学问题解答、哲学问题解答等。

(4) 生成式问答系统。

这类系统不仅从已有信息中提取答案,还可以根据问题生成全新的答案。这种方法需要一定的自然语言生成能力。例如智能聊天机器人、语言模型等。

(5) 任务驱动和领域专用问答系统。

这类系统专注于特定领域或任务,例如用于医疗领域、法律领域、金融领域等。它们通常有更深入的领域专业知识,可以提供更准确的答案。例如医疗诊断系统、法律咨询系统等。

(6) 人机协作问答系统。

这类系统通常涉及人与计算机的合作,结合人类专业知识和计算机的速度和搜索能力,提供更深入和全面的答案。例如医生与医疗辅助系统合作进行诊断、律师使用法律数据库进行案例研究等。

（7）开放域和封闭域问答系统。

开放域系统可以回答各种各样的问题,而封闭域系统则限制在特定领域内提供问题答案。例如维基百科问答系统是开放域的,医疗诊断系统是封闭域的。

问答系统可以根据不同标准划分为多种,可根据系统的需求和目标采用不同的分类方法。

2. 智能问答系统的任务

问答系统必须完成以下三个任务。

（1）处理用户的问题,将其转化为适合输入系统的查询。

处理用户的问题,识别关键字并消除不必要的词。最初使用关键字进行查询,然后将查询扩展为包括关键字的任何同义词。例如,如果用户的问题包括关键字"汽车",那么可以扩展查询,包括"轿车"和"汽车"。此外,关键字的形态变体也包括在查询中。如果用户的问题包括词语"驾驶",则查询也将包括"驾驶中"和动词驾驶的其他形态变体。通过扩展用于查询的关键字列表,系统可以最大化找到相关文档的机会。

（2）检索与查询最相关的文件和段落。

信息检索(Information Retrieval,IR)可以用向量空间模型进行,在向量空间模型中,向量用于表示单词频率。我们使用一个小文档进行详细说明。假设文档中有 3 个单词,这个文档中的单词频率可以由向量(w_1,w_2,w_3)表示,其中,w_1 是第一个单词出现的频率,w_2 是第二个单词出现的频率,以此类推。如果第一个单词出现了 8 次,第二个单词出现了 12 次,第三个单词出现了 7 次,那么这个文档的向量将为$(8,12,7)$。

在现实世界的例子中,会有数千个单词,而不只是 3 个单词。在实际应用中,向量具有数千个维度,一个维度代表文档集合中的一个单词。为每个文档分配一个向量来表示文档中出现的单词。因为在特定文档中有许多单词不会出现,所以这个向量中的许多条目将为 0。类似地,给用户的查询分配向量,由于和整个文档集合相比,查询不包含许多单词,因此这个向量的大部分条目都为 0。我们可以使用哈希和其他形式的表示来简化向量,所以这许多的 0 不必存储在向量中。

将向量分配给查询后,将该向量与集合中所有文档的向量进行比较。通过查看多维空间中的向量可以找到最接近的匹配项。为了计算两个向量之间的差别,我们计算它们之间角度的余弦值。

使用两个向量的归一化点积,可以计算两个向量之间角度的余弦值。较高的值表示查询向量和文档向量之间更匹配。当两个向量相同时,余弦等于 1;当两个向量完全不同时,余弦等于 0。因此使用查询向量和文档向量之间的角度找到余弦函数的最大值,可以识别与查询最相关的文档。

（3）处理这些段落,找到用户问题的最佳答案。

搜索这些段落,提取答案,寻找在答案附近文本中一般的具体模式。通常在句子中,与问题短语相关的答案短语有一个很清晰的模式,可以得到识别。

例如,假设用户问了一个问题:什么是三段论? 这个查询由关键字"三段论"组成,我们也许可以在可能的答案旁边,在一个特定的位置,以及以一种特定的模式找到此关键字。常见的模式是：<AP>，如（such as）<QP>，其中，AP 表示答案短语，QP 表示问题短语。这个模式是一个正则表达式，可用于搜索段落中的可能答案。基本上，我们将搜索"三段论"这个词及前面有"如（such as）"字样的句子，我们有理由相信"如（such as）"之前会有一个答案。

再如，假设在一个段落中找到以下的单词序列："一种逻辑论证，如三段论"。这个序列包含了问题的关键词"三段论"，这个关键词的前面是答案短语"一种逻辑论证"。因此，这个模式捕获了答案和问题关键字之间的常见关系：通常，答案短语后面跟着"如（such as）"，其后再跟着问题关键字，这个答案短语定义了关键字。我们可以使用其他许多模式。

在另一个常见的模式中，答案短语与问题短语由同位格的逗号分开：<QP>，a<AP>。这个模式可以是单词序列，例如："三段论，一种演绎推理的形式"。在这个单词序列中，答案短语与"三段论"使用同位格的逗号分开。基于我们找到的答案短语，我们知道三段论是一种逻辑论证和演绎推理的形式。可以开始把这些短语组合成用户问题的答案。

 ## 拓展阅读　历史上的第一个聊天机器人

在 1964 年至 1966 年间，麻省理工学院人工智能实验室的德裔美国计算机科学家约瑟夫·维森鲍姆（Joseph Weizenbaum）开发了历史上的第一个聊天机器人——Eliza。

Eliza 的名字源于爱尔兰剧作家萧伯纳的戏剧作品《卖花女》中的角色，剧中出身贫寒的卖花女 Eliza 通过学习与上流社会沟通的方式，变成大使馆舞会上人人艳羡的"匈牙利王家公主"。作为世界上的第一个聊天机器人，Eliza 被其作者赋予了充满戏剧性的内涵。

尽管在当时已经存在一些基本的数字语言生成器（可以输出一些连贯文本的程序），但 Eliza 是第一个明确设计用于与人互动的程序。用户可以使用打字机输入人类的自然语言，获得来自机器的响应。正如维森鲍姆解释的那样，Eliza 使"人与计算机之间的对话成为可能"。

Eliza 是维森鲍姆用一种名为 MAD-SLIP 的编程语言，在 36 位的 IBM 7094（一种早期的晶体管大型计算机）上开发的。在那个年代里，计算机时间是非常宝贵的资源，所以 Eliza 只能通过分时系统运行，用户只能通过电动打字机和打印机与程序进行远程交互。当用户键入一个句子并按 Enter 键时，一条消息会被发送到远端的大型机。Eliza 扫描消息中是否存在关键字，并将这些关键字组成新的句子，用以回复响应，打印出来并供用户阅读。

为了鼓励用户与 Eliza 对话，维森鲍姆使用"狡猾策略"为 Eliza 设计了一种模拟罗杰式心理医生（一种以人为本的心理咨询）的对话风格。该程序将接受用户所说的内容，并将以一个问题作为回应，如下面的示例所示（可以注意该程序如何接收"男朋友"和"沮丧"之类的关键字并重新使用它们）。

人：男人都是一样的。

Eliza：怎么说？

人：他们总是在困扰我们一些事情。

Eliza：您可以举一个具体示例吗？

人：好吧，我的男朋友让我来了这里。

Eliza：您的男朋友让您来了这里？

人：他说我很多时候都很沮丧。

Eliza：很抱歉听到您感到沮丧。

人：是的，我不开心。

Eliza 的这种对话方式，给人的印象就是计算机可以理解用户所讲的内容，而不必为对话提供任何新的补充。事实上，维森鲍姆仅用 200 行代码就实现了这一过程，使 Eliza 能够让人产生被机器聆听、理解的错觉。

为了测试 Eliza 与对话者互动的能力，维森鲍姆邀请学生和同事进入他的办公室，并让他们在他的观察下与机器聊天。他有些担忧地注意到，在与 Eliza 进行短暂互动的期间，许多测试者竟开始对该程序产生情感上的依恋。他们会向机器敞开心扉，诉说他们在生活和人际关系中面临的问题。

更令人惊讶的是，在维森鲍姆向他们介绍了 Eliza 的工作原理，并解释说系统并没有真正理解用户所说的任何内容之后，测试者对 Eliza 的这种亲密感仍然存在。尤其是维森鲍姆的助手，尽管她经历了该程序从零开始构建的全过程，但在测试时，这位助手仍然坚持要维森鲍姆离开房间，以便她可以与 Eliza 私下交谈。

基于 Eliza 的实验，维森鲍姆开始质疑图灵在 1950 年提出的关于人工智能的想法。图灵在他的题为"计算机械与智能"的论文中提出，如果一台计算机可以通过文本与人类进行令人信服的对话，则可以认为它是智能的。这一思想也就是著名的图灵测试的基础。

但是 Eliza 的测试证明，即使人机之间的理解只从人类这一侧产生，也可以在人机之间进行令人信服的对话。也就是说，对人类智能的模拟（而不是智能本身）足以使人蒙昧。维森鲍姆称这种现象为"Eliza 效应"，并认为这是数字时代人类共同遭受的一种"妄想"。这一见解对维森鲍姆来说是一次深刻的冲击，并直接影响了他在未来十年里所做研究的思想轨迹。

1976 年，维森鲍姆发表了《计算能力与人为原因：从判断到计算》，该书对人们为何愿意相信"一台简单的机器也许能够理解复杂的人类情感"进行了深刻的剖析。

他在这本书中描述，"Eliza 效应"代表着一种困扰现代人的广泛病理学。在一个被科学技术和资本主义所占领的世界中，人们已经习惯于将自己看作是一台大型且冷漠的社会机器中一枚孤立的齿轮。维森鲍姆认为，正是由于当时的社会环境日渐冷漠，才使得人们变得如此绝望，以至于抛弃应有的理性和判断力，转而去相信一个机器程序可以聆听他们的心声。

维森鲍姆的余生都在致力于这种对人工智能和计算机技术的人文主义批评。他的任务是提醒人们，他们的机器并不像通常所说的那样聪明，"即使有时好像它们会说话，但它们从未真正聆听过你，它们只是机器。"

8.4　语音处理

语音处理（Speech Signal Processing）是研究自然语言语音发声过程、语音信号的统计特性、语音的自动识别、机器合成及语音感知等各种处理技术的总称。由于现代的语音处理技术都以数字计算为基础，并借助微处理器、信号处理器或通用计算机加以实现，因此也称为数字语音信号处理。

语音处理是一门多学科的综合技术。它以生理、心理、语言及声学等方向的基本实验为基础，以信息论、控制论、系统论等理论作指导，其通过应用信号处理、统计分析、模式识别等现代技术手段，发展成为新的学科。

语音处理的研究起源于对发音器官的模拟。1939 年，美国的 H.杜德莱展示了一个简单的发音过程模拟系统，此后发展为声道的数字模型。利用该模型可以对语音信号进行各种频谱及参数的分析，进行通信编码或数据压缩的研究，同时也可根据分析获得的频谱特征或参数变化规律，合成语音信号，实现机器的语音合成。利用语音分析技术，还可以实现对语音的自动识别，对发音人的自动辨识，如果与人工智能技术结合，还可以实现各种语句的自动识别及语言的自动理解，从而实现人机语音交互应答系统，真正赋予计算机以听觉的功能。

1.　语音处理的发展

语言信息主要包含在语音信号的参数之中，因此准确而迅速地提取语言信号的参数是进行语音信号处理的关键。常用的语音信号参数有：共振峰幅度、频率与带宽、音调和噪音、噪音的判别等。后来又提出了线性预测系数、声道反射系数和倒谱参数等参数。这些参数仅仅反映了发音过程中的一些平均特性，而实际语言的发音变化相当迅速，需要用非平稳随机过程来描述，因此，20 世纪 80 年代之后，研究语音信号非平稳参数分析方法迅速发展，人们提出了一整套快速的算法，还有利用优化规律实现合成信号统计分析参数的新算法，取得了很好的效果。

当语音处理向实用化发展时，人们发现许多算法的抗环境干扰能力较差。因此，在噪声环境下保持语音信号处理能力成为了一个重要课题。这促进了语音增强的研究。一些具有抗干扰性的算法相继出现。当前，语音信号处理日益同智能计算技术和智能机器人的研究紧密结合，成为智能信息技术中的一个重要分支。

语音处理在通信、国防等部门中有着广阔的应用领域。为了改善通信中语言信号的质量而研究的各种频响修正和补偿技术，为了提高效率而研究的数据编码压缩技术，以及为了改善通信条件而研究的噪声抵消及干扰抑制技术，都与语音处理密切相关。在金融部门应用语音处理技术，可利用说话人识别系统和语音识别系统实现根据用户语音自动存款、取款的业务。在仪器仪表和控制自动化生产中，利用语音处理技术读出测量数据和故障警告。随着语音处理技术的发展，可以预期它将在更多部门得到应用。

人们通常更方便说话而不是打字，因此语音识别软件非常受欢迎。口述命令比用鼠标或触摸板点击按钮更快。要在 Windows 中打开如"记事本"这样的程序，需要单击开始、程序、附件，最后点击记事本，最少也需要点击四到五次。语音识别软件允许用户简单地说"打开记事本",就可以打开程序,节省了时间,有时也改善了心情。

2. 语音理解

语音理解(Speech Understanding)是指利用知识表达和组织等人工智能技术进行语句自动识别和语义理解。其与语音识别的主要不同点在于对语法和语义知识的充分利用程度。

语音理解起源于美国,1971 年,美国国防部高级研究计划署(ARPA)资助了一个庞大的研究项目,该项目要达到的目标为实现语音理解系统。人对语音有广泛的知识,可以对要说的话有一定的预见性,所以人对语音具有感知和分析能力。依靠人对语言和谈论的内容所具有的广泛知识,利用知识提高计算机理解语言的能力,就是语音理解研究的核心。

利用理解能力,可以使系统提高性能。

(1) 能排除噪声和嘈杂声。

(2) 能理解上下文的意思并能用它来纠正错误,澄清不确定的语义。

(3) 能够处理不合语法或不完整的语句。

因此,研究语音理解时,与其研究如何令系统仔细地去识别每一个单词,倒不如去研究如何令系统能抓住说话的要旨更为有效。

一个语音理解系统除了包括原语音识别所要求的部分之外,还须添入知识处理部分。

知识处理包括知识的自动收集、知识库的形成、知识的推理与检验等。当然还希望能有自动地作知识修正的能力。因此语音理解可以认为是信号处理与知识处理结合的产物。

语音知识包括音位知识、音变知识、韵律知识、词法知识、句法知识、语义知识、语用知识。这些知识涉及实验语音学、汉语语法、自然语言理解,以及知识搜索等许多交叉学科。

3. 语音识别

语音识别(Speech Recognition)是指利用计算机自动对语音信号的音素、音节或词进行识别的技术总称。语音识别是实现语音自动控制的基础。

语音识别起源于 20 世纪 50 年代的"口授打字机"梦想,科学家在掌握了元音的共振峰变迁问题和辅音的声学特性之后,相信从语音到文字的过程是可以用机器实现的,即可以把普通的读音转换成书写的文字。语音识别的理论研究已经有 40 多年,但是转入实际应用却是在数字技术、集成电路技术发展之后,现在已经取得了许多实用的成果。

语音识别一般要经过以下几个步骤。步骤一:语音预处理,包括对语音的幅度标称化、频响校正、分帧、加窗和始末端点检测等内容。步骤二:语音声学参数分析,包括对语音共振峰频率、幅度等参数,以及语音的线性预测参数等的分析。步骤三:参数标称化,主要是时间轴上的标称化,常用的方法有动态时间规整、动态规划方法。步骤四:模式匹配,可以采用距离准则或概率规则,也可以采用句法分类等。步骤五:识别判决,通过最后的判别函数给出识别的结果。

语音识别可按不同的识别内容进行分类,可分为音素识别、音节识别、词或词组识别。也可以按词汇量进行分类,可分为小词量(50 个词以下)、中词量(50～500 个词)、大词量(500 个词以上)及超大词量(几十至几万个词)识别。按照发音特点分类,可以分为孤立音、连接音及连续音的识别。按照对发音人的要求分类,可分为认人识别(即只对特定的发话人识别)和不认人识别(即不分发话人是谁都能识别)。

4. 语音识别应用

如今,几乎每个人都拥有一台带有 Apple 或安卓操作系统的智能手机。这些设备具有语音识别功能,使用户能够说出自己的短信而无须输入字母。导航设备也增加了语音识别功能,用户无须打字,只需要说出目的地址或"家",就可以导航回家。如果有人存在拼写困难或视力问题,无法在小窗口中使用小键盘,那么语音识别功能是非常有帮助的。

商业语音识别系统是一种专门用于识别和理解人类语音的技术,它通常被应用在各种商业环境中,如电话会议、电子邮件、智能设备等。通过为用户提供导航、解释和网站浏览的功能,理解听写命令并执行定制命令。在商业语音识别系统中,词错误率(Word Error Rate,WER)是一种常见的性能指标。WER 越高,表示语音识别的准确度越低。

 拓展阅读　智能语音技术展望

语音作为最自然的交互方式,承载着重要信息,语音信息的分析和处理技术会越来越深入地影响人类生活和生产活动。在需求的驱动下,随着人工智能技术的不断发展、硬件基础设施的不断进步,语音技术的基础性能必将持续增强,加速其在更多领域的商业化应用。

1. 多模语音交互达到"类人"水平

语音技术是泛在计算范畴最成熟的技术之一,可以将计算融入我们的日常生活。泛在计算是一种嵌入了多种感知的计算设备,并能根据情景来识别人的身体姿态、生理状态、手势、语音等,进而判断人的意图,并做出相应反应的具有适应性的数字环境。在真实复杂场景下,语音、文本、图像和视频这些模态往往同时存在,靠单一模态的技术往往不能达到和人类交互能力同等的体验,综合利用语音、文本和图像中的信息,才可以让机器更好地知道"我在哪里""谁在和我说""我要和谁说"和"我该说什么",因此,跨模态、多模态融合技术能更好地理解用户、做出响应,会成为提升交互体验的关键。

用户对语音交互的重要感知是听到的声音输出。在真实世界里,我们得到的信息不仅仅包括声音输出的内容,还有是谁在说话,声音输出可携带情绪、表达思考或转折等。通过合成有情感的语音或者特定人的声音可以让用户感受到更有温度的交互,实现"千人千面"的产品特性。目前,个性化语音识别、个性化语音合成、个性化语音增强及个性化语音唤醒技术已经成为研究热点,各种技术的综合应用也将大大提升人机交互的体验。

随着技术的演进,我们相信未来的语音交互,将可以以假乱真,让用户有在和一个"真人"对话的感觉。

2. 语音设备生态走向开放互联

2011 年,苹果 Siri 掀起了语音助手的第一次热潮,2017 年开始,智能音箱成为主要驱动力,同时 AI 热潮兴起。2020 年以后,国内外多个厂商主导的大型语音设备生态开始成型,语音在生活里无处不在,我们通过语音查地址、查天气、开关灯、控制扫地机器人等。但是,由于协议等限制,不同品牌的设备生态无法互通,消费者一旦开始使用某一品牌,后续消费就局限于该品牌,这对消费者及整个行业都不利。好的现象是,2022 年,苹果、谷歌、亚马逊、三星等 200 多家厂商组成的智能家居联盟——连接性标准联盟,推出了 Matter 1.0 智能家居配件标准,以后不同生态的产品有望实现互联互通。

随着语音设备生态的开放互联,在智能家居、办公、车载等多种场景中,未来的语音交互将基于多设备协同、指令跨设备自由流转,会给我们带来超出预期的完美体验。

3. 离线语音技术进一步提升语音产品渗透率

受"端"侧设备算力限制,当前大部分语音算法还是以云计算为主,如语音识别、语音合成、语义理解等,将从设备端采集的语音数据经过本地算法初步处理后再上传至云端进行复杂推理计算,再将计算结果返回设备端进行呈现。考虑到用户隐私、网络稳定性、响应速度等因素的影响,设备端、边缘侧的离线语音处理能力成为人机交互过程中不可或缺的部分,尤其是在智能家居、车载及高安全级别的场景下,对离线语音技术提出了更高的要求。未来,随着 AI 芯片和语音算法能力的不断提高,语音交互必将覆盖全场景应用,实现万物皆智能。

8.5　自然语言处理的未来

1. 技术难点

(1) 单词的边界界定。在口语中,词与词之间通常是连贯的,而界定字词边界通常使用的办法是取用能让给定的上下文最为通顺且在文法上无误的一种最佳组合。在书写上,汉语也没有词与词之间的边界。

(2) 词义的消歧。许多字词不单只有一个意思,因而我们必须选出使句意最为通顺的解释。

(3) 句法的模糊性。自然语言的句法通常是模棱两可的,针对一个句子通常可能会剖析出多棵剖析树,而我们必须要仰赖语义及前后文的信息才能在其中选择一棵最为合适的剖析树。

(4) 有瑕疵的或不规范的输入。例如有时会遇到外国口音或地方口音,存在语法错误或者光学字符识别(Optical Character Recognition,OCR)错误。

(5) 语言行为与计划。句子常常并不只是字面上的意思,例如,"你能把盐递过来吗",一个好的回答应当是把盐递过去,在大多数上下文环境中,"能"将是糟糕的回答,虽然回答"不"或者"太远了我拿不到"也是可以接受的。再者,如果一门课程上一年没开设,对于提问"这门课程去年有多少学生没通过",回答"去年没开这门课"要比回答"没人没通过"好。

2. 数据至文本的生成

Parker 在 Amazon 上发布了超过 100000 本书，如图 8-6 所示。显然，Parker 没有亲自写那 100000 本书，他使用计算机程序收集了公开信息并把它们汇编，Parker 不需要有多么大的读者群，只要一小部分书售出几次，他就可以获得可观的利润。Parker 的算法可以视为一种文本至文本的自然语言生成方法，输入现有的文本，自动生成新的、一致的文本作为输出。

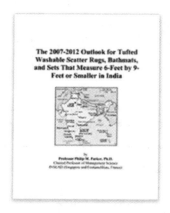

图 8-6　Parker 利用文本至文本自然语言生成的书

再比如洛杉矶时报曾在 3 分钟内发出地震快报。2014 年 3 月 17 日，加利福尼亚贝佛利山附近发生了一场小型地震，洛杉矶时报在 3 分钟内发出地震快报，给出了地震的事件、地点及强度。显然，这份快报也不是人工撰写的。这份地震快报是由写稿机器人根据自动检测得到的地震数据自动生成的。这类快报仅作为一种文本形式的事件记录，作为告知发给读者，写稿机器人可以看成采用了一种数据至文本的自然语言生成方法，这类方法不依赖现有的文本，其输入为非文本的数据。

3. 自然语言生成(Natural Language Generation，NLG)

文本至文本生成(Text-to-Text Generation)和数据至文本生成(Data-to-Text Generation)都属于自然语言生成。在传统定义中，这一术语更倾向于数据至文本生成。自然语言生成是人工智能和计算语言学的子领域，它关注构建可以根据非语言的信息表示产生可理解文本的计算机系统。

由于 NLG 具有广泛内涵,准确定义 NLG 是困难的,唯一可以确定的是,其输出一定是文本,输入的类型千变万化,可以是文本、浅层语义表示、数值型数据、结构化知识库、视觉输入(图片、视频)等。

最近几年,图像与语言结合的任务迅速兴起,寻找语言的感知基础一直是 AI 的关注点,目前有两个热门话题,分别是图像标题生成(Image Captioning)和图像问答(Visual QA)。它们结合了图像处理和自然语言处理,使计算机能够理解图像并生成与之相关的文本描述或回答问题。

(1)图像标题生成。

图像标题生成是一种将图像转化为自然语言描述的任务。其核心目标是为图像生成准确、有趣、流畅的文字描述。这涉及理解图像中的对象、场景、情感等信息,并将这些信息转化为自然语言表达。

这项任务通常使用深度学习技术,如卷积神经网络来提取图像特征,然后使用循环神经网络或 Transformer 等模型来生成描述。近年来,使用预训练的视觉和语言模型,如 BERT 和大规模的图像文本数据集,已经显著提升了图像标题生成的质量。

(2)图像问答。

图像问答是一种任务,要求模型对于给定的图像和问题,生成正确的自然语言答案。这需要模型不仅要理解图像的内容,还要理解问题并推断出正确的回答。

在图像问答中,模型需要融合图像特征和问题特征,这通常通过将图像特征和问题特征进行融合,然后传递给神经网络来实现。注意力机制在这个任务中也很常见,因为它可以使模型有选择性地关注图像中与问题相关的部分。

这两个话题在实际中有着广泛的应用,例如智能图像搜索、无障碍图像理解、自动图像标注等。它们也是多模态学习(将图像和文本结合起来处理)的典型示例,为计算机视觉和自然语言处理领域的交叉应用提供了丰富的研究和发展机会。

NLG 不只关心那些事实性信息的表达,对于非命题性的文本特征也有研究,这些"非命题性的文本特征"常常被笼统称为"风格"。给风格一个严谨的定义,并说明其性质同样是困难的。一般学者会将变体、个性和情感视为风格。好的作者不仅要展示其观点,还要吸引读者的注意力(可使用技巧,包括隐喻、讽刺、双关等),之前提及的文本生成显然不包括这类特性,生成的文本乏善可陈。现在的研究主要关注三种生成类型:生成双关和笑话、生成隐喻和明喻、叙述生成。

 拓展阅读　横空出世的 Sora

2024 年开年,Sora 的横空出世,给 AI 界投下一枚重磅炸弹。

这个由美国人工智能公司 OpenAI 发布的文生视频模型,只需要一段提示文本,就能生成具有多个角色和特定动作类型,且主题和背景基本准确的高清视频。相较于 Runway Gen 2、Pika 等 AI 视频生成应用几秒钟连贯性的视频产出,Sora 可生成长达 60 秒的连续、稳定、高品质视频,且提示文本越充分,细节越精确,生成的视频越真实。

不过,出于可能被滥用的担忧,OpenAI 表示目前并没有公开发布 Sora 的计划。模型有限的访问权限只被授予小部分研究人员和创意人士等群体,以便 OpenAI 获取他们的使用反馈。

Sora 的出现,对相关产业的影响将是颠覆性的。在传统视频制作领域,从剧本创作、拍摄、剪辑到后期制作,都需要投入大量人力物力,耗时长、成本高。而 Sora 的出现,可以将这一流程大幅简化,一个人甚至一个团队就能完成高质量视频的制作,这极大地降低了视频制作的门槛和成本。

与此同时,Sora 也将为教育、培训、娱乐等领域带来新的活力和变革。例如,在教育领域,Sora 可以用来制作个性化的教学视频,帮助学生更好地理解和掌握知识;在培训领域,Sora 可以用来制作逼真的模拟场景,帮助员工提升技能和应急能力;在娱乐领域,Sora 可以用来制作各种创意视频,丰富人们的娱乐生活。

然而,Sora 的出现也引发了一些担忧。例如,有人担心 Sora 会被用来生成虚假信息或误导性信息,甚至被用来制造"深伪"视频,对社会造成不良影响。此外,Sora 的普及也可能导致视频创作者的失业,引发社会动荡。

面对这些担忧,我们应该辩证地看待。一方面,我们应该充分认识到 Sora 的巨大潜力,积极探索其在各领域的应用价值;另一方面,我们也应该对 Sora 可能带来的风险保持警惕,制定相应的规章制度和伦理规范,确保 AI 技术的安全和健康发展。总而言之,Sora 的发布是 AI 技术发展史上的一个重要里程碑,它将为我们的生活带来许多新的可能性。

习 题 8

一、填空题

1. 自然语言处理通过建立形式化的计算模型来_____、_____和_____自然语言。

2. 机器翻译的目标是,研制出能把一种自然语言_____的文本翻译为另外一种自然语言_____的文本的计算机软件系统。

3. 统计机器翻译的基本思想是通过对大量的_____进行统计分析,构建统计翻译模型,进而使用此模型进行翻译。

4. _____是研究语音发声过程、语音信号的统计特性、语音的自动识别、机器合成及语音感知等各种处理技术的总称。

5. _____至文本生成和_____至文本生成都属于自然语言生成。

二、选择题

6. 自然语言处理是指( )。

A. 处理全局中的语言　　　　　　B. 处理计算机编程语言

C. 处理机器之间的通信　　　　　　D. 处理数字信号

7. 以下哪项不是自然语言处理的应用?( )

A. 机器翻译　　　B. 垃圾邮件过滤　　　C. 图像处理　　　D. 语音识别

8. 机器翻译是指什么？（　　）

A. 人类进行的翻译工作　　　　　　B. 计算机自动进行的翻译工作

C. 通过电话进行的翻译工作　　　　D. 书面的翻译工作

9. 翻译模型中的"编码器"和"解码器"分别用于什么？（　　）

A. 将代码转换为文本　　　　　　　B. 将文本语言转换为图像

C. 将源转换为目标语言表示　　　　D. 将目标语言转换为源语言表示

10. 问答系统是自然语言处理的应用,它的目标是(　　)。

A. 仅限于进行文本翻译　　　　　　B. 对文本进行情感分析

C. 回答用户提出的问题　　　　　　D. 仅限于处理中文文本

三、思考题

11. 机器翻译中的"统计机器翻译"和"神经机器翻译"有什么区别？

12. 结合自身生活实际,请列举生活中自然语言处理应用到了哪些领域。

第9章

智能机器人

知识目标	思政与素养
理解智能机器人的基础知识，梳理机器人的发展及应用，包括智能感知技术、智能导航与规划技术、智能控制与操作技术、机器人智能交互技术、触觉传感技术等。	学习智能机器人的基础知识，以及智能感知技术、智能导航与规划技术、智能控制与操作技术、机器人智能交互技术、触觉传感技术等，掌握现代先进科技的核心技能，同时培养解决复杂问题的创新思维和实践能力，培养科技素养，激发爱国情怀，强化勇于创新、服务社会的责任感，积极投身科技实践，将所学知识转化为服务社会的实际能力，展现出新时代青年的担当与作为。
明确国家发展的需求，掌握智能机器人的发展方向。	明确国家发展对智能机器人的迫切需求，深刻认识到个人成长与国家进步紧密相连，积极响应国家号召。

实例导入 "保姆级"人形机器人

2024 年初，斯坦福大学人工智能实验室计算机科学专业的博士生 Zipeng Fu 和 Tony Z. Zhao，指导老师 Chelsea Finn，全开源了一个名为 Mobile ALOHA 的家务机器人，视频一发出，迅速火爆网络。

视频中展示的家务机器人 Mobile ALOHA 可以倒油、炒虾、把虾放进碗里；它还可以按电梯，自主进入电梯；它还可以擦拭从杯中洒出的酒水，如图 9-1 所示；它还可以和人们击掌，冲洗盘中的残渣，将椅子放回原处（前三把椅子的放回是经过训练学会的，后两把椅子的放回是自主做的）；它还可打开双开门的柜子，并将锅放入。

在其他的视频中还展示了 Mobile ALOHA 制作滑蛋虾仁、干贝烧鸡、蚝油生菜，此外，Mobile ALOHA 还可以打开窗帘、浇花、煮咖啡、剃胡子、擦桌子、打开洗碗

图 9-1 从视频中截取的 Mobile ALOHA 擦拭酒水图片

机等,它甚至还可以逗猫玩、铺床单、挂衣服,甚至可以帮你盖被子、关灯等。

Mobile ALOHA 机器人主要由两组主控开源机械手臂和两组随从开源手臂,以及一套自主移动开发平台构成,每组手臂都有六个自由关节和二指滑动夹爪。开发人员通过灵活控制两组主控手臂,来训练和纠正随从机械臂的自主学习和进化协同精度,通过这种端到端训练模型,可实现机械手臂精细化控制,为双臂协作机械手臂低成本大规模高质量协同运作提供巨大的价值。

家务机器人 Mobile ALOHA 能帮助我们完成绝大多数的家务,其制作成本大约为一套 3.1 万美元。

9.1 智能机器人基础知识

国际标准化定义机器人是一种能够通过编程和自动控制来执行诸如作业或移动等任务的机器。随着多模态感知系统、动力学模型、深度学习、定位导航等多种智能技术的渐进发展,叠加机器人下游需求场景日益多元化,智能技术加快与机器人的融合,如今机器人学已经发展成拓扑学、系统工程、人工智能等多领域交叉的综合型学科。智能机器人(Intelligent Robot)被定义为具备深度感知、智能决策、灵巧执行、精准控制等要素,可完成预期任务,同时可自主应对执行过程中的突发情况。

1. 机器人分类

机器人可分为工业机器人、服务机器人、特种机器人。

工业机器人是用于制造和生产领域的机器人,它们通常被设计用来在工业生产线上执行各种任务,如焊接、装配、喷涂、搬运、包装等。服务机器人是用于为人类提供各种服务的机器人,它们的任务范围广泛,包括但不限于医疗护理、餐饮服务、清洁、导航等。特种机器人是为了满足特定任务或环境需求而设计的机器人,它们可以应用于一些特殊的领域,如探险、救援、深海探测等。图9-2所示的为机器人细分分类。

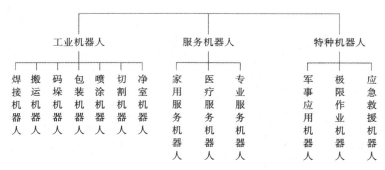

图 9-2 机器人细分分类

这些不同类型的机器人在各自的领域中发挥着重要作用,为人类提供了多样化的服务和解决方案。

2. 机器人关键技术和发展趋势

机器人智能化、标准化和网络化反映了机器人技术不断发展和演进的方向,包括提升机器人的智能水平、制定规范标准以确保安全和互操作性,以及将机器人连接到网络中以实现更多的功能和应用。

机器人智能化是指将人工智能技术应用于机器人系统,使机器人能够感知环境、理解信息、学习和适应新情境,以实现更加智能化的行为。智能化的机器人能够做出自主决策、执行复杂任务,并在与人类和其他机器人的交互中表现出更高的灵活性和适应性。

机器人标准化是为了促进机器人技术的发展和应用,制定统一的技术规范和标准,以确保机器人在不同制造商、领域和应用中的互操作性和安全性。标准化可以涵盖机器人的硬件、软件、通信协议、安全性等方面,有助于推动机器人技术的普及和发展。

机器人网络化是指将多个机器人通过网络连接起来,形成一个分布式的机器人系统,实现信息共享、任务协同和集体行动。通过网络化,不同机器人之间可以实时交换数据和信息,从而实现更高效的协作和协同工作。机器人网络化可以应用于各种领域,如智能制造、自动驾驶车辆、智能城市等。

中国的机器人产业正在经历快速发展阶段。在过去几年里,中国在机器人技术和产业领域取得了显著的进步,成为全球机器人产业的重要参与者之一。

 拓展阅读　中国机器人之父

1997年3月30日,"中国机器人之父"蒋新松的生命定格在这一刻。然而,他所开创的事业,正以前所未有的速度蓬勃发展着——"机器人革命"将影响全球制造业格局,而我国将成为全球最大的机器人市场。

1977 年,蒋新松提出了发展机器人和人工智能的设想。1979 年,蒋新松提出把"智能机器人在海洋中应用"作为国家重点课题,并把"海人一号"水下机器人作为最初的攻坚目标。1985 年 12 月,由蒋新松任总设计师的中国第一台水下机器人样机首航成功,1986 年深潜成功。随后,我国首台"CR-01"6000 米水下自治机器人研制成功,并于 1995 年夏天在太平洋试验成功,初步完成了我国试验区内太平洋洋底探测任务,为我国进一步开发海洋奠定了技术基础。

作为"863 计划"自动化领域的首席科学家,蒋新松卓有成效地指挥了 CIMS(计算机集成制造系统)的技术攻关。在他的领导下,我国 CIMS 技术进入国际先进行列,获得美国 SME"大学领先奖"和"工业领先奖"。他对"863 计划"的贡献不仅体现在许多技术路线的建议和决策上,在对具体科研项目的管理和指导上,他也提出了一系列战略性建议。他重视国外先进经验又不照搬,与众多从事"863 计划"研究发展的专家一道创出了一条适合中国国情的自动化发展道路。

近年来,中国科学院沈阳自动化研究所在蒋新松开创的事业的基础上,又取得了"蛟龙"号载人潜水器、"潜龙一号"6000 米水下无人无缆潜水器、旋翼无人机等一系列研究成果;以现场总线技术为代表的工业自动化技术研究取得了具有国际前沿水平的研究成果,研究所牵头研发的工业无线网络技术成为国际标准;"新松公司"——这个以蒋新松院士名字命名的公司,经过十几年的发展,已经成为国内外知名的高科技企业。

蒋新松说过:"生命总是有限的,但让有限的生命发出更大的光和热,让生命更有意义,这是我的夙愿。"在他看来,他生命的最大意义莫过于为祖国和科学献身,这就是他的追求。他说:"祖国和科学,是我心中的依恋和追求。"

9.2　国家发展需求

1. 国家战略

国家很早就重视机器人相关产业的发展,早在 2011 年 7 月,国防科技大学就完成了国内首次长距离高速公路自主驾驶实验。起点为长沙市杨梓冲收费站,终点为武汉西(武昌)收费站,无人驾驶距离为 286 千米,历时 3 小时 22 分钟。全程人工干预 2140 米,人工干预距离为自主驾驶总里程的 0.75%。目前国家机器人发展战略体现在以下三个方面。

(1) 智能机器人是技术高地,是国与国竞争的焦点。智能机器人产业的发展直接关系到国家在全球经济中的竞争力。拥有强大的智能机器人产业能够帮助国家在国际市场上占据有利地位。各个国家都在加大力度投入研发,制定政策,培养人才,以在智能机器人领域取得领先地位。例如,图 9-3 所示的是在"2023 世界机器人大会"登台亮相的一台战斗机器人,其是由兵器装备集团研发制造的双臂排爆机器人。它从实战需求出发,具备拟人双臂构型和多种末端工具,操作灵敏,安全系数高,可以成为排爆人员"灵活的替身"。

(2) 智能机器人具有自动化、智能化的特点,可以在多个领域提供有效的解决方案,改善民生,提升社会服务质量,促进社会的和谐发展。如图 9-4 所示,2021 年 11 月

图 9-3　双臂排爆机器人

5 日上午,超声科专家利用 5G 技术在广州为千里之外的西藏察雅县群众开展远程超声检查。

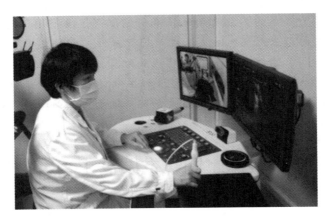

图 9-4　超声科专家运用远程 5G 机器人设备为远在西藏的患者进行检查

　　(3) 现代制造业基础装备,是国民经济转型的助推器。以下是现代制造业基础装备对国民经济转型的重要性。

　　① 提高生产效率。现代制造业基础装备采用先进的自动化、智能化技术,能够大幅提高生产效率。这有助于降低生产成本,提高产品的生产速度和质量,从而增强企业竞争力。

　　② 促进创新。基础设备的先进性能和技术可以为企业提供更多创新的机会。它们能够支持产品和生产流程的创新,帮助企业开发新产品、新工艺和新模式。

　　③ 提升产业水平。现代制造业基础装备在关键领域(如数字化制造、智能制造、机器人技术等)的应用,能够帮助国家提升产业的整体水平。这不仅有助于发展先进制造业,还能够推动整个产业链的升级。

　　④ 实现产业转型升级。国民经济转型和升级需要从传统产业向高附加值、高技术含量的产业转型。现代制造业基础装备为产业升级提供了技术和工具,可帮助企业实现技

术、产品、管理等方面的升级。

⑤ 加快数字化转型。基础装备的数字化和智能化特性有助于企业实现数字化转型。数字化制造可以提高生产灵活性、定制能力和追踪性,有助于企业更好地应对市场需求变化。

⑥ 支持产业生态建设。现代制造业基础装备不仅满足企业的内部需求,还支持产业生态建设。它们作为关键的生产要素,有助于形成完整的产业生态系统。

总之,现代制造业基础装备在技术、产业、市场等方面的全面影响,使其成为国民经济转型的重要推动力。通过采用先进的装备和技术,国家和企业可以更好地适应全球经济和技术环境的变化,实现可持续的发展。

2. 机器人产业发展任务

机器人被誉为"制造业皇冠顶端的明珠",其研发、制造、应用是衡量一个国家科技创新和高端制造业水平的重要标志。当前,机器人产业蓬勃发展,正极大改变着人类生产和生活方式,为经济社会发展注入强劲动能。其主要任务如下。

(1) 提高产业创新能力。

加强核心技术攻关。聚焦国家战略和产业发展需求,突破机器人系统开发、操作系统等共性技术。把握机器人技术发展趋势,研发仿生感知与认知、生肌电融合等前沿技术。推进人工智能、5G、大数据、云计算等新技术融合应用,提高机器人智能化和网络化水平,强化功能安全、网络安全和数据安全。

建立健全创新体系。发挥机器人重点实验室、工程(技术)研究中心、创新中心等研发机构的作用,加强前沿、共性技术研究,加快创新成果转移转化,构建有效的产业技术创新链。鼓励骨干企业联合开展机器人协同研发,推动软硬件系统标准化和模块化,提高新产品研发效率。支持企业加强技术中心建设,开展关键技术和应用技术开发。

机器人核心技术如下。

① 共性技术。机器人系统开发技术、机器人模块化与重构技术、机器人操作系统技术、机器人轻量化设计技术、信息感知与导航技术、多任务规划与智能控制技术、人机交互与自主编程技术、机器人云-边-端技术、机器人安全性与可靠性技术、快速标定与精度维护技术、多机器人协同作业技术、机器人自诊断技术等。

② 前沿技术。机器人仿生感知与认知技术、电子皮肤技术、机器人生肌电融合技术、人机自然交互技术、情感识别技术、技能学习与发育进化技术、材料结构功能一体化技术、微纳操作技术、软体机器人技术、机器人集群技术等。

(2) 夯实产业发展基础。

补齐产业发展短板。推动用产学研联合攻关,补齐专用材料、核心元器件、加工工艺等短板,提升机器人关键零部件的功能、性能和可靠性;开发机器人控制软件、核心算法等,提高机器人控制系统的性能和智能化水平。

加强标准体系建设。建立全国机器人标准化组织,更好发挥国家技术标准创新基地(机器人)的技术标准创新作用,持续推进机器人标准化工作。健全机器人标准体系,加快急需标准研究制定,开展机器人功能、性能、安全等标准的制定修订工作,加强科技成果向标准转化和标准应用推广。积极参与国际标准化工作。

提升检测认证能力。鼓励企业加强试验验证能力建设,强化产品检测,提高质量与可靠性。增强机器人检测与评定中心的检测能力,满足企业检测认证服务需求。推进中国机器人认证体系建设。

机器人关键基础提升行动如下。

① 高性能减速器。研发 RV 减速器和谐波减速器的先进制造技术和工艺,提高减速器的精度保持性(寿命)、可靠性,降低噪音,实现规模生产。研究新型高性能精密齿轮传动装置的基础理论,突破精密/超精密制造技术、装配工艺,研制新型高性能精密减速器。

② 高性能伺服驱动系统。优化高性能伺服驱动控制、伺服电机结构设计、制造工艺、自整定等技术,研制高精度、高功率密度的机器人专用伺服电机及高性能电机制动器等核心部件。

③ 智能控制器。研发具有高实时性、高可靠性、支持多处理器并行工作或多核处理器的控制器硬件系统,实现标准化、模块化、网络化。突破多关节高精度运动解算、运动控制及智能运动规划算法,提升控制系统的智能化水平及安全性、可靠性和易用性。

④ 智能一体化关节。研制机构/驱动/感知/控制一体化、模块化机器人关节,研发伺服电机驱动、高精度谐波传动动态补偿、复合型传感器高精度实时数据融合、模块化一体化集成等技术,实现高速实时通信、关节力/力矩保护等功能。

⑤ 新型传感器。研制三维视觉传感器、六维力传感器和关节力矩传感器等力觉传感器、大视场单线和多线激光雷达、智能听觉传感器及高精度编码器等产品,满足机器人智能化发展需求。

⑥ 智能末端执行器。研制能够实现智能抓取、柔性装配、快速更换等功能的智能灵巧作业末端执行器,满足机器人多样化操作需求。

(3)增加高端产品供给。

面向制造业、采矿业、建筑业、农业等行业,以及家庭服务、公共服务、医疗健康、养老助残、特殊环境作业等领域需求,集聚优势资源,重点推进工业机器人、服务机器人、特种机器人重点产品的研制及应用,拓展机器人产品系列,提升产品性能、质量和安全性,推动产品高端化智能化发展。

① 工业机器人。研制面向汽车、航空航天、轨道交通等领域的高精度、高可靠性的焊接机器人,面向半导体行业的自动搬运、智能移动与存储等真空(洁净)机器人,具备防爆功能的易爆物品生产机器人,AGV、无人叉车,具备分拣、包装等功能的物流机器人,面向3C、汽车零部件等领域的大负载、轻型、柔性、双臂协作机器人等。

② 服务机器人。研制用于果园除草、精准植保、果蔬剪枝、采摘收获、分选、喂料、巡检、清淤泥、消毒处理等的农业机器人,用于采掘、支护、钻孔、巡检、重载辅助运输等的矿业机器人,用于建筑部品部件智能化生产、测量、材料配送、钢筋加工、混凝土浇筑、楼面墙面装饰装修、构件安装、焊接等的建筑机器人,用于手术、护理、检查、康复、咨询、配送等的医疗康复机器人,用于助行、助浴、物品递送、情感陪护等的养老助残机器人,用于教育、娱乐和安监等的家用服务机器人,用于讲解导引、配送、代步等的公共服务机器人。

③ 特种机器人。研制用于水下探测、监测、作业、深海矿产资源开发等的水下机器人,用于安保巡逻、缉私安检、反恐防暴、勘查取证、交通管理、边防管理、治安管控等的安

防机器人,用于消防、应急救援、安全巡检、核工业操作、海洋捕捞等危险环境作业的机器人,用于检验采样、消毒清洁、室内配送、辅助移位、辅助巡诊查房、重症护理辅助操作等的卫生防疫机器人。

（4）拓展应用深度广度。

鼓励用户单位和机器人企业联合开展技术试验验证,支持机器人整机企业实施关键零部件验证,增强公共技术服务平台试验验证能力。推动机器人系统集成商专注细分领域特定场景和生产工艺,开发先进适用、易于推广的系统解决方案。支持搭建机器人应用推广平台,组织产需精准对接。推进机器人应用场景开发和产品示范推广。加快医疗、养老、电力、矿山、建筑等领域机器人准入标准的制定、产品认证或注册。鼓励企业建立产品体验中心,加快家庭服务、教育娱乐、讲解导引、配送餐饮等机器人的推广。探索建立新型租赁服务平台,鼓励发展智能云服务等新型商业模式。

拓展阅读　机器人产业发展主要任务

为加快推动机器人产业高质量发展,依据《中华人民共和国国民经济和社会发展第十四个五年规划和 2035 年远景目标纲要》,制定本规划,机器人创新产品发展"机器人＋"应用行动如下。

（1）深耕行业应用。在已形成较大规模应用的领域,如汽车、电子、机械、轻工、纺织、建材、医药、公共服务、仓储物流、智能家居、教育娱乐等,着力开发和推广机器人新产品,开拓高端应用市场,深入推动智能制造、智慧生活。

（2）拓展新兴应用。在初步应用和潜在需求领域,如矿山、石油、化工、农业、电力、建筑、航空、航天、船舶、铁路、核工业、港口、公共安全、应急救援、医疗康复、养老助残等,结合具体场景,开发机器人产品和解决方案,开展试点示范,拓展应用空间。

（3）做强特色应用。在特定细分场景、环节及领域,如卫浴、陶瓷、光伏、冶炼、铸造、钣金、五金、家具等细分领域,喷釉、抛光、打磨、焊接、喷涂、搬运、码垛等关键环节,形成专业化、定制化解决方案并复制推广,打造特色服务品牌,形成竞争新优势。

优化产业组织结构,培育壮大优质企业。鼓励骨干企业通过兼并重组、合资合作等方式,培育具有生态主导力和核心竞争力的机器人领航企业。推动企业深耕细分行业,加强专业化、差异化发展,在机器人整机、零部件和系统集成等领域,打造一批专精特新"小巨人"企业和单项冠军企业。推进强链固链稳链。鼓励骨干企业瞄准关键零部件、高端整机产品的薄弱环节,联合配套企业加快精密齿轮、润滑油脂、编码器、核心软件等的研发、工程化验证和迭代升级。支持产业链上下游协同创新、大中小企业融通发展,构建良好产业生态。加强国际产业安全合作,推动机器人产业链供应链多元化。打造优势特色集群。推动合理区域布局,引导资源和创新要素向产业基础好、发展潜力大的地区集聚,培育创新能力强、产业环境好的优势集群。支持集群加强技术创新,聚焦细分领域,提供专业性强的机器人产品和系统解决方案,完善技术转化、检验检测、人才培训等公共服务,培育特色集群品牌。

9.3　机器人的发展

机器人最早出现在 1920 年的一本科幻小说中的故事情节：机器人按照主人的命令默默地工作，没有感觉和感情，就以呆板的方式从事繁重的劳动。后来，罗萨姆公司取得了成功，使机器人具有了感情，机器人发觉人类十分自私和不公正，终于造反了，机器人的体能和智能都非常优异，因此消灭了人类。但是机器人不知道如何制造它们自己、认为它们自己，很快就会灭绝，所以它们开始寻找人类的幸存者，但没有结果。最后，一对感知能力优于其他机器人的男女机器人相爱了，这时机器人进化为人类，世界又起死回生了。

如图 9-5 所示，机器人主要经历了三代发展历程，即程序控制机器人、自适应机器人和智能机器人。

第一代，程序控制机器人。第一代机器人完全按照事先装入存储器的程序步骤进行工作，如果任务或环境发生变化，就要重新设计程序。这类机器人主要模拟人的运动功能，执行拿取、搬运、包装、机械加工等固定工作。

第一代：程序控制机器人
· 按事先程序设定步骤执行工作
· 模拟运动功能，执行固定工作

第二代：自适应机器人
· 配备传感器，通过传感器获取作业信息，由计算机发出动作指令
· 可随环境变化调整自身行为

第三代：智能机器人
· 具有类人特征，拥有感知交互和思维能力，自主处理复杂问题
· 真正的智能机器人仍处于研发中

图 9-5　机器人主要发展历程

第二代，自适应机器人。第二代机器人配备了传感器，通过视觉、触觉、听觉等传感器获取作业环境和操作对象信息，由计算机对这些信息进行处理与分析，对机器人发出动作指令。这类机器人能够随环境变化来调整自身行为，可应用于焊接装配、搬运等工作。

第三代，智能机器人。第三代机器人具有类人特征，除了运动和自适应调整功能，还具有感知交互和思维能力，能够灵活多变地自主处理复杂问题。现有机器人仅具有部分智能化功能，真正的智能机器人尚处于研发之中。

如果要追溯世界上最早的机器人，或许在《列子·汤问篇》中能看到机器人的原型，据记载，西周穆王时期，有位叫偃师的能工巧匠制作了一个"能歌善舞"的木质机关人。

此外，三国时期诸葛亮设计制作的"木牛流马"，汉朝发明的指南车等都可以算作是世界上最早期的机器人。

之后，在 1920 年前后，捷克科幻作家卡列尔查培创造了既忠诚又勤劳的机器人罗伯特（ROBOTO），轰动一时，罗伯特的名字也因此成了机器人的代名词，现在机器人的国际名称就叫"罗伯特"。

1959 年，美国英格伯格和德沃尔制造出世界上第一台工业机器人，宣告机器人从科学幻想变为现实。

第一代机器人是以"尤尼梅特"为代表的工业实用机器人，如图 9-6 所示，这台机器人的外貌并不像人，而是像坦克炮塔，它有一个巨大的机械手臂，大臂前端还有一支像人类

手的小臂,所有复杂的操作都是通过前端小臂完成的。这个机器人的功能和人手臂的功能相似,其精确率达 1/10000 英寸。"尤尼梅特"开启了机器人时代的元年,至今它仍被使用在工业生产中,但它只能按照预先设计好的指令重复进行同一个生产动作,其是比较初级的机器人。

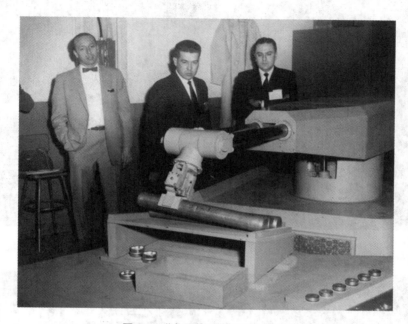

图 9-6　"尤尼梅特"工业机器人

2000 年 10 月,本田公司第一次向世界展示了自己投入无数科技研究心血的结晶——全球最早具备人类双足行走能力的类人型机器人阿西莫,如图 9-7 所示。

阿西莫作为第二代机器人的代表,以憨厚可爱的造型博得许多人的喜爱,众多的类人功能也不断地冲击着人们的想象,似乎科幻电影中的情节正在一步步变成现实,让世人震惊。阿西莫化身网红活跃在各大舞台,以呆萌的外表、聪明的反应、滑稽的动作为孩子和家长们带来欢乐。在 2022 年 3 月的最后一场演出中,阿西莫展示了自己的十八般武艺,跑步、跳跃、舞蹈、踢足球等一个不落,粉丝们纷纷拍照留念,依依不舍地与这个小机器人告别。

2022 年 3 月,阿西莫宣布退役,2022 年 8 月,小米雷军发布了小米铁大 CyberOne,如图 9-8 所示,相信不久就能看到"铁二、铁三……"。

第三代机器人是智能机器人,利用各种传感器、测量器获取环境信息,利用智能技术,识别、理解并做出判断和动作。随着计算机技术和人工智能的发展,智能机器人的功能已经变得跟人类很接近了,但是在"智力""情感""意识"等领域还有很大的限制。

为了研制出更像人的机器人,目前,无数科学家和科技公司正致力于让机器像人一样进行自我学习和思考。现在,谷歌公司正在研制在亚原子尺度下运转的超快量子芯片,这种芯片的运算速度将远远超过现有的所有处理器,从而使机器人能够像人类一样思考。

图 9-7　阿西莫机器人

图 9-8　小米铁大 CyberOne

　　值得一提的是,2022 年 10 月,特斯拉在公司人工智能日上正式推出了人形机器人 Optimus,如图 9-9 所示,该机器人重 73 千克、高 1.72 米,能够搬运货物、给植物浇水及移动金属棒。

　　在 2021 年的特斯拉 AI 日上,首次亮相的机器人概念只是几张演示幻灯片,以及一

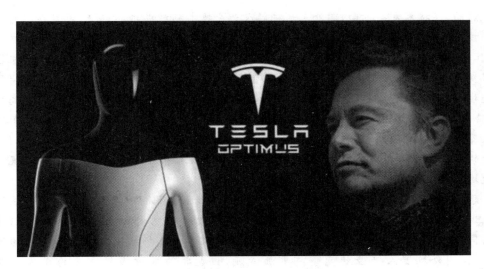

图 9-9　特斯拉 Optimus 机器人

个机器人装扮的人类舞者而已。一年后,第一台特斯拉人形机器人终于亲自走上了舞台。它由胸前的电脑提供动力,靠一系列闪亮的圆柱形制动器来移动,上面镶有状态LED,并用铜神经系统相连,站在它旁边可以听到冷却风扇的声音。目前谁都无法预测这个机器人是否有一天会像马斯克设想的那样取代生产线上的工人。

截至目前,人类对智能机器人的研究已发展到了第四代,这个阶段的机器人还处于概念设计阶段。真正意义上的第四代机器人是具有学习、思考能力,以及拥有情感的真正的智能机器人。

拓展阅读　国内外机器人发展特点及趋势

国内外机器人在最新的发展阶段呈现出不同的特点和发展趋势。

国内方面,我国机器人产业总体发展水平正在稳步提升,应用场景显著扩展,核心零部件国产化进程不断加快,协作机器人、物流机器人、特种机器人等产品优势不断增强,创新型企业大量涌现。随着新一轮科技革命和产业变革的加速演进,智能机器人产业迎来升级换代、跨越发展的窗口期。在教育、医疗、安防等领域需求增加的背景下,我国机器人市场蓬勃发展。此外,我国还拥有广阔的机器人应用市场,随着"机器人＋"行动的稳步实施,机器人应用领域正加速拓展,并在新能源汽车、医疗手术、电力巡检、光伏等领域不断走深向实。

在工业机器人领域,虽然我国与德国、日本、美国等制造业强国相比起步较晚,但随着市场需求的稳中有升及行业的技术进步,工业机器人市场规模有望持续扩张。同时,我国机器人优质企业重点分布在京津冀、长三角、珠三角地区,形成了一批具有代表性的产业集群,并在细分领域具有较强竞争力。

然而,在技术发展方面,国外人形机器人产业技术相对成熟,拥有较为完善的研发体系和技术积累。例如,国外人形机器人已经历多次技术迭代,进入了高动态运动发展阶段,具备更高的环境感知能力、决策能力、学习能力及运动控制能力。而国内人形机器人技术发展起步较晚,但国内近年来在人工智能、语音识别、人机交互等技术方面取得了快速进步。国外方面,以美国、日本等为代表的国家,在机器人技术研发方面具有较高的水平,特别是在人工智能、感知技术、机械设计等领域。这些国家的企业和研究机构不断推动机器人技术的创新和发展,为人形机器人等高端领域提供了强大的技术支持。同时,国外的机器人市场也在不断扩大,尤其是在工业机器人和服务机器人领域,市场规模和增速均保持较高水平。

总体来说,国内机器人产业在市场规模、应用场景、产品创新等方面取得了显著进展,但仍需在技术研发方面迎头赶上。国外则在技术研发方面保持领先地位,但国内市场同样具有广阔的发展空间。未来,随着全球机器人市场的不断扩大和技术的不断进步,国内外机器人产业的竞争将更加激烈,但也将为双方提供更多的合作与发展机遇。

9.4 人工智能在机器人上的应用

"机器人"的两大属性为"机器"属性和"人"的属性。机器属性是传统机器人具备的;人的属性是智能机器人具备的。机器向人转变的转折点标志着智能时代的到来。

智能机器人可以被看作是人工智能技术的综合试验场和应用领域之一,具有如图9-10所示的新技术。智能机器人集成了多种人工智能技术,如感知、学习、决策和交互,以模仿人类的智能行为。智能机器人作为人工智能技术的试验场,不仅有助于推动人工智能技术的发展和应用,还能够在实际场景中验证这些技术在复杂任务和多样环境中的表现。这种综合性的应用有助于加速人工智能技术的进步,同时为智能机器人提供更多的自主性、适应性和智能性。

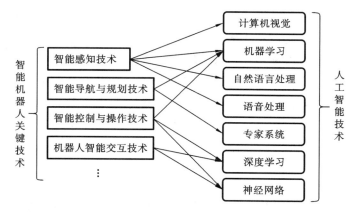

图 9-10 智能机器人关键技术与人工智能技术的对应

9.4.1 智能感知技术

智能感知技术是一类使机器能够感知和理解环境中信息的技术,以便进行自主决策和行动。这些技术模仿了人类的感知能力,通过传感器、图像处理、信号处理、数据分析等手段,让机器能够获取、处理和理解来自外部世界的信息。智能感知技术是人工智能技术在机器人"视觉""听觉""触觉"中的应用。

1. 智能感知技术——视觉

计算机视觉在机器人"视觉"中的应用,使机器人拥有一双类似于人类的眼睛,辅助机器人完成作业。假设现在想知道图像中出现的旅游景点名称,还对其在图像中的位置感兴趣,定位的目标就是找出图像中单个对象的位置。例如图 9-11 中,埃菲尔铁塔的位置就被标记出来了。

图 9-11 机器人视觉应用

人类能够识别和抓取目标物体,并能够移去障碍物,直到目标物体的出现。但是面向机器人灵巧操作的视觉感知,如何在这种复杂的背景下抓取埃菲尔铁塔呢? 这个难点与单一目标物体识别不同。比如在实际场景中,目标物体会与其他物体重叠。而物体检测任务的操作就需要不断检测目标物体、识别可行抓取点。

2. 智能感知技术——听觉

听觉是自然语言与语音处理在机器人"听觉"中的应用。机器人听觉传感器用于接收声波、显示声音的振动图像,测知声音的音调、响度,判断声源方位,与机器进行语音交流,使其具备"人-机"对话功能。

自动语音识别（Automatic Speech Recognition，ASR）是实现人机交互尤为关键的技术，让计算机能够"听懂"人类的语音，将语音转化为文本。基于深度神经网络的语音识别系统框架如图 9-12 所示，相比传统的基于 GMM-HMM 的语音识别系统，其最大的改变是采用深度神经网络替换 GMM 模型来对语音的观察概率进行建模。

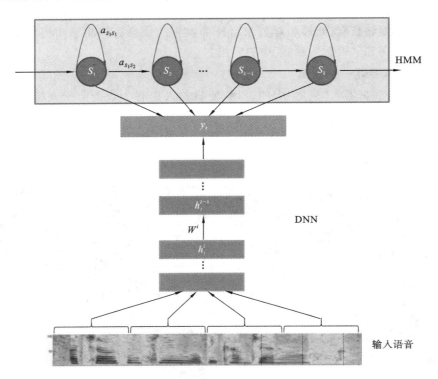

图 9-12　基于深度神经网络的语音识别系统框架

自动语音识别技术经过几十年的发展已经取得了显著的成效。近年来，越来越多的语音识别智能软件和应用走入了大家的日常生活，苹果的 Siri、微软的小娜（Cortana）、百度度秘（Duer）、科大讯飞的语音输入法和灵犀等都是其中的典型代表。随着识别技术及计算机性能的不断进步，语音识别技术在未来社会中必将拥有更为广阔的前景。

3. 智能感知技术——触觉

人体的触觉感知是一个非常复杂的生物电信号反应的过程，那么要赋予机器以触觉能力也需要经过非常复杂的处理。要模拟人体的触觉反应，机器人的触觉传感器必须能够将物体的质地、光滑程度及物体形态进行数字模拟处理，将压力和振动信号变成计算机可以处理的数据信号，从而进行触觉算法的训练。

触觉感知工作在早期研究中主要利用阵列型压力传感器，通过阵列的变化来感知物体属性。在智能机器人中，获取预警数据是指通过传感器来捕获物体表面的预警信息，以便机器人能够感知和理解物体的质地、形状、力量等特性。预警数据在智能机器人的感知、控制和交互中产生了重要作用。通过获取并分析预警数据,机器人能够更好地理解环境和物体,从而在不同的任务中更精准地执行动作。如图 9-13 所示,该灵巧手在其指尖和手掌部位集成了一系列阵列型传感器,用于感知物体的触觉信息。

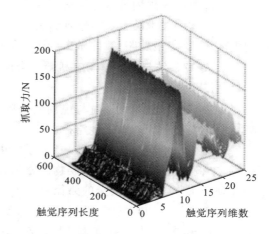

图 9-13　灵巧手及抓取的触觉序列图

4. 机器学习在机器人多模态信息融合中的应用

正如感觉器官对于人类的重要性而言,感知系统对于机器人的重要性同样至关重要。要知道,人类其实是很少只用一个感官去获取信息的,也很少只用一个感官去指导行动。目前机器人的感知识别模式仍然基于算法模型对于感知数据的分析和数据对比,进而难以产生更为复杂的推理知识,因此,机器人在认知的复杂度上稍逊于人类,但在识别物体的准确度和规模上远超人类。

多模态计算模型可处理动态数据,能融合多模态信息并具有鲁棒准确能力。机器学习在机器人多模态信息融合中的应用可以帮助机器人从不同的采集来源(如声音、偏置等)中采集信息,以实现更全面、准确和可靠的环境理解和决策。信息使得融合机器人能够更好地模仿人类多感官的感知和交互方式。

多模态感知融合可能应用到的领域如下。

(1)特殊化的精密操作领域。比如高难度外科手术领域,外科手术机器人可以通过对目标的精确观察和相关组织的分离、固定,进行比外科医生更精准的手术操作。

(2)高危或者高难度的机器人作业。比如危险物品的搬运、拆除,比如普通人无法进入的管线区域等高难度区域的检测检修,地下墓穴中或海底的物品的搬运、打捞,对密封空间的声音探测等。安防、灾害救援、应急处理等需要灵活处理的场景,都可以逐渐交由具有多感知系统的机器人进行处理,或者由人机协同远程处理。

未来机器人多模态信息融合中的挑战,需要在视、听、触融合的认知机理、计算模型、数据集和应用系统上开展突破,综合解决融合表示、融合感知、融合学习的融合计算问题。

▉▉ **9.4.2 智能导航与规划技术**

智能导航与规划技术是一类用于使机器或系统能够在复杂环境中自主移动和操作的技术。这些技术结合了传感器、地图数据、路径规划算法和决策系统,使机器能够感知周围环境、确定最佳路径,并做出合适的决策,以实现安全、高效的导航和移动。

1. 专家系统与机器学习在机器人导航与规划安全问题上的应用

(1)专家系统。

专家系统在机器人导航与规划安全问题上的应用可以帮助机器人在复杂和动态的环境中更安全地导航和规划路径。

在障碍物检测与避障方面,专家系统可以分析传感器数据,如摄像头和激光雷达的数据,来检测机器人周围的障碍物。根据预定义的规则和知识库,专家系统可以决定如何发现障碍物,选择最安全的路径。

对于环境感知与场景理解,专家系统可以分析环境中的各种因素,如道路、交通标志、人员、车辆等,并理解场景的上下文。这有助于机器人更准确地预测可能的风险和危险情况。

(2)机器学习。

机器学习在机器人导航与规划安全问题上有广泛的应用,它可以帮助机器人从数据中学习并改进其导航和路径规划能力,以提高在复杂环境中的安全性。

在路径规划中,机器学习可以用于训练机器人学习如何规划路径,以综合考虑障碍物、动态环境和安全距离,选择最佳路径。例如,强化学习算法可以让机器人在仿真环境中不断尝试不同的路径,并根据奖励和惩罚信号来优化其路径规划。

对于行为和预测安全评估,基于历史数据,机器学习可以帮助机器人预测其他移动物体(如行人、车辆等)的行为,从而更好地规划安全路径。机器人可以从数据中学习识别危险情况,并采取预防措施。

2. 神经网络在智能运动控制中的应用

神经网络在智能运动控制领域有着广泛的应用。智能运动控制是指利用计算机和人工智能技术来控制机器、机器人或其他目标的运动,以实现精准、高效、预见性强的运动控制。神经网络控制具有学习能力和非线性映射能力,能够解决机器人复杂的系统控制问题。

二关节机器人通常是指拥有两个关节(旋转或直线)的机械臂或机器人。神经网络自适应控制是一种应用神经网络来改进机器人控制性能的方法。在这种方法中,神经网络是辅助控制器的一部分,机器人可以根据实时反馈进行调整,从而更好地应对不确定性和环境变化。机器人的动态控制就是要使机器人的各关节或末端的执行器能够以理想的动态品质跟踪给定的轨迹或稳定在指定的位置上。

▉▉ **9.4.3 智能控制与操作技术**

机器人智能控制与操作技术是指利用人工智能和自动化技术来实现机器人的智能

决策、自主操作和调度行为。这些技术使机器人能够根据环境、任务和反馈信息做出自主的决策和动作,从而更加安全地完成各种任务。

1. 机械手臂系统

机器人机械手臂系统是一种由机械结构、传感器、控制系统和执行器等组成的机器人系统,用于执行各种精确、复杂的任务。机械手臂系统完成各种灵巧操作是机器人操作中最重要的基本任务之一,研究重点是让机器人能够在实际环境中自主智能地完成对目标物的抓取及拿到物体后完成灵巧操作任务。

2. 基于任务策略的多任务并行规划方法

基于任务策略的多任务并行规划方法旨在使机器人能够在处理多个任务时,通过智能的协调和规划策略,实现高效的多任务操作。这种方法涉及对多个任务的分析、分配、调度和执行,以最大限度地提高机器人的工作效率。

9.4.4　机器人智能交互技术

机器人智能交互技术是指使机器人能够与人类或其他机器人以智能的方式进行交流、协作和交互的技术。它是一系列使机器人能够与人类和其他机器人以智能和自然的方式进行沟通、理解和互动的技术。这些技术融合了自然语言处理、计算机视觉、情感分析等多个领域的知识,旨在实现更直观、高效和个性化的人机交互体验。人机交互可实现人与机器人之间的沟通,使得人们可以通过语言、表情、动作或者一些可穿戴设备实现人与机器人之间自由的信息交流与理解。

基于深度网络的人机交互学习利用深度学习技术来改进人与机器之间交互的方式,使机器能够更好地理解和响应人类的需求和发音。这种学习在人机智能交互中,对人运动行为的识别和长期预测,称为意图理解。机器人通过对动态情景充分理解,完成动态态势感知,理解并预测协作任务,实现人-机器人互适应自主协作功能。

机器人智能交互技术在各个领域都有广泛的应用,为人类提供更智能、更便捷、更个性化的服务和体验。以下是一些机器人智能交互技术应用的示例。

1. 智能客服和虚拟助手

(1) 在在线平台上提供自动化的客户服务,回答用户的问题和解决问题。

(2) 通过自然语言处理技术,实现与用户的自然对话,为用户提供支持和指导。

(3) 个性化建议:根据用户的历史数据和偏好,为用户提供个性化的推荐和建议。

2. 教育和培训领域

(1) 在线学习助手:通过对话的方式回答学生问题,提供个性化的学习建议和指导。

(2) 交互式学习:与学生互动,实时提供反馈和解释,帮助学生理解知识点。

3. 医疗和健康领域

(1) 健康助手:提供健康建议、饮食指导、锻炼计划等个性化健康服务。

(2) 医疗咨询:为患者提供医疗咨询、药品建议等,解答常见问题。

4. 智能家居领域

(1) 设备控制:通过语音或手势,控制家庭设备。

（2）家庭助手：进行家庭日程管理、提供购物清单等。

5. 金融领域

（1）金融咨询：为用户提供投资、理财建议，解答金融相关问题。

（2）交易助手：协助用户完成银行转账、查询交易记录等操作。

这些仅仅是机器人智能交互技术应用的一部分。随着技术的不断发展，越来越多的领域将会受益于机器人的智能交互能力，为人类创造更多便利和价值。

■ 9.4.5　触觉传感技术

触觉传感技术是指使机器能够感知和模仿人类的触觉感受的技术。利用传感器、材料和算法，机器能够检测和解释物体的力、形状、质地等触觉信息。触觉传感技术在智能机器人、虚拟现实、医疗设备等领域有着广泛的应用。

触觉是机器人的一种重要的感知方式，它可以直接测量对象和环境特性。触觉感知的主要工作是探测机器人与对象、周围环境之间的一系列物理特性，从而获得目标与周围的环境特性。触觉包括压觉、力觉、滑觉、冷热觉等，狭义上的触觉是用机械手在接触对象的表面上的力感来表达的。

柔性传感器是指采用柔性材料制成的传感器，具有良好的柔韧性、延展性，可以自由弯曲甚至折叠，由于材料和结构灵活，柔性传感器可以根据应用场景任意布置，能够方便地对被测单位进行检测。柔性触觉传感器可以嵌入软体机器人、智能材料、可穿戴设备等，用于感知物体的形状。图 9-14 所示的是超柔性有源矩阵触觉传感器片，其中连接到皮肤的超柔性铁电传感器阵列能够在不知不觉中感知人体脉搏波及其传播。据推测，受关注较多的"人形机器人"，在未来将会大量运用柔性电子技术，包含柔性电子皮肤、柔性触觉传感器、柔性弯曲和应变传感器。

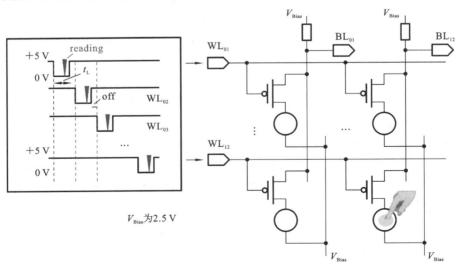

图 9-14　超柔性有源矩阵触觉传感器片

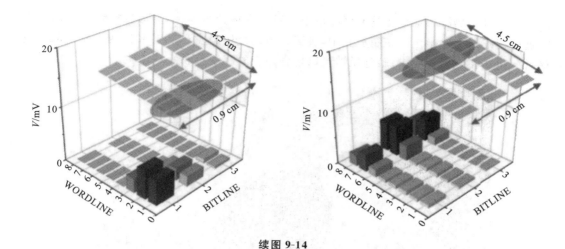

续图 9-14

　　触觉传感器在仿人灵巧手(也称为仿生手或仿人手)中发挥着关键作用,帮助模拟人类手的认知和操作能力。如图 9-15 所示,仿人灵巧手是受到人类手结构和功能启发设计的机械手,它们通常具有多个关节和自由度,以及与人类手类似的运动和灵活性。在操作时,集成预警传感器可以实现更精细、更智能的操作和交互。

图 9-15　仿人灵巧手

　　触觉传感技术在软体机器人(见图 9-16)领域的应用使机器人能够更好地采集和理解环境,从而实现更精准、更强的操作和交互。

　　触觉传感技术的应用范围广泛,涵盖了医疗、制造业、娱乐、虚拟现实等多个领域。

例如,在医疗领域,触觉传感技术可以用于开发手术辅助机器人,使医生能够通过机器手臂进行精细的手术操作。在制造业中,机器人可以使用触觉传感器来检测产品的缺陷或材料变化。在虚拟现实中,触觉反馈可以增强用户的沉浸感和互动体验。

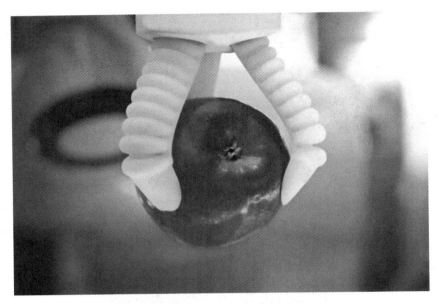

图 9-16 软体机器人可灵活应对形状不规则的物品或易碎物品的示例

随着技术的不断进步,触觉传感技术在改善机器人操作、人机交互和环境感知方面的应用前景非常广阔。

 拓展阅读 2023 世界机器人大会

2023 年 8 月 21 日,2023 世界机器人大会在北京顺利闭幕。大会上,《机器人十大前沿热点领域(2023—2024 年)》重磅发布。中国电子学会根据国家"十四五"发展规划,面向国家智能制造发展战略需求,结合"硬科技"最新发展前沿与趋势,根据工业和信息化部等部门联合印发的《"十四五"机器人产业发展规划》《"机器人+"应用行动实施方案》等文件,在调研走访的基础上,系统分析梳理了权威智库和知名战略咨询公司的机器人相关研究报告、机器人创新创业分析报告,归纳出 2023—2024 年机器人十大前沿技术:具身智能与垂直大模型,人形与四足仿生机器人,三维感知模型与多模态信息融合,机器人新型核心零部件与灵巧操作,脑机接口、生肌电一体化与微纳机器人,医疗与康复机器人,商业服务机器人,机器人操作系统/云平台,群体机器人技术,特殊场景服役机器人。

1. "机器人+"应用场景更丰富

中国经济的快速回暖让社会和产业需求增多,加之新材料、新能源、生命科学等技术与机器人的交互融合发展,机器人产业正在广泛深入工业制造业、农业生产、商贸物流、医疗健康、商业社区服务等领域。

大会上,针对汽车工业研发的白车身点焊机器人、农业展区的多臂采摘机器人等引人注目。机器人在各应用场景下的工作效率和工作质量不断提升。

据统计,2022 年中国机器人全行业营业收入超过 1700 亿元,继续保持两位数增长;工业机器人销量占全球的一半以上,连续 10 年居世界首位。

2023 年上半年工业机器人产量达到 22.2 万套,同比增长 5.4%;服务机器人产量达 353 万套,同比增长 9.6%。产业协同融合的持续提速,极大改变了社会生产生活方式,为发展注入强劲动力。

2. 政策支持加速机器人产业发展

2023 年年初,工业和信息化部等十七部门印发《"机器人＋"应用行动实施方案》,为中国机器人产业发展按下"加速键"。

多地政府部门积极联合下游行业共同推进机器人应用推广,建立了"机器人＋"应用协同推进方阵,支持建设机器人体验中心、试验验证中心。北京、河北、上海、广东等地相继出台政策文件,遴选推广"机器人＋"应用场景和标杆企业。经过部门协同、央地联动,机器人应用深度和广度大幅拓展。

北京市不久前发布的《北京市机器人产业创新发展行动方案(2023—2025 年)》提出,要发展机器人"1＋4"产品体系——"1"是指加紧布局人形机器人,"4"是指带动医疗健康、协作、特种、物流四类优势机器人产品跃升发展,实施百项机器人新品工程。同时,将集中突破人形机器人通用原型机和通用人工智能大模型等关键技术。

3. 产业发展动力更强劲

"机器人＋医疗"健康板块,集中展示了机器人在手术、辅助检查、辅助巡诊、康复、检验采样、院内治疗、远程医疗及院后康复追踪等整体病程服务体系中的应用。

"机器人＋农业"板块,集中展示了机器人在自动播种、除草、浇水、收割、施肥、灌溉、土地调查、采摘、分拣等方面的功能。还有养老、商业服务、应急和极限环境等应用场景,各种设备引出无限遐想。

此外,《中国机器人技术与产业发展报告(2023 年)》提出,我国拥有广阔的机器人应用市场,随着"机器人＋"行动稳步实施,机器人应用领域正加速拓展,在新能源汽车、医疗手术、电力巡检、光伏等领域的应用不断走深向实,有力支撑行业数字化转型、智能化升级。

中国正在加快推进"机器人＋"应用行动,鼓励新兴领域先行探索,通过机器人的融合应用加速农业、工业、服务业的智能转型,培育机器人融合创新生态圈,在更高层次壮大机器人产业规模,丰富产业发展形态。

9.5　未来展望

近年来,机器人行业发展迅速,潜力巨大。而机器人行业的蓬勃发展,离不开先进的科研进步和技术支撑。那么,机器人最前沿技术都有哪些呢?

1. "主动"交流——会话式智能交互技术

采用会话式智能交互技术研制的机器人不仅能理解用户的问题并给出精准答案，还能在信息不全的情况下主动引导完成会话。如图9-17所示，这是人类历史上第一个被赋予公民身份的人工智能机器人索菲亚。索菲亚是由我国香港汉森机器人公司以奥黛丽赫本为原型打造的一款人工智能机器人。设计者为索菲亚集成了人工智能、语言及情绪处理功能。它不仅在外貌上像一个真正的人类一样，其表达和沟通能力也达到了超乎人类想象的地步。每一次它在接受记者采访的时候，都能和记者对答如流，并且还可以向人类反问出许多问题。

图9-17 索菲亚智能机器人

2. 用意念操控机器——脑机接口技术

脑机接口技术对神经系统电活动和特征信号进行收集、识别及转化，使人脑发出的指令能够直接传递给指定的机器终端，可应用于助残康复、灾害救援和娱乐体验。多年前，马斯克就对脑机接口技术非常看好，认为它在改进人机交互体验、帮助人们治疗某些神经系统疾病方面具有很大的潜力。2016年，他出资成立了Neuralink公司，致力于脑机接口技术的研究及其商业化。图9-18所示的是一个借助focausedu实现用意念写字的脑机接口技术实例。

3. 机器人可变形——液态金属控制技术

液态金属控制技术指通过控制电磁场外部环境，对液态金属材料进行外观特征、运动状态准确控制的一种技术，可用于智能制造、灾后救援等领域，图9-19所示的为英国科学家通过编程控制液态金属。液态金属是一种不定型、可流动的液体金属，目前的技术重点主要集中在液态金属的铸造成型上，液态机器人还只是一个美好的愿景。

4. 生物信号可以控制机器人——生肌电控制技术

生肌电控制技术（EMG控制技术）是一种通过捕捉和读取被摄体电活动来控制外部设备或实现人机交互的技术。肌电信号是由被摄体收缩时产生的电活动引起的，这些信

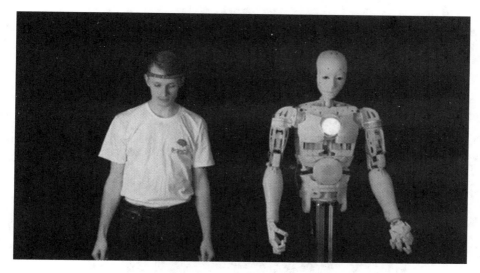

图 9-18　借助 focausedu 实现用意念写字

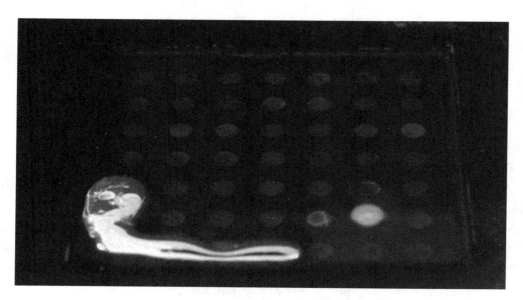

图 9-19　英国科学家通过编程控制液态金属

号可以通过电极沉积在皮肤表面来检测和记录。

在生肌电控制技术中,电信号被采集、处理和解释,然后用于控制外部设备,如假肢、轮椅、游戏控制器等。

生肌电控制技术的实现涉及信号处理、模式识别和人机界面设计等方面的知识。近年来,一些研究和创新在改善生肌电控制技术的性能和可用性方面取得了显著进展,对提高残障人士的生活质量和独立性有潜在的积极影响。图 9-20 所示的为意大利技术研究院研发的儿童机器人 iCub。

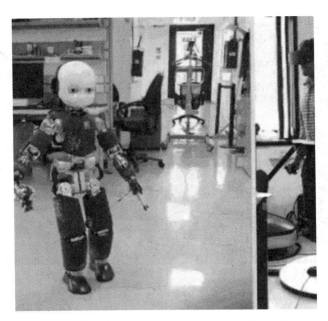

图 9-20　意大利技术研究院研发的儿童机器人 iCub

　　除上述这些技术之外,机器人未来的发展趋势还包括自动驾驶、虚拟现实等。总体来看,未来机器人将更加智能、灵活、协作,并在各个领域发挥更重要的作用。

习　题　9

一、填空题

1. 智能机器人是一种能够执行_____的机器系统,它可以模仿人类的某些行为和任务。

2. 机器人可分为_____机器人、_____机器人、_____机器人。

3. 机器向人转变的转折点标志着_____时代到来。

4. _____是智能机器人能够在无人指导的情况下执行任务的关键能力。

5. 智能机器人的_____和_____受到其程序和算法的指导和影响。

二、选择题

6. 机器人的三大基本部分是什么?(　　　)

A. 轮子、传感器、摄像头　　　　　　B. 手臂、传感器、计算机

C. 电池、人工智能、摄像头　　　　　D. 软件、外壳、键盘

7. 机器人的人工智能可以通过什么方式学习和优化?(　　　)

A. 人类操作　　　　　　　　　　　　B. 传感器输入和数据分析

C. 不需要学习,只需要编程　　　　　D. 随机行动

8. 以下哪一项不是智能机器人的潜在挑战之一?(　　　)

A. 人类失业　　B. 耗电　　C. 隐私问题　　D. 技术进步

9. 智能机器人的发展趋势包括(　　)。

A. 功能逐渐减少　　　　　　　B. 日益大型化

C. 更加智能化和个性化　　　　D. 完全取代人类

三、思考题

10. 在智能机器人的发展中,哪些因素是实现智能机器人与人类更深入交互的关键?

11. 请结合自身生活实际,试着列举一下智能机器人在不同领域的不同实例。

第**10**章

基于深度学习的
路面病害检测应用

　　随着交通量的增加和重载车辆的频繁使用,道路路面的使用寿命大大缩短,导致各种路面病害的出现。传统的人工检测方法费时费力,且存在主观性,难以满足现代城市道路维护的高效需求。路面病害检测的自动化与智能化能够提高检测的效率和准确性,有助于及时发现和修复道路问题,从而延长路面寿命,提升行车安全性,并降低道路维护的成本。

　　自动路面病害检测大多采用传统的基于形态学的图像处理方法,这些方法常使用人工设计的各种图像算子提取出裂缝所蕴含的模式。但这些方法常常不能满足不同条件下的检测需要,也不能准确地检测出病害区域。随着计算机技术的不断发展,深度学习技术在自动化检测领域发挥着越来越重要的作用。深度神经网络通过对图像一层一层地抽象表达,进而提取影像特征,整个过程由神经网络自动处理,直接避免了人工设计特征难的问题。与传统算法相比,基于深度卷积神经网络的检测和识别精度有了很大提高,检测速度更快,效率更高。

　　本章介绍基于改进 YOLOv5 的路面病害检测模型 YOLOv5l-CBF,融入了注意力机制和优化特征融合网络。

10.1　路面病害检测理论基础

■‖ 10.1.1　YOLOv5 目标检测算法

　　一阶段 YOLO(You Only Look Once)系列是实时物体检测算法。它将输入图像划分为网格,每个网格单元负责预测其中可能存在的物体。YOLO 通过同时执行边界框的回归和物体分类,直接从图像中检测出物体的位置和类别。与两阶段方法

（如 R-CNN）相比，YOLO 的检测速度更快，因为它将整个检测过程整合在单一神经网络中进行，从而实现了快速、端到端的物体检测。基于一阶段 YOLO 系列的路面病害检测算法通过网格划分产生若干个可能含有裂缝的候选区域并直接送入神经网络进行回归与分类，不仅能够获得良好的检测精度，其检测速率和训练速度也较快。在这里选择较成熟的 YOLOv5 第五个版本中模块化的模型结构 YOLOv5l 来完成路面病害检测任务的研究，YOLOv5 路面病害检测过程原理大致如图 10-1 所示。

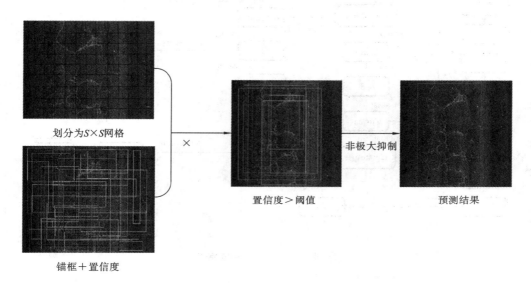

图 10-1　YOLOv5 预测流程

YOLOv5 网络架构都可以概括为四个部分：输入端 Input、主干网络 Backbone、颈部网络 Neck，以及预测层 Prediction[①]。YOLOv5 的网络结构如图 10-2 所示。

（1）输入端 Input。

输入端 Input 将输入图像的大小统一，用于模型批量训练。YOLOv5 输入端主要包括 Mosaic 数据增强、自适应锚框计算和自适应图片缩放三个部分。

（2）主干网络 Backbone。

主干网络负责从输入图像中提取关键特征。在 YOLOv5 第五版中，Backbone 主要包括 Focus、Conv、C3 及 SPP 模块。Conv 令输入特征依次通过卷积层、激活函数、归一化层、输出层。

（3）颈部网络 Neck。

颈部网络主要利用特征金字塔网络对提取到的图像特征进行融合。YOLOv5 的 Neck 部分主要用于生成特征金字塔结构来融合多尺度特征。

（4）预测层 Prediction。

预测层的作用是生成含有特征映射的锚框，输出带有检测类别名称和概率的边界

---

① 　X. Long，K. Deng，G. Wang，et al. PP-YOLO：An effective and efficient implementation of object detector.

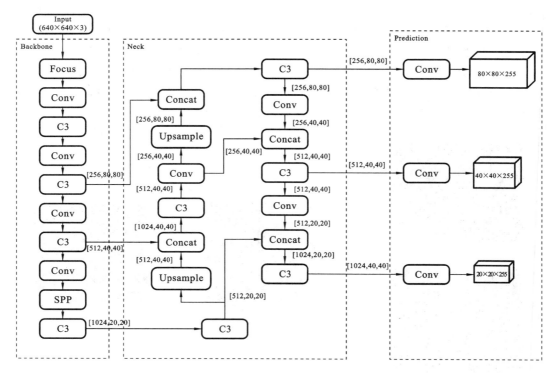

图 10-2 YOLOv5 网络结构

框。YOLOv5 的 Prediction 层输出 80×80、40×40、20×20 一共三种不同尺寸的特征图，其中，80×80 特征图负责检测图像中的小目标，40×40 特征图负责检测图像中的中目标，20×20 特征图负责检测图像中的大目标。

YOLOv5 网络中使用 CIOU Loss 来评价预测框与真实框的位置损失，使用带 sigmoid 的二进制交叉熵函数 BCE Loss 来评价类概率和置信度的损失。三个部分的损失都是通过匹配到的正样本对来计算的，每一个输出特征图相互独立，直接相加得到最终每一个部分的损失值。因此，YOLOv5 网络的整体损失函数可定义为 L_{total}，损失函数见式（10.1）。

$$
\begin{aligned}
L_{\text{total}} &= \sum_{i}^{N} \left(\lambda_1 L_{\text{box}} + \lambda_2 L_{\text{obj}} + \lambda_3 L_{\text{cls}} \right) \\
&= \sum_{i}^{N} \left(\lambda_1 \sum_{j}^{B_i} L_{\text{CIOU}_j} + \lambda_2 \sum_{j}^{S_i \times S_i} L_{\text{obj}_j} + \lambda_3 \sum_{j}^{B_i} L_{\text{cls}_j} \right)
\end{aligned} \tag{10.1}
$$

其中，N 为检测层个数；B_i 为标签分配到先验框的目标个数；$S_i \times S_i$ 为输入图像被分割成的网格数；L_{box} 为边界框回归损失，表示对每个目标进行计算；L_{obj} 为置信度损失；L_{cls} 为分类损失，表示对每个网格进行计算；λ_1、λ_2、λ_3 分别表示三种损失的权重。

YOLOv5 使用非极大抑制来剔除冗余的预测框，筛选出高质量的检测结果。非极大抑制过程如图 10-3 所示。

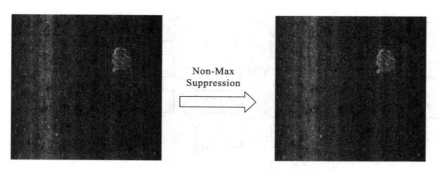

图 10-3　非极大抑制(NMS)过程

▰▰▮ 10.1.2　注意力机制

在这里我们利用混合域的坐标注意力机制获得图像中病害的位置信息和通道关系，将位置信息嵌入通道使网络获取更大区域的信息而避免引入大的开销，从而提高网络对病害特征的提取能力。坐标注意力模块如图 10-4 所示。

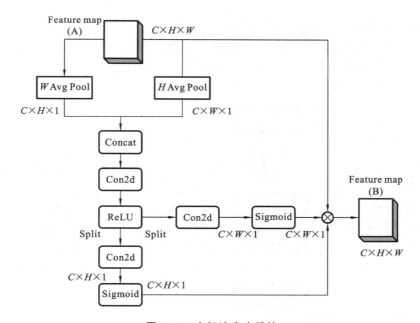

图 10-4　坐标注意力模块

将坐标注意力机制嵌入 YOLOv5 主干网络中间层的两个 C3 模块后，帮助模型对感兴趣区域进行特征提取，使模型对于病害的纹理信息更加敏感，从而提高对路面病害检测与分类的精度。融入坐标注意力机制的主干网络如图 10-5 所示。

高速路面图像中涉及的病害形态多样，种类众多，为提高图像的语义可分辨性并缓解类别混淆的缺陷，从大邻域收集特征信息和关联场景信息有助于学习对象之间的关

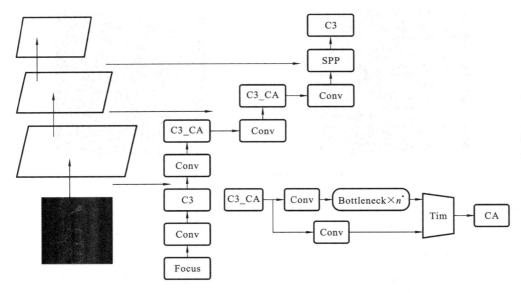

图 10-5　融入坐标注意力机制的主干网络

系。本文提出使用多头自注意力(Multi-Head Self-Attention，MHSA)部分替换掉顶层 C3 模块中的 3×3 卷积部分构建 CTR3 模块，在二维特征图上实现全局自注意的形式处理并聚合特征图中的信息。CTR3 模块结构如图 10-6 所示。

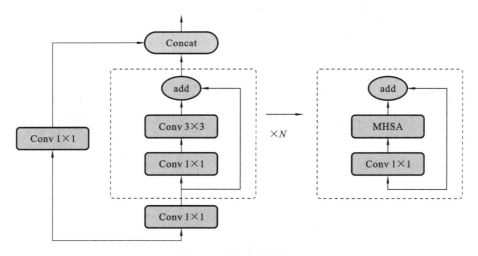

图 10-6　CTR3 模块结构

在改进的主干网络结构中，Transformer 层仅应用于 P5 中，而不是 P3 和 P4 中。此外，考虑到在 n 个实体中全局的自我注意力需要 $O(n^{2d})$ 的内存和计算量，所以本文选择在主干网络中具有最低分辨率的特征图 P5 上合并自我注意力。结合多头自注意力和坐标注意力后，改进的 YOLOv5 主干网络结构如图 10-7 所示。

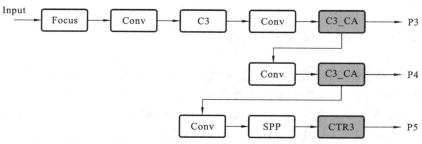

图 10-7　改进的 YOLOv5 主干网络结构

10.2　工 程 项 目

10.2.1　基于改进 YOLOv5 的多特征融合网络

为提高神经网络对病害目标的检测能力,在 Neck 层构建双向加权特征金字塔网络。采用特征金字塔网络思想,通过自顶向下的上采样将高层网络中分辨率较低、语义信息较强的特征图放大,并与浅层网络中分辨率较高、空间信息丰富的特征图进行融合,同时将浅层网络中的定位信息自底向上进行传递,增强整体网络特征层次,提高检测性能。改进的 YOLOv5 网络结构如图 10-8 所示。

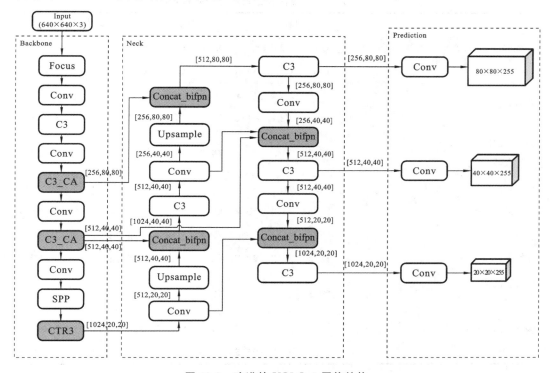

图 10-8　改进的 YOLOv5 网络结构

10.2.2 实验数据集和模型训练

YOLOv5 模型训练阶段的实验参数设置如下:使用 SGD 优化器对损失函数进行优化,初始学习率为 0.01,采用余弦退火算法对学习率进行更新,直至最终学习率衰减至 0.002 为止,权重衰减系数为 0.0005,前 3 个 epoch 进行 warm-up,初始化动量参数为 0.8,批大小为 8,训练 500 个 epoch。使用迁移学习的方式通过加载 YOLOV5l.pt 权重文件进行预训练加快网络的学习,使网络训练的效果更好。

为了验证改进算法的可行性,使用公开的数据集 RDD-2020 进行实验。RDD-2020 数据集包含使用智能手机从各国收集的 26336 张道路图像,其中有超过 31000 个道路病害标注。本文仅使用该数据集的训练集,一共有 21041 张图片。对该数据集按照 8∶1∶1 的比例进行划分后,最终训练集含有 16833 张图像,验证集含有 2104 张图像,测试集含有 2104 张图像。

10.2.3 实验结果与分析

为验证改进模块对路面病害检测的影响,现对各模块进行评估。使用一个私有路面病害数据集 Crack_HW 进行训练后,测试集上的结果如表 10.1 所示,"√"表示添加相应的方法。

表 10.1 YOLOv5 算法改进前后评价指标对比

模型	CBAM	CA	BotNet	准确率/%			回归率/%			平均准确率/%		
				C01	C02	C03	C01	C02	C03	C01	C02	C03
				C05	C07	AVG	C05	C07	AVG	C05	C07	AVG
YOLOv5l	—	—	—	88.0	89.4	97.9	67.7	69.3	77.3	79.2	83.5	93.2
				78.8	91.4	**89.1**	78.7	88.0	**76.2**	79.1	90.5	**85.1**
YOLOv5l-CBAM	√	—	—	**86.9**			**78.9**			**85.3**		
YOLOv5l-CA	—	√	—	90.3	91.2	98.3	69.4	75.5	88.6	80.1	82.9	95.6
				81.8	90.3	**90.4**	90.3	84.7	**81.7**	82.1	88.8	**85.9**
YOLOv5l-BotNet	—	—	√	89.0	95.5	99.8	79.3	82.1	73.4	86.2	90.3	82.9
				88.8	85.2	**91.7**	92.9	81.6	**81.8**	88.5	89.2	**87.4**
YOLOv5l-CBB	√	—	√	**90.5**			**77.3**			**86.6**		
YOLOv5l-CAB	—	√	√	93.1	94.8	97.6	77.1	83.6	77.5	88.2	91.3	81.9
				95.2	96.8	**95.5**	93.5	81.6	**82.7**	89.1	88.5	**87.8**

（1）YOLOv5l-CBAM 算法表示在主干网络中间部分的两个 C3 结构后加入 CBAM 注意力机制。由实验结果可以看出，YOLOv5l-CBAM 算法在 Crack_HW 测试集上的回归率有了部分提升，但是对于五种病害类型的平均准确率提升并不明显（只提升了 0.2%）。

（2）YOLOv5l-CA 算法表示在主干网络中加入了坐标注意力机制。可以看出，坐标注意力机制的嵌入使算法在路面病害检测的准确率和回归率上分别提升了 1.3% 和 5.5%。这主要是因为原始模型对病害纹理特征的提取不够明显，难以学习到病害的多种特征，从而造成漏检或误检。添加 CA 后的模型对路面病害特征的提取更加明确，模型在训练的过程中更加关注图像中病害的特征和位置，这使得训练后产生的权重文件在测试集上的检测性能有了进一步的提升，其对病害检测的平均准确率达到了 85.9%。

（3）YOLOv5l-BotNet 算法表示在主干网络深层部分引入多头自注意力构建 CTR3 结构。实验结果显示，模型在测试集上的准确率提升了 2.6%，回归率提升了 5.6%，平均准确率提升了 2.3%。其中，特别是对于坑槽类病害（C05）的检测，不论是准确率还是回归率都提升了至少 10%，这是因为引入了 MHSA 后的 C3 结构能够拥有更好的捕获全局上下文信息的能力，帮助模型建立好病害和图像背景之间差异性的关系。

（4）YOLOv5l-CBB 算法表示在主干网络融入 CBAM 注意力模块和 Transformer 自注意力机制。由实验结果可以看出，相对于在 YOLOv5 网络上只引入 CBAM 注意力机制，YOLOv5l-CBB 算法在病害检测的准确率上达到了 90% 以上，但是回归率却有所下降，只有 77.3%，模型的平均准确率也只提高了一点。这是因为模型在添加 CBAM 注意力机制后并没有和 Transformer 自注意力机制呼应来捕获图像的长距离依赖关系，这导致了算法在对五种病害类型的检测与分类上提升的效果并不明显。

（5）YOLOv5l-CAB 算法表示在主干网络中引入坐标注意力机制和 Transformer 自注意力结构。实验结果显示，模型的准确率和回归率都有了部分提升，平均准确率提升了 2.7%。这说明改进后的主干网络通过添加注意力机制提升了对病害纹理特征的提取能力和对全局依赖的捕捉能力。

10.2.4　总结

基于深度学习的 YOLOv5 路面病害检测具有显著的可行性。作为一阶段物体检测算法，YOLOv5 通过高效的网格划分和端到端的训练方式，能够精准地捕捉路面裂缝、坑洼等病害特征。其轻量化设计使得模型适合在资源受限的设备上部署，如嵌入式系统和无人机，方便在各种环境中进行实时检测。

在检测效果方面，YOLOv5 展现了高精度和实时处理的优势。该算法不仅能够准确识别不同类型的路面病害，减少误报和漏报，还能够在保证精度的同时实现实时检测，满足实际道路维护和管理的需求。总的来说，YOLOv5 为路面病害的智能检测提供了强有力的支持。

第11章

融入情绪指标的深度学习
在量化投资模型中的应用

　　伴随着近几年来人工智能技术的再度兴起，各种新技术、新模型和高性能的计算机与量化投资的结合越来越紧密，人工智能技术在证券投资领域的应用成为现阶段国内外金融科技发展的重点与热点。目前深度学习有关算法已逐渐加入量化投资领域，例如语音识别、图像识别等算法，使得投资不受投资人的主观因素影响，更能理性地提供投资交易策略。深度学习可以根据输入数据的特征，通过海量数据训练，提高预测的准确率，这在量化投资领域有着重要的应用价值。

　　本章介绍用深度学习代替传统的机器学习，通过构建融入情绪指标的基于深度学习的多视角量化投资模型，将择时分类模型多视角输入进行信息融合，作为择时分类结果值。

11.1　量化投资择时分类模型原理

　　融入情绪指标的基于深度学习的多视角量化投资择时分类模型（CNN-LSTM-Python，CNLP）主要分为三个视角，如图 11-1 所示。

　　第一视角是图像分类视角，主要任务是通过股票指标技术图（指标图）判断股票的未来走势。指标图涉及股票的 5 个基本交易数据和 10 个技术指标，5 个基本交易数据包括开盘价（Open）、收盘价（Close）、最高价（High）、最低价（Low）和成交量（Volume），10 个技术指标包括 MA、CCI、RSI、WILLR、ROC、MACD、ATR、ADX、OBV 和 MOM，部分指标由多个分指标组成，MA 指标由 MA10、MA20、MA30 三个分指标组成，MACD 由 MACD、MACDsignal 和 MACDhist 三个分指标组成。将指标图作为卷积神经网络模型的输入值，输出结果即作为 CNLP 模型第一视角的结果值。图像分类视角流程图如图 11-2 所示。

　　第二视角是股价预测视角，主要任务是对股票下一日的收盘价进行预测。将股票交易数据（开盘价、收盘价、最高价、最低价、成交量）作为 LSTM 模型输入值完成

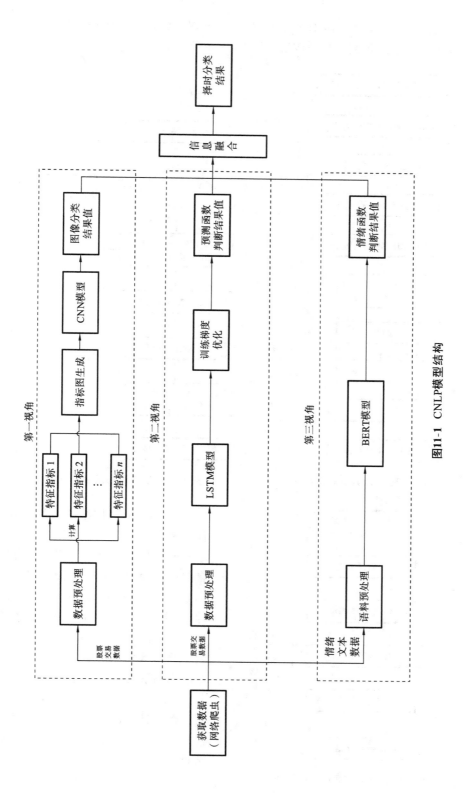

图11-1　CNLP模型结构

规定窗口时间序列内股票的收盘价预测,然后将预测函数判断结果值作为 CNLP 模型第二视角输入值。股价预测视角流程图如图 11-3 所示。

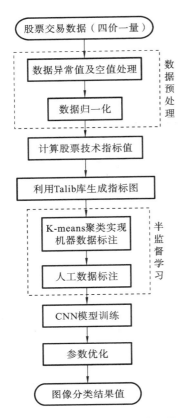

图 11-2　图像分类视角流程图

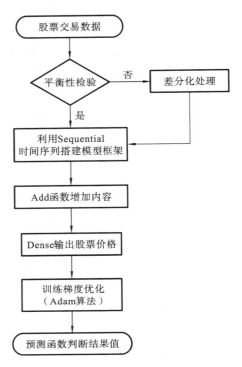

图 11-3　股价预测视角流程图

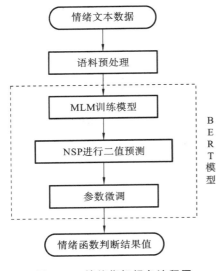

图 11-4　情绪指标视角流程图

第三视角是情绪指标视角,其主要任务是获取股票市场情绪文本。利用网络爬虫爬取四种类型的网页信息,借助自然语言处理中的文本分析获取情绪指标,即新闻资讯情绪指标、研报情绪指标、大咖观点情绪指标、股民态度情绪指标,取四种指标的均值为综合情绪指标,将情绪函数判断结果值作为 CNLP 模型第三视角输入值。情绪指标视角流程图如图 11-4 所示。

最后针对以上三个视角通过 GBDT 信息融合算法输出 CNLP 模型择时结果。

11.2　工程项目

■■■ 11.2.1　量化投资择时分类模型

1. 图像分类视角网络模型结构

图像分类视角中的 CNN 模型基于 VGG16 网络,因此该模型包含 5 段卷积,每段卷积内分别有 2、2、3、3、3 个卷积层,每段卷积后面紧跟一个最大池化层,目的是减小图像的尺寸。每段内卷积核的数量一样,随着网络层次不断加深,卷积核数量依次为 64、128、256、512、512。每段间的卷积核尺寸、数量、步长不同,每一层最大池化层的尺寸和步长相同。其次,在卷积层与全连接层之间添加一个扁平化层,将图像拉平成一维向量,以此作为全连接层的输入。之后经过两层 $1\times1\times4096$,一层 $1\times1\times1000$ 的全连接层,经 Re-LU 函数激活,最后通过 Sigmoid 输出二分类预测结果。训练模型参数设置衰减系数为 0.9,学习率为 1×10^{-3},epochs 为 100,优化器采用 RMSprop 算法,图 11-5 所示的为该 CNN 模型的结构图。

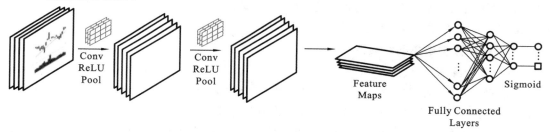

图 11-5　CNN 模型结构图

2. 股价预测视角 LSTM 模型搭建

首先使用 Sequential 时间序列进行模型框架搭建,然后使用 add 函数增加 3 层 LSTM 模型,并在每层中添加 Dropout 层,随机损失率为 10%,防止过拟合。使构建的模型可以处理 60 天的股票价格,因为我们预测的是下一日的收盘价,所以输出层只有 1 个神经元,使用的是 Dense 全连接层连接上述模型并输出第 61 天的股票价格。以 MSE 指标作为模型的损失函数进行训练梯度优化,选择 Adam 算法进行优化,以此提高学习效率。

3. 情绪指标 BERT 模型搭建

BERT 型输入层输入的是词向量,由股票评论这一文本转化成的每个字对应的 id、mask(设置 BERT 输入的句子最大长度是 128,如果我们的句子长度是 100,那么 mask 前 100 个填 1,后面 28 个填 0)与句子标识符 id(如果是第一句全为 0,如果是第二句全为 1)三部分构成。然后对其进行掩码(Masked Language Model,MLM)与下一句预测(Next-sentence prediction,NSP)的预处理,利用 Attention 机制让神经网络把"注意力"放在想要训练的这一部分输入上,将目标字和上下文各个字的语义向量表示作为输入,通过线性变换获得目标字的 Query 向量表示、上下文各个字的 Key 向量表示,以及目标字与上下文各个字的原始 Value 表示,然后计算 Query 向量与各个 Key 向量的相似度作为权重,加权融合目标字的 Value 向量和各个上下文字的 Value 向量,作为 Attention 的输出。在这里,我们使用的是多头自注意力层,将上述模型堆叠即可,这也是 Transformer 模型的主要部分。Transformer 模型堆叠,最终形成 BERT 模型,经过这些模块最终输出的是输入各字对应的融合全文语义信息后的向量表示。

▉▉ 11.2.2 实验数据集和模型训练

融入情绪指标的基于深度学习的多视角量化投资择时分类模型主要由图像分类视角、股价预测视角和情绪指标视角三个视角组成,输出结果由图像分类结果值、预测函数判断结果值和情绪函数判断结果值融合而成。对于多视角数据的获取,利用 Python 爬虫技术收集不同渠道的信息,包括股票数据和股民情绪文本。本次实验研究所使用的数据时间跨度为 2021 年 11 月至 2022 年 1 月。使用到的数据分为两部分:一部分是贵州茅台(股票代码 600519.SZ)的四价一量(开盘价、收盘价、最高价、最低价、交易量),用于绘制 K 线图和 VOL 线图,数据来源为 Tushare 平台;另一部分是关于贵州茅台的情绪文本数据,利用爬虫技术在东方财富网股吧获取了文本数据,同时爬取到对应的标题、发布日期、作者、阅读数、评论数、评论内容等信息。

1. 图像分类视角网络模型

(1)输入数据及处理。

该模型对指标图进行分类识别,训练集数据分为两个类,从任意 21 个交易日的任意股票数据集中筛选出符合分类标准的图像数据共计 1133 张(共计 2 类)作为 CNN 模型的训练集、验证集和测试集数据,其中,训练集、验证集占比分别为 90%、10%,测试集选取 122 张图像数据,正负样本分别为 76 张、46 张。该数据集采用半监督方法进行数据标注,即标注由人工和机器共同完成。

(2)模型输出结果。

对于模型输出值,股票下降(趋势)用 0 表示,上升(趋势)用 1 表示。利用训练的 CNN 模型识别测试集,其中,正样本正类数 8 个(张),正样本负类数 1 个,负样本正类数 5 个,负样本负类数 4 个。

(3)模型评价标准。

模型评价标准为准确率,准确率是指分类正确的样本个数占总样本个数的比例,即

$$\text{Accuracy} = \frac{n_{\text{correct}}}{n_{\text{total}}} \tag{11.1}$$

其中,n_{correct} 为分类正确的样本个数,n_{total} 为总样本个数。经过训练,该模型的准确率最终达 72.5%。

2. 股价预测视角网络模型

(1)模型输入数据及处理。

本模型选择收盘价作为唯一的输入特征,首先要对收盘价序列进行平稳性检验:一

般选择先绘制时间序列图,并检查图像是否存在有明显的趋势;然后绘制相关图,通过观察自相关函数(Autocorrelation Function,ACF)图像是否快速减小到 0 来进行平稳性判断;再进行时间序列平稳性检验(Augmented Dickey-Fuller Test,ADF 检验);最后,如果数据不具有平稳性,那么就需要采用差分法处理方法对数据进行平稳化处理。

首先将数据集进行拆分,按照 9∶1 的比例将数据集拆分为训练集和测试集,分别对两个数据集再次进行拆分,用 60 天的训练数据去预测第 61 天的数据。

(2)模型输出结果。

将预测到的数据以 Excel 表格的形式输出,然后将预测到的每一天的收盘价与前一天的实际收盘价做对比,上涨为 1,下跌为 0,得到的准确率为 56%。由于本模型仅以收盘价为变量,得到的预测数据与实际数据的波动幅度在 10% 以内,因此完全可以在当天预测第二天的收盘价,并以低于预测到的收盘价的价格买入,并在第二天卖出,实现盈利,大大提高投资的资产收益率和回报率,对于中小投资者,本模型具有一定的实用价值与参考价值。

3. 情绪指标视角网络模型

(1)模型输入数据及处理。

从爬取回来的约三万条评价中选取一万条进行人工标注,0 为负面评价,1 为无关评价,2 为正面评价。按照训练集∶验证集∶测试集=8∶1∶1 的比例将标注后的数据分为三个文档(train.csv、dev.csv、test.csv),构成数据集文件。其中,选取一千条 1 月份的评价进行标注作为测试集,用 11、12 月份的训练结果来预测 1 月份的结果,并计算准确率。

(2)模型输出结果。

通过验证集训练 BERT 模型,迭代次数为 1798,准确率达 29.5%,损失率为 1.59%,本文将测试集情绪文本数据输入 BERT 模型,准确率达到 26.6%,由此可见,大部分股民对股票的评价并不客观正确。

11.2.3　实验结果与分析

融入情绪指标的基于深度学习的多视角量化投资择时分类模型利用三个视角的结果数据作为信息融合的输入值,利用组合赋权法,将主观赋权法与客观赋权法合并,相互弥补,最终获取较合理的属性权重。组合赋权法权重 W_j 的表达式如下。

$$W_j = \frac{\sqrt{\alpha_j \beta_j}}{\sum\limits_{j=1}^{n} \sqrt{\alpha_j \beta_j}} \tag{11.2}$$

$$y = \sum\limits_{j=1}^{n} W_j x_j \tag{11.3}$$

$$Y = \begin{cases} 0, & y \leqslant 0.5 \\ 1, & y > 0.5 \end{cases} \tag{11.4}$$

其中,y 表示深度学习与多视角结合的短期择时分类结果;W_j 表示多视角特征权重;x_j

表示多视角第 j 个单视角特征值；α_j 为层次分析法计算所得权重；β_j 为熵值法计算所得权重；Y 表示股票择时信号，当 $Y=0$ 时，卖出，当 $Y=1$ 时，买入。

利用上文公式，x_1 表示图像分类结果值，x_2 表示预测函数判断结果值，x_3 表示情绪函数判断结果值，其中，0 表示下降，1 表示上升，由函数生成式获得的结果如表 11.1 所示，其中，C_i 表示组合数列。

表 11.1　多视角组合表

名称	x_1	x_2	x_3	y	Y	名称	x_1	x_2	x_3	y	Y
C_1	0	1	1	0.6394	1	C_{10}	1	1	1	1	1
C_2	0	1	1	0.6394	1	C_{11}	1	1	1	1	1
C_3	0	1	1	0.6394	1	C_{12}	1	0	1	0.6951	1
C_4	0	1	1	0.6394	1	C_{13}	1	0	1	0.6951	1
C_5	1	1	1	1	1	C_{14}	1	0	1	0.6951	1
C_6	0	1	1	0.6394	1	C_{15}	1	0	1	0.6951	1
C_7	1	1	1	1	1	C_{16}	1	0	1	0.6951	1
C_8	0	1	1	0.6394	1	C_{17}	1	0	1	0.6951	1
C_9	1	1	1	1	1	C_{18}	1	0	1	0.6951	1

▋▋ 11.2.4　总　结

融入情绪指标的深度学习量化投资方法具有很高的可行性。通过将投资者情绪数据与传统的技术指标和交易数据相结合，这一方法能够更全面地捕捉市场情绪波动对股票价格的影响。在多视角量化投资模型中，情绪指标作为额外的输入特征，能够增强模型对市场动态的理解，特别是在情绪驱动的市场中，情绪指标的加入可以有效改善模型的预测精度和市场择时能力。

在实际效果方面，融入情绪指标的深度学习量化投资模型展现了显著的优势。通过将情绪数据与股价预测、图像分类等多视角模型结合，能够提升模型对市场拐点的捕捉能力，减少决策过程中的误差。这种方法不仅提高了投资决策的科学性和精准性，还在市场波动较大时表现出更好的鲁棒性，从而帮助投资者在复杂的市场环境中获得更稳定的收益。

第12章

鱼类图像深度学习分类

传统的鱼类图像分类方法主要使用各种手工提取特征算法和各种人为设定的图像特征,这些方法需要大量计算得到特征,且提取到的特征对数据样本过拟合,泛化性能差,只能用于解决特定问题。随着深度学习的快速发展,开始尝试应用卷积神经网络解决鱼类图像分类问题,通过大量携带着标签的鱼类图像训练网络,用从数据中提取出的特征来表征鱼类类别,提高了模型的泛化能力,也提升了分类准确率。

本章以鱼类图像分类为研究对象,以监督学习、卷积神经网络等为手段,研究监督学习、神经网络、卷积神经网络的结构特点和原理,以及鱼类图像分类方法特性;研究对鱼类图片数据集添加标签,用图像增广的方式扩充数据集以适应卷积神经网络方式对于数据的需求;探究卷积神经网络在鱼类图像分类问题中的应用。实验采用 AlexNet 网络、GoogLeNet 网络对不同的分类数据集分类。

12.1　基于卷积神经网络的鱼类图像分类

卷积神经网络相比传统图像分类方法,主要有以下几点优势。

(1)"端到端"快速处理数据,对原始数据稍作调整就可以使用,不用对原始数据进行额外的特征计算,减少了运算量。

(2)模型泛化能力好,对图像数据通过融合多通道多特征进行提取,随着网络深度增加,得到的特征可以更好地表征全局特征。因此,本节研究在监督学习方式下的卷积神经网络对鱼类图像进行分类。

▮▮ 12.1.1　AlexNet 网络

AlexNet 网络是由 Krizhevsky 等人于 2012 年提出的卷积神经网络,AlexNet 网络比当时所有的神经网络都要大,参数达到了 600 万个之多,共有 65000 多个神经元。随后 AlexNet 网络参加了 ImageNet 的 LSVRC-2010 竞赛,top-1 和 top-5 错误率降到了 37.5% 和 17%,ILSVRC-2012 竞赛中,top-5 错误率更是比第二名的低了 10.9%。AlexNet 网络的出现带动了整个深度学习领域的飞速发展,以 AlexNet 网络为起点,一大批卷积神经网络,如 VGG、GoogLeNet、ResNet 等纷纷涌现。AlexNet 网络的结构如图 12-1 所示。

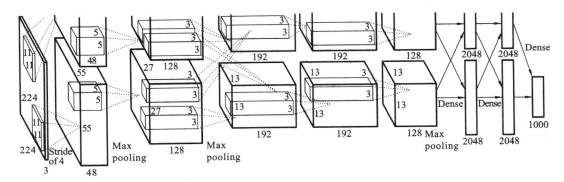

图 12-1　AlexNet 网络的结构

AlexNet 网络包含 5 个卷积层和 3 个全连接层,其中的 3 个卷积层后跟着最大池化层,因受当时 GPU 存储的限制,将 AlexNet 网络分别放入两个 GPU 进行分布式训练,再组合训练结果。

12.1.2　GoogLeNet 网络

2015 年提出的 GoogLeNet 网络与之前的网络相比,其主要的特点是以 Inception 块为基础构成更深的网络。Inception 块的结构如图 12-2 所示。

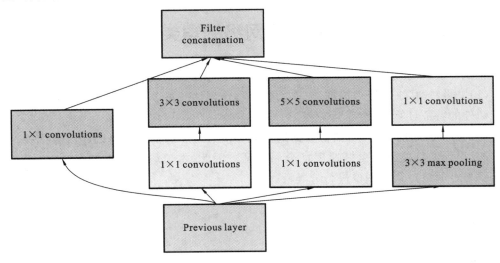

图 12-2　Inception 块的结构

Inception 块的特殊之处在于分 4 路对数据分别卷积,每一路卷积使用的卷积核大小不同,最后将 4 路卷积的结果在通道维度上进行组合,从而达到加深数据的通道数、将多个通道的信息进行跨通道融合的目的。不同通道之间的特征相互融合,提取的特征更能表示图像的全局特征。

GoogLeNet 以 Inception 块为基础,将多个 Inception 块组合构成更深的卷积神经网络,Inception 块采用了小卷积核,特别是大量使用 1×1 卷积核实现通道的升降。在网络的最后用全局平均池化层代替了 AlexNet 网络的全连接层,在每个通道中,这个通道的平均值代表了经过多层卷积后这个通道提取到的高级数据特征,显著降低了网络的计算次数及参数数量。

12.2　工程项目

■■ 12.2.1　监督学习方式下基于卷积神经网络的鱼类图像分类

该监督学习方式下,基于卷积神经网络的鱼类图像分类问题包括以下三个方面。

(1) 该方法采用的是监督学习方式,监督学习要求数据携带着代表图像特征的标签,即样本与标签一一对应。而对于实验选取的 Fish4Knowledge 鱼类图片数据集,需要进行数据清洗,数据中包含的标签需要通过编写脚本进行一系列的转换,得到 txt 标签文件。

(2) 由于数据集本身的数据分布不平衡,为了维持数据分布的平衡,避免造成训练出来的模型过拟合。数据量较多的种类通过随机采样,数据量较少的种类使用图像增广的方式人为地扩充数据集的规模。

(3) 卷积神经网络对硬件的要求很高。实验采用的卷积神经网络结构是经过微调的 AlexNet 网络和 GoogLeNet 网络,在原有网络的结构基础上通过使用多个小卷积核堆叠代替大卷积核、减少全连接层维度等方式,在减少了模型运算次数和占用的内存的情况下,仍保持了不错的分类准确率。

■■ 12.2.2　实验数据集合模型训练

1. 数据集

在中国台湾珊瑚礁海域采集鱼类视频,然后对视频逐帧截取得到鱼类图片数据集,一共收录有 23 种鱼类,共有 27000 多张鱼类图片。Fish4Knowledge 数据集中的鱼类图片如图 12-3 所示。

2. 实验过程

本文实验选取的 Fish4Knowledge 数据集用于实验时存在 2 个问题:① 数据集中的标签没有存储在文件中,需要对数据进行数据清洗;② 不同鱼类的图片数据分布得极不

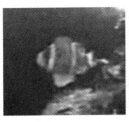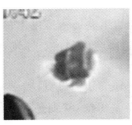

图 12-3　Fish4Knowledge 数据集中的鱼类图片

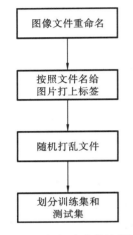

图 12-4　数据清洗的流程图

平衡。

针对问题①，本文实验对数据进行了一系列转换，最终将数据包含的标签转换成 txt 文件。数据清洗的流程图如图 12-4 所示。

相同种类的鱼类图像在同一个文件夹中，根据不同的文件夹按照"鱼类种类名_序号"命名文件。然后将原有文件顺序随机打乱，因为图像是从视频中逐帧截取的，相邻图像很有可能是对同一条鱼拍摄后连续截取得到的，打乱可以避免对于单个样本的过拟合。从 1 开始将序号依次递增，例如"Amphiprion clarkii_1. png"，对文件按照上述格式重命名完成后，基于新的文件名，对于所属类别相同的图像打上相同的标签值，从 0 开始递增，最终制作成 txt 标签文件，每一行内容为"文件名 标签值"。最后将标签文件中的样本按照 8∶2 的比例划分为训练集与测试集，训练集用来训练网络数据，测试集用来测试训练后的模型的分类精度。

数据集中最多的种类图像超过 12000 张，最少的种类图像只有十几张，基于深度学习对于数据量的要求，本次实验要让每一种类有足够数量的图像，故采用了数量最多的 5 种分类和 8 种分类。用到的 8 种鱼类的名称、图像示例及图像数量如表 12-1 所示。

表 12-1　实验用到的鱼类

序号	鱼类名称	图像实例	图像数量
1	Amphiprion clarkii（克氏双锯鱼）		4049
2	Chaetodon lunulatus（弓月蝴蝶鱼）		2534

续表

序号	鱼类名称	图像实例	图像数量
3	Chromis chrysura （长棘光鳃鱼）	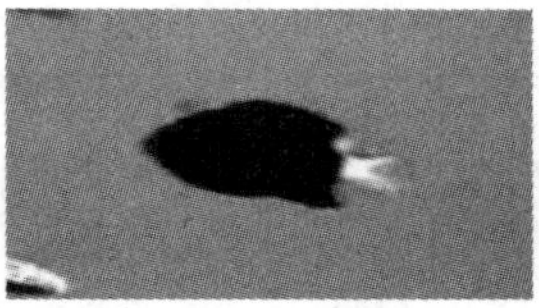	3593
4	Dascyllus reticulatus （二间雀）		12112
5	Hemigymnus fasciatus （条纹厚唇鱼）		241
6	Myripristis kuntee （康德锯鳞鱼）		450
7	Neoniphon sammara （沙马拉金鳞鱼）		299
8	Plectroglyphidodon dickii （迪克氏固曲齿鲷）		2683

按照上述步骤进行数据清洗，以图像数量最多的 5 种分类和 8 种分类，分别得到两个 txt 文件及对应的训练集和测试集。5 分类数据集是在每种分类中随机抽取 2000 张图像得到的，对于 8 分类数据集，因为后 3 种分类的数据量不足 2000 张，需要通过图像增广的方式人为扩充至 2000 张，图像增广的效果如图 12-5 所示。如图 12-5 所示，4 张图依

次是原图,对原图做水平翻转后的图像,对原图做亮度、对比度、色调的随机变换后的图像,对原图添加模糊噪声后的图像。做水平翻转可以减少模型对于数据位置的敏感,后面的两种变换是为了对数据集做扩充的同时,提升图像质量。

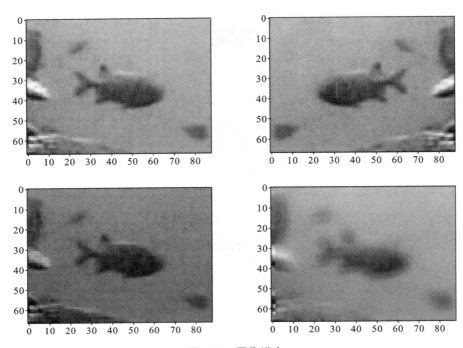

图 12-5 图像增广

3. 网络结构

采用 AlexNet 网络和 GoogLeNet 网络进行两次实验。

实验采用的 AlexNet 网络结构在原来的网络基础上将第一个 11×11 的、步长为 4 的大卷积核用 7×7 的、步长为 2 和 5×5 的、步长为 2、填充为 1 的两个小卷积核代替,第二个 5×5 的卷积核用两个 3×3 的小卷积核代替,由于之后的三个卷积层都是只改变数据的通道数,将原来的 3×3 的、填充为 1 的卷积核用 1×1 的卷积核代替。全连接层的神经元个数从 4096 降至 1024。经过改动之后,网络参数数量减少为原来的 1/6。

采用的 GoogLeNet 网络结构的改动思路基本一致,第一个 7×7 的大卷积核用 3 个 3×3 的小卷积核堆叠起来代替,将每个 Inception 块中的 3×3 的卷积核用 2 个 1×1 的卷积核代替、5×5 的卷积核用 2 个 3×3 的卷积核代替,改动后的网络参数数量减少为原来的 80%。

■■ 12.2.3 实验结果与分析

实验在 Ubuntu 系统、24 GB 显存内存、GPU 型号为 NVIDIA 3090Ti 的服务器上运行。基于 5 分类数据集和 8 分类数据集,分别划分了 5 次不同的训练集与测试集。5 次不同的训练集与测试集的鱼类图像分类平均准确率如表 12-2 所示。

表 12-2　5 次不同的训练集与测试集的鱼类图像分类平均准确率

卷积神经网络	5 分类数据集	8 分类数据集
AlexNet	98.1%	97.3%
GoogLeNet	97.1%	96.6%

图 12-6 至图 12-9 中,epoch 代表迭代次数,loss 表示训练误差,train acc 表示训练集上的分类准确率,test acc 表示测试集上的分类准确率。

```
training on  cuda
epoch 1,  loss 0.3710,  train acc 0.872,  test acc 0.900
epoch 2,  loss 0.0956,  train acc 0.970,  test acc 0.940
epoch 3,  loss 0.0604,  train acc 0.982,  test acc 0.990
epoch 4,  loss 0.0400,  train acc 0.987,  test acc 0.989
epoch 5,  loss 0.0226,  train acc 0.993,  test acc 0.986
```

图 12-6　5 分类 AlexNet 网络的测试结果

```
training on  cuda
epoch 1,  loss 1.6150,  train acc 0.205,  test acc 0.196
epoch 2,  loss 1.2179,  train acc 0.458,  test acc 0.640
epoch 3,  loss 0.6920,  train acc 0.712,  test acc 0.767
epoch 4,  loss 0.4542,  train acc 0.828,  test acc 0.897
epoch 5,  loss 0.2907,  train acc 0.899,  test acc 0.929
epoch 6,  loss 0.2092,  train acc 0.929,  test acc 0.954
epoch 7,  loss 0.1414,  train acc 0.950,  test acc 0.966
epoch 8,  loss 0.1227,  train acc 0.958,  test acc 0.976
epoch 9,  loss 0.0833,  train acc 0.972,  test acc 0.977
epoch 10,  loss 0.0744,  train acc 0.975,  test acc 0.968
```

图 12-7　5 分类 GoogLeNet 网络的测试结果

```
training on  cuda
epoch 1,  loss 0.3188,  train acc 0.897,  test acc 0.947
epoch 2,  loss 0.0719,  train acc 0.978,  test acc 0.860
epoch 3,  loss 0.0434,  train acc 0.986,  test acc 0.982
epoch 4,  loss 0.0254,  train acc 0.992,  test acc 0.986
epoch 5,  loss 0.0187,  train acc 0.994,  test acc 0.993
```

图 12-8　8 分类 AlexNet 网络的测试结果

采用改进后的 AlexNet 网络,学习率 α 取 0.1、批量大小 batch_size 取 128,模型进行 5 轮迭代,优化算法使用小批量随机梯度下降算法,5 次实验下来,平均的 5 分类准确率可以达到 98.1%,平均的 8 分类准确率可以达到 97.3%。

采用改进后的 GoogLeNet 网络,学习率 α 取 0.001、批量大小 batch_size 取 128,模型进行 10 轮迭代,优化算法使用 Adam 自适应梯度下降算法。不用小批量随机梯度算法的原因是其梯度收敛过慢,训练误差降不下来。最终,到第 10 轮迭代后,5 次实验下来,平均的 5 分类准确率可以达到 97.1%,平均的 8 分类准确率可以达到 96.6%。

```
training on   cuda
epoch 1,  loss 1.6168,  train acc 0.438,  test acc 0.532
epoch 2,  loss 0.7369,  train acc 0.726,  test acc 0.819
epoch 3,  loss 0.3236,  train acc 0.885,  test acc 0.927
epoch 4,  loss 0.1939,  train acc 0.934,  test acc 0.944
epoch 5,  loss 0.1407,  train acc 0.954,  test acc 0.960
epoch 6,  loss 0.1009,  train acc 0.968,  test acc 0.960
epoch 7,  loss 0.0823,  train acc 0.973,  test acc 0.958
epoch 8,  loss 0.0621,  train acc 0.980,  test acc 0.974
epoch 9,  loss 0.0675,  train acc 0.977,  test acc 0.978
epoch 10,  loss 0.0498,  train acc 0.984,  test acc 0.981
```

图 12-9   8 分类 GoogLeNet 网络的测试结果

卷积神经网络方式虽然在本次鱼类图像分类实验中表现良好,但是其仍存在一些不足。首先,实验采用的是监督学习方式,但实际中大多数鱼类图像是没有携带标签甚至没有分类的,而逐个打标签花费的成本会很大,这时监督学习就无法发挥作用了。另外,由于数据量的原因,本次实验并没有选取全部 23 种鱼类进行分类,也没有将模型移植到其他数据集上进行测试,训练出来的模型在整个数据集或者其他鱼类图片数据集上的表现究竟如何有待探究。

12.2.4   总结

深度学习方法在鱼类图像分类任务中的可行性非常高。通过监督学习和卷积神经网络(CNN),模型能够自动从大量鱼类图像中提取关键特征,克服了传统手工特征提取的局限性。卷积神经网络的层次结构允许模型逐步学习从低级到高级的特征,如边缘、纹理和整体形状,从而实现高效的图像分类。在实验中,使用了 AlexNet 和 GoogLeNet 等经典网络,成功地将鱼类图像分类的准确率提升至 $97\% \sim 98\%$,这充分展示了深度学习在处理复杂视觉任务中的强大能力。

在鱼类图像分类的实际应用中,深度学习方法展现了显著的优势和独特性。鱼类种类繁多且形态相似,传统分类方法难以应对,而深度学习通过图像增广等技术,能够有效扩充数据集,提升模型的泛化能力。高准确率的鱼类分类模型在水下监测、渔业管理、生态研究等领域具有广泛应用价值。通过精准识别鱼类种类,深度学习为海洋生态保护、渔业资源管理和科学研究提供了可靠的技术支持,推动了这些领域的智能化发展。

REFERENCES

参考文献

[1] 刘瑜. Python 编程从数据分析到机器学习实践[M]. 北京:水利水电出版社,2020.

[2] 牛百齐,王秀芳. 人工智能导论[M]. 北京:机械工业出版社,2023.

[3] 程显毅,任越美,孙丽丽. 人工智能技术及应用[M]. 北京:机械工业出版社,2020.

[4] 鲍军鹏,张选平. 人工智能导论[M]. 2版. 北京:机械工业出版社,2020.

[5] 聂明. 人工智能技术应用导论[M]. 北京:电子工业出版社,2019.

[6] 李德毅. 人工智能导论[M]. 北京:中国科学技术出版社,2018.

[7] 王万森. 人工智能原理及其应用[M]. 4版. 北京:电子工业出版社,2018.

[8] 尼龙. 人工智能简史[M]. 2版. 北京:人民邮电出版社,2021.

[9] Geoffrey Hinton, Simon Osindero, Yee-Whye Teh. A fast learning algorithm for deep belief nets[J]. Neural Computation, 2006, 18(7): 1527-1554.

[10] 马文·明斯基. 情感机器:常识思维,人工智能[M]. 王文革,程玉婷,李小刚,译. 杭州:浙江人民出版社,2016.

[11] 马文·明斯基. 心智社会:从细胞到人工智能,人类思维的优雅解读[M]. 任楠,译. 北京:机械工业出版社,2016.

[12] 林学森. 机器学习观止——核心原理与实践[M]. 北京:清华大学出版社,2021.

[13] 陈莉. 迈向"6S"智慧家居:智能科技与智慧生活[J]. 电器,2021.

[14] 施巍松,张星洲,王一帆,等. 边缘计算:现状与展望[J]. 计算机研究与发展,2019,56(01):69-89.

[15] 王飞跃,黄小池. 基于网络的智能家居系统现状和发展趋势[J]. 家用电器科技,2001(06):56-61.

[16] 王飞跃,张俊. 智联网:概念、问题和平台[J]. 自动化学报,2017,43(12):2061-2070.

[17] 梁广俊,王群,辛建芳,等. 移动边缘计算资源分配综述[J]. 信息安全学报,2021,6(03):227-256.

[18] 王昊奋,阮彤. 智慧医疗决策[J]. 中国计算机学会通讯,2022.

[19] 李明晓,马鑫,张宏利,等. 智慧农业——AI 在农业领域的应用与展望[J]. 软件导刊,2020.

[20] 郑庆华,董博,钱步月,等. 智慧教育研究现状与发展趋势[J]. 计算机研究与发展,

2019，56(1).

[21] 王文广. 知识图谱:认知智能理论与实战[M]. 北京:电子工业出版社,2022.

[22] 杨杰,黄晓霖,高岳,等. 人工智能基础[M]. 北京:机械工业出版社,2023.

[23] 吴倩,王东强. 人工智能基础及应用[M]. 北京:机械工业出版社,2022.

[24] 朱福喜,夏定纯.人工智能引论[M].武汉:武汉大学出版社,2006.

[25] 卢官明. 机器学习导论[M]. 北京:机械工业出版社,2021.

[26] 汪荣贵,杨娟,薛丽霞. 机器学习及其应用[M]. 北京:机械工业出版社,2019.

[27] Y Lecun, L Bottou. Gradient-based learning applied to document recognition[J]. Proceedings of the IEEE，86(11)，2278-2324.

[28] Y L Cun,B Boser,JS Denker,et al. Handwritten digit recognition with a back-propagation network[J]. Advances in Neural Information Processing Systems,1990.

[29] J L Elman. Finding structure in time[J]. Cognitive Science, 1990,14(2)，179-211.

[30] F Scarselli, M Gori, AC Tsoi, et al. The graph neural network model[J]. IEEE Transactions on Neural Networks，2009.

[31] 平震宇,匡亮. TensorFlow 深度学习实例教程[M]. 北京:机械工业出版社,2022.

[32] 刘洪海,丁爱萍,张卫婷. 计算机视觉应用开发[M]. 北京:机械工业出版社,2023.

[33] 魏溪含,涂铭,张修鹏. 深度学习与图像识别:原理与实践[M]. 北京:机械工业出版社,2019.

[34] 冯志伟. 自然语言的计算机处理[M]. 上海:上海外语教育出版社,1997.

[35] 何晗. 自然语言处理入门[M]. 北京:人民邮电出版社,2020.

[36] 肖桐,朱靖波. 机器翻译:基础与模型[M]. 北京:电子工业出版社,2021.

[37] 王海良,李卓桓,林旭鸣,等. 智能问答与深度学习[M]. 北京:电子工业出版社,2018.

[38] 张文增. 机器人手册[M]. 北京:机械工业出版社,2016.

[39] Kalman Toth. 人工智能时代[M]. 赵俐,译. 北京:人民邮电出版社,2017.